博雅

Liberal Arts

文质彬彬　然后君子

博雅经典

章宏伟　主编

梅谱

［宋］范成大　等　著

程　杰　校注

中州古籍出版社
·郑州·

图书在版编目(CIP)数据

梅谱/(宋)范成大等著；程杰校注.—郑州：中州
古籍出版社，2016.3（2020.9重印）
（博雅经典）
ISBN 978-7-5348-5154-4

Ⅰ．①梅… Ⅱ．①范… ②程… Ⅲ．①梅花－文
化研究－中国 Ⅳ．①S685.17

中国版本图书馆CIP数据核字(2015)第003160号

责任编辑　高林如
责任校对　岳秀霞
装帧设计　曾晶晶

出版发行　**中 州 古 籍 出 版 社**
　　　　　地址：郑州市郑东新区祥盛街27号6层
　　　　　邮编：450016　电话：0371-65788693
经　　销　河南省新华书店
印　　刷　河南大美印刷有限公司
开　　本　16开（640毫米×960毫米）
印　　张　28.25
印　　数　3 001-5 000册
版　　次　2016年3月第1版
印　　次　2020年9月第2次印刷
定　　价　42.00元

本书如有印装质量问题，由承印厂负责调换。

目　录

前　言

梅为我国原产物种，分布较为广泛，在我国至少有 7000 年开发利用的历史。汉魏以来，梅花开始受到关注；宋元以来，其疏影横斜的姿态、幽韵冷香的神韵、凌寒傲雪的品格更是受到普遍的欣赏和热情的推崇，被赋予崇高的品德象征意义。由此引发开来，梅花被视为"清友"、"岁寒三友"、花中"四君子"，成了士大夫阶层的精神图腾。因其早春开放，被视为"花魁"、"百花头上"、"东风第一枝"；又因其五瓣，被称作"五福"之花，赋予吉祥寓意，为广大民众所喜爱。梅花雅俗共赏，凝结了各阶层丰富、美好的生活理想和情趣。人们种植梅花，培育品种，深化形象认识，拓展观赏方式，提高观赏情趣。同时，人们写诗作画，绘图歌咏，赞美梅花形象，抒发欣赏情怀，寄托人生感悟。由此衍生出繁荣璀璨的历史景观，形成了丰富多彩的文化遗产，积淀了深厚博大的精神内涵。可以这么说，梅花是我国文化年轮最为丰富，群众基础最为广泛，历史积淀最为深厚，精神象征最为崇高的花卉，具有传统历史文化和民族精神品格象征的符号意义，包含着丰富的历史信息，洋溢着无穷的文化魅力。

我们这里汇集的是我国梅文化发展中六部最为经典的文献，它们是：

一、宋人范成大《梅谱》，因其别墅名范村，又称《范村梅谱》。这是我国最早的梅花园艺品种的专题谱录，也是我国古代一次性记载品种最多的梅谱著作，代表了我国古代梅花园艺尤其是品种搜集和培育的主要成就。

二、宋人张镃《梅品》。这是一部关于梅花欣赏活动的简明规则或条例。

三、宋人宋伯仁《梅花喜神谱》。所谓"喜神"，是画像的意思，该书绘制了100幅花枝图像，分8个阶段描写从花芽蓓蕾，到大开烂漫，再到凋谢结实的全程，并一一指明图像名目，配上相应的诗歌解说，是一部形象直观、图文并茂的梅花生命流程连环图。

四、宋人赵孟坚《梅谱》。这是用诗歌写成的画谱，阐述南宋江西画家扬补之为代表之正统墨梅画法的宗派谱系及技法体系。

五、宋人陈景沂《全芳备祖》。《全芳备祖》是以花卉为主的植物专题大型类书，被誉为世界最早的植物学辞典，我们这里选的是其中与梅有关的部分。编者对梅花比较重视，梅花列在全书第一卷，与梅有关的部分占了全书将近十分之一的篇幅，收集了大量有关的百科知识和文学名篇名句，成为当时最为集中的梅花资料汇编，也成为后世广为引用的梅花知识文献。

六、元人吴太素《松斋梅谱》。该谱原有15卷，包括绘画理论、技法口诀、墨梅图谱、梅花知识、文学作品、画梅人传等，体系周详，内容丰富，是我国古代最重要的墨梅画谱，有着鲜明的基础性和实用性。该书在我国失传已久，后世广为人知的《华光梅谱》和托名元朝画家王冕的《梅谱》都是该谱的精编本、节编本，以这样的特殊方式产生了广泛的影响。我们根据日本所传抄本加以整理，给大家提供一个尽可能全面、可靠的文本。

从名称上说，这六种文献多是梅花专题，又大多属谱录类著述，根据中州古籍出版社"博雅经典"同类专题的统一安排，合为一册，以《梅谱》称之。

从时间上说，这六种文献的内容都出于南宋至元朝即12世纪中叶至14世纪初期，这是我国梅文化蓬勃发展、极其繁荣的阶段。这些文献的出现，正是梅文化进入鼎盛阶段的标志。作为这一梅文化"轴心"阶段的经典，集中体现了我国梅文化的基本理念和传统，有着鲜明的梅文化原典意味。我们按照文献出现的时间先后排列，依次也可以感受到这一时期从种植观赏的兴起到绘画艺术的繁荣，梅文化不断拓展深化的历史进程。

从内容上说，这六种文献分为三类：一是园艺和生活习俗类；二是百科知识和文学作品类；三是墨梅技法图谱类。这三类内容性质不同，荟萃一起，客观上正体现本丛书的"博雅"宗旨，也正是我国梅文化繁荣兴盛的三个主要方面。透过这六种文献，可以具体而全面地感受、领会和把握我国传统梅文化的辉煌成就、丰富内涵和深厚传统。

我们这里并不是简单地丛辑古书，而是精选经典文献，为广大读者提供我国梅文化发展核心时期的原典集成。同时择用最佳版本，认真校点勘正，提供这些文献最可靠的文本。为了方便阅读使用，每种都撰有一篇解题，详细介绍编者著者、文献版本、内容价值、学术研究等方面的情况。在正文下大多有文字注解，对不同版本文字异同和内容所涉人名、地名、书名、掌故等难解词语，进行必要的注解、说明，提供相关文本信息，努力清除阅读障碍。

梅谱

解　题

　　范成大（1126～1193），字至能，早年号此山居士，后号石湖居士，苏州吴县（今江苏苏州）人。绍兴二十四年（1154）进士，历任徽州（今安徽歙县）司户参军、枢密院编修官、秘书省正字、吏部员外郎、国史院编修、起居舍人等职。宋孝宗乾道六年（1170），出使金国，要求收还巩洛祖宗陵寝地和变更宋帝收书礼。在杀机四伏的金国朝廷，范成大一改以往宋朝使臣卑躬曲膝之态，不畏风险，慷慨陈词，其舍身忘死之气概为宋、金两朝一致称道，归国后迁中书舍人。乾道八年（1172）起，任静江府（今广西桂林）、成都府（今属四川）等地知府。淳熙五年（1178）拜参知政事，不久因事被罢，奉祠退居。其后又起知明州（今浙江宁波）、建康府（今江苏南京）等。范成大自幼身体孱弱多病，淳熙十年（1183）建康任上，风眩病加剧，辞职退居，68岁卒于家，谥"文穆"。

　　范成大与陆游、杨万里、尤袤（一说萧德藻）合称"中兴四大诗人"。在四人中，范成大宦迹最称显达，外官至方伯连帅，在朝登侍二府。故能以积年优俸厚禄，在苏州西南郊太湖之滨逐步建起一座"登临之胜，甲于东南"① 的石湖别墅，又在城内私宅之南购置房产，营造花木扶疏，可以日常游玩的别墅"范村"，常与来访的朋友诗酒流连，或携家族团圞赏乐。门客婢仆，奔走应承；花匠园丁，灌畦艺圃。其官绅名士的闲雅生活颇为当时士大夫文人艳羡称赏。

　　范成大本人对梅花似无特别爱好，但由于其故乡苏州正是当时梅花艺植最为兴盛的地区，而范本人求田问舍、经营私园颇为经意，也颇具实力，加之对山川风土、文物掌故、乡土民俗物产等多留意著述，因而就有

---

　　① 范成大《骖鸾录》。

了《梅谱》这一记载当时吴中梅花品种的专题谱录。

《梅谱》，也称《范村梅谱》，今本不分卷。《梅谱》序称："余于石湖玉雪坡既有梅数百本，比年又于舍南买王氏僦舍七十楹，尽拆除之，治为范村，以其地三分之一与梅。吴下栽梅特盛，其品不一，今始尽得之。随所得为之谱，以遗好事者。"范成大石湖别墅经营较久，自称"少长钓游其间，结茅种木，久已成趣"①，可见有祖产做基础。石湖地处苏州古城西南二十里楞伽山下、太湖滨湾，山水蜿蜒，风景清幽，春秋吴、越故迹甚多，范成大随地势高低为台榭楼阁，有天镜阁、锦绣坡、梦鱼轩、盟鸥亭等建筑和林圃。玉雪坡即其一，是一处集中植梅的景观，植梅数百株。城内范村经营稍晚，梅花却不少，令人印象深刻。范成大《梅谱》正是就其搜集的梅花品种著录而成。

与《梅谱》同时，范成大还完成了《菊谱》，也称《范村菊谱》，主要记载苏州当地的菊花品种，该书署时淳熙十三年（1186），两书完成大致同时。《梅谱》载江梅、早梅、官城梅、消梅、古梅、重叶梅、绿萼梅、百叶缃梅、红梅、鸳鸯梅、杏梅、蜡梅共 12 种，其中早梅、绿萼梅、蜡梅均有另品，而古梅则属梅之特殊生态，并非一个品种。早梅有多种，主要是花期不一，应属于地区或环境差异，也不是新的品种。《梅谱》合计记录蔷薇科梅、蜡梅科蜡梅品种 14 个。

是书对每一品种，主要记录性状特征，重在花色，兼及果实，间或也辨别名实源流，说明栽培方法，条理清晰，语言简明扼要。内容多得于自身经历，不仅切实可靠，且具科学性。如叙蜡梅"本非梅类，以其与梅同时，香又相近，色酷似蜜脾，故名蜡梅"，名称与含义两方面都辨说明确。少数品种申说稍多，如"古梅"条叙四明、吴兴等地苔梅不同，又记早年所见成都、江西清江两处古树景象，提供了不少信息。

在序言中，范成大介绍了南宋特别是苏州地区艺梅风气之盛，有助于我们了解当时梅花欣赏和圃艺的发展状况。后序尤其值得注意，范成大认

---

① 范成大《御书"石湖"二大字跋》，《吴都文粹续集》卷二三。

为"梅以韵胜，以格高，故以横斜疏瘦与老枝怪奇者为贵"，可以说揭示了梅花欣赏中一个重要的原则和经验。赏梅重在"格"、"韵"，苏轼以来便形成共识，成了人们口头常谈，而范成大进一步聚焦在"横斜疏瘦"与"老枝怪奇"两个方面，重点强调的是枝干之美。从林逋以来，"疏影横斜"就受到关注，而"老枝怪奇"之美，却是南宋以来才逐步引起注意的，范成大将它们相提并论，表明其认识已相当全面、深刻。当时吴下市俗艺梅谋利者，一味追求嫩枝长条、花头密缀的姿态，而以扬补之为代表的江西墨梅画派，所画也以嫩条秀枝为主。范成大对此深表不满，认为皆非"高品"。他特别提到墨梅画家廉布，廉布是"靖康之难"中投降派首领张邦昌的女婿，"南渡"后受到牵连，十分潦倒，但他继承文同、苏轼等士人画风，画梅多枯笔老干，意境古健萧散，风格苍劲奇崛，与当时流行的江西扬补之清秀优雅的画风截然不同。在举世竞夸江西的情况下，范成大别具只眼，对廉布墨梅的奇峭风致给予高度评价，体现了独特的情趣和卓越的见识。这些关于赏梅和画梅的主张，成了梅花欣赏和墨梅艺术的经典理念，深受人们重视。

范成大《梅谱》（以下简称范《谱》）在园艺史上的地位更值得注意，它是第一部梅花品种的专题谱录。两宋艺梅极盛，士人诗文题咏、言谈笔录及地方志涉及梅花品种颇多，但较为分散，且不明确。范《谱》就此专题叙录，集中当时最重要、最基本的梅花品种，提供名称、性状等方面的科学记录，反映了当时梅花园艺生产水平的提高，同时也奠定了古代梅花品种的知识基础。纵览元明清时期，虽然也间有类似的品种谱录出现，但无论著录数量还是声名影响，都望尘莫及。事实上，宋以来有关梅花品种的介绍多以转抄范《谱》为主，后世间有新品登录，一般也只三五种，一次性登录的数量远不及范《谱》之多。这是范《谱》难能可贵而弥足珍视之处。

我们这里的整理，以宋度宗咸淳九年（1273）《百川学海》本《梅谱》为依据，以《说郛》、《四库全书》本参校，详加注释。并附以笔者《宋代梅品种考》一文，以供参考。

梅 谱（并序）

石湖范成大至能

梅，天下尤物，无问智贤、愚不肖[①]，莫敢有异议。学圃[②]之士必先种梅，且不厌多，他花有无、多少，皆不系重轻。余于石湖玉雪坡[③]既有梅数百本，比年又于舍南买王氏僦舍[④]七十楹[⑤]，尽拆除之，治为范村[⑥]，以其地三分之一与梅。吴下[⑦]栽梅特盛，其品不一，今始尽得之。随所得为之谱，以遗好事者。

江梅，遗核野生，不经栽接者。又名直脚梅，或谓之野梅。凡山间水滨荒寒清绝之处[⑧]，皆此本也。花稍小，而疏瘦有韵，香最清，实小而硬。

早梅，花胜直脚梅。吴中春晚，二月始烂漫，独此品于冬至前已开，故得早名。钱塘湖[⑨]上亦有一种，尤开早，余尝重阳日亲折之，有"横枝对菊开"[⑩]之句。行都[⑪]卖花者争先为奇，冬初折[⑫]未开枝，置浴室中[⑬]熏蒸令拆[⑭]，强名早梅，终琐碎无香。余顷守桂林[⑮]，立春梅已过，元夕[⑯]则尝青子[⑰]，皆非风土之正[⑱]。杜子美诗云"梅蕊腊前破，梅花年后多"[⑲]，惟冬春之交，正是花时耳。

官城梅[⑳]，吴下圃人以直脚梅，择他本花肥实美者接之，花遂敷腴[㉑]，实亦佳，可入煎造[㉒]。唐人所称官梅[㉓]，止谓在官府园圃中，非此官城梅也。

消梅[㉔]，花与江梅、官城梅相似。其实圆小，松脆多液，无滓。多液则不耐日干，故不入煎造，亦不宜熟，惟堪青啖[㉕]。比[㉖]梨亦有一种轻松者，名消梨，与此同意。

古梅，会稽[㉗]最多，四明[㉘]、吴兴[㉙]亦间有之。其枝樛曲万状，苍藓鳞皱[㉚]，封满花身。又有苔须垂于枝间，或长数寸，风至绿丝飘飘可玩。初谓古木久历风日致，然详考会稽所产，虽小株亦有苔痕，盖别是一种，非必古木。余尝从会稽移植十本，一年后花虽盛发，苔皆剥落殆尽。其自湖之武康㉛所得者，即不变移。风土不相宜，会稽隔一江，湖、苏接壤，故土宜或异同也。凡古梅多苔者，封固花叶之眼，惟罅隙间始能发花，花虽稀而气之所钟，丰腴妙绝。苔剥落者则花发仍多，与常梅同。去成都㉜二十里有卧梅，偃蹇㉝十余丈，相传唐物也，谓之"梅龙"，好事者载酒游之。清江㉞酒家有大梅，如数间屋，傍枝四垂，周遭可罗坐数十人。任子严运使㉟买得，作凌风阁临之，因遂进筑大圃，谓之盘园。余生平所见梅之奇古者，惟此两处为冠，随笔记之，附古梅后。

重叶梅，花头甚丰，叶㊱重数层，盛开如小白莲，梅中之奇品。花房独出，而结实多双，尤为瑰异，极梅之变，化工无余巧矣，近年方见之。蜀海棠有重叶者，名莲花海棠，为天下第一，可与此梅作对。

绿萼梅，凡梅花跗蒂㊲皆绛紫色，惟此纯绿，枝梗亦青，特为清高，好事者比之九疑仙人萼绿华㊳。京师艮岳㊴有萼绿华堂，其下专植此本，人间亦不多有，为时所贵重。吴下又有一种，萼亦微绿，四边犹浅绛，亦自难得。

百叶缃梅，亦名黄香梅，亦名千叶㊵香梅。花叶至二十余瓣，心色微黄，花头差小而繁密，别有一种芳香，比常梅尤秾美，不结实。

红梅，粉红色，标格犹是梅，而繁密则如杏，香亦类杏。诗人有"北人全未识，浑作杏花看"㊶之句。与江梅同开，红白相映园林，初春绝景也。梅圣俞诗云"认桃无绿叶，辨杏有青枝"㊷，当时以为著题㊸。东坡诗云"诗老不知梅格在，更看绿叶与青枝"㊹，盖谓其不韵，为红梅解嘲云㊺。承平时㊻，此花独盛于姑苏，晏元献公㊼始移植西冈㊽圃中。一日，贵游㊾赂园吏㊿，得一枝分接，由是都下有二本。尝与客饮花下，赋诗云："若更开迟三二月，北人应作杏花看。”客曰：“公诗固佳，待北俗何浅耶？”晏笑曰：“伧父(51)安得不然！”王琪(52)君玉时守吴郡(53)，闻盗花种事，以诗遗(54)公曰：“馆娃宫北发精神，粉瘦琼寒露蕊新。园吏无端偷折去，凤城从此有双身。”(55)当时罕得如此，比年(56)展转移接，殆不可胜数矣。世传吴下红梅诗甚多，惟方子通(57)一篇绝唱，有“紫府与丹来换骨，春风吹酒上凝脂”(58)之句。

鸳鸯梅，多叶红梅也。花轻盈，重叶数层。凡双果必并蒂，惟此一蒂而结双梅，亦尤物。

杏梅，花比红梅色微淡，结实甚扁，有斓斑，色全似杏，味不及红梅。

蜡梅，本非梅类(59)，以其与梅同时，香又相近，色酷似蜜脾(60)，故名蜡梅。凡三种，以子种出，不经接，花小香淡，其品最下，俗谓之狗蝇梅。经接花疏，虽盛开，花常半含，名磬口梅，言似僧磬之口也。最先开，色深黄如紫檀，花密香秾，名檀香梅，此品最佳。蜡梅香极清芳，殆过梅香。初不以形状贵也，故难题咏，山谷(61)、简斋(62)但作五言小诗而已。此花多宿叶(63)，结实如垂铃，尖长寸余，又如大桃奴(64)，子在其中。

［注释］

①不肖：不才，不正派。

②圃：种植水果、瓜菜的园地，也概指此类种植业。

③石湖：地名，为苏州西南郊太湖之滨水湾，范成大有别墅在此，并自号“石湖居士”。玉雪坡：范成大石湖别墅中的植梅景点。玉雪，形容梅花。

④僦（jiù）舍：用于出租的房屋。

⑤楹（yíng）：量词，屋一间为一楹。

⑥范村：范成大苏州城内祖居南面的一处别墅，由所购王氏房产经营而成，主要种植梅、菊。

⑦吴下：指苏州吴县（今苏州市吴中区、相城区），也泛指苏州附近地

区。下文吴中，义相近，均指苏州附近地区。

⑧"处"，原作"趣"，范成大《（绍定）吴郡志》卷三〇同，此据《全芳备祖》卷一、《事类备要》别集卷二二、《永乐大典》卷二八〇改。

⑨钱塘湖：即杭州西湖。钱塘也作钱唐，本秦朝县名，唐宋时为杭州府治所在地。西湖在古钱塘县境内。

⑩此处所引诗句与范成大诗集稍异。范成大《石湖诗集》卷九《九月十日南山见梅》："五斗留连首屡回，来寻南涧濯尘埃。春风直恐渊明去，借与横斜对菊开。"

⑪行都：南宋都城临安府，即今杭州市。宋朝都城本在汴京开封，南宋移至杭州，称临时驻跸，其意是仍存收复中原、还都汴京之志，故有临安、行都等说法。

⑫"折"，原作"所"，《四库全书》本同，《说郛》本作"折"，元胡古愚《树艺篇》果部卷二、《永乐大典》卷二八〇八引作"折"，此据改。

⑬"中"，字形不清，又似"里"字，当属"中"之异体，诸本皆作"中"。

⑭拆：开裂，此指花开。

⑮顷：副词，近，近来。守桂林：指乾道八年（1172）任静江府（治所驻今广西桂林）知府。

⑯元夕：元宵。

⑰青子：青梅。

⑱风土之正：这里指当地植物生长的正常规律。

⑲此两句出自杜甫《江梅》诗，见《杜工部集》卷一七。

⑳官城梅：明牛若麟《（崇祯）吴县志》卷二九："官城梅，著花最晚，子先熟。"清曹溶《倦圃莳植记》总论卷上："生啖莫如消梅，熟啖莫如官城梅。消梅落地可碎，而官城梅十六枚满一斤，其奇处固自较然也。"

㉑敷腴：茂盛丰满。

㉒煎造：指加工腌制水果。煎，同"饯"。

㉓其实唐代有关官圃种梅的直接记载不多，唯杜甫《和裴迪登蜀州东亭送客，逢早梅相忆见寄》有"东阁官梅动诗兴，还如何逊在扬州"，宋人

注释称："谓（何）逊作扬州法曹，廨舍有梅一株，逊吟咏其下。"见葛立方《韵语阳秋》卷一六引《老杜事实》。

㉔消梅：明劳钺、张渊《湖州府志》卷八："消梅出道场山下，青脆殊甚，其实尤早。"可见明朝湖州此品尚盛产。

㉕啖（dàn）：吃。

㉖比：比较，与……作比。

㉗会稽：本古郡名，此指当时绍兴一带，主要指当时会稽、山阴两县，即今绍兴市越城区、柯桥区一带。

㉘四明：山名，在今浙江宁波市西南，此指当时宁波一带。

㉙吴兴：本古郡名，此指南宋湖州，即今浙江湖州市境。

㉚皴（cūn）：粗糙，皲裂。

㉛湖之武康：武康，县名，宋时属湖州，地在今浙江德清县境西，县治即今德清县武康镇。

㉜"成都"，原作"城都"，此据《四库全书》本改。

㉝偃蹇：夭矫，形容屈曲恣肆。

㉞清江：县名，治在今江西樟树市临江镇。

㉟任子严：任诏，字子严，蜀人，一说新淦（今江西新干县）人。运使：官名，转运使，主管地方路一级的全部或部分财赋事务。约宋高宗绍兴二十四年（1154），任诏曾任江南西路转运使，晚年退居清江，筑私园，匾曰"盘园"。

㊱叶：指花瓣。

㊲跗蒂：子房与花萼，此为偏义复词，指花萼。"跗"，原作"纣"，此据《四库全书》本改。

㊳萼绿华：传说女仙名，自言是九疑山中得道女罗郁。

㊴京师：京城，指北宋都城开封。艮岳：宋徽宗时京城开封所建皇家园林。

㊵千叶：花瓣重叠称千叶，多叶、百叶、千叶同义。

㊶此两句出自宋王安石《红梅》诗："春半花才发，多应不奈寒。北人初未识，浑作杏花看。"见《临川集》卷二六。

㊷此两句出自石延年《红梅》诗,见《全宋诗》卷一七六,范成大误记为梅尧臣的诗。梅尧臣,字圣俞。

㊸著题:切题。

㊹此两句见于苏轼《红梅三首》其一,《苏文忠公全集》卷一二。

㊺苏轼《评诗人写物》:"诗人有写物之功。'桑之未落,其叶沃若',他木殆不可以当此。林逋梅花诗云'疏影横斜水清浅,暗香浮动月黄昏',决非桃李诗。皮日休《白莲》诗云'无情有恨何人见,月冷风清欲堕时',决非红莲诗。此乃写物之功。若石曼卿《红梅》诗云'认桃无绿叶,辨杏有青枝',此至陋语,盖村学中体也。"见《苏轼文集》卷六八。

㊻承平时:天下太平之时,此指北宋。当时金人尚未南下,宋人视为本朝盛世。

㊼晏元献公:晏殊,字同叔,宋仁宗朝宰相、著名词人,谥元献。曾在汴京私第引种红梅。

㊽西冈:地名,在当时京城开封,晏殊住地。

㊾贵游:富贵游客。

㊿园吏:园丁,园林管理者。

51伧父:卑贱鄙俗之人。这本是南北朝时南方人讥骂北朝人的话,北宋初期官僚文人中也有南、北对垒之势。晏殊是江西人,对北方人不识梅花,颇有不屑之意。

52王琪:字君玉,宋仁宗皇祐、嘉祐间曾任苏州知州。

53吴郡:古郡名,指当时苏州。

54遗(wèi):赠。

55蔡绦《西清诗话》:"红梅清艳两绝,昔独盛于姑苏。晏元献始移植西岗第中,特珍赏之。一日,贵游赂园吏,得一枝分接,由是都下有二本。公尝与客饮花下,赋诗曰:'若更迟开三二月,北人应作杏花看。'客曰:'公诗固佳,待北俗何浅也?'公笑曰:'顾伧父安得不然!'一座绝倒。王君玉闻盗花种事,以诗遗公:'馆娃宫北旧精神,粉瘦琼寒露蕊新。园吏无端偷折去,凤城从此有双身。'自尔名园争培接,遍都城矣。"见张伯伟《稀见本宋人诗话四种》第218~219页。凤城,京城。

㊶比年：近年。

㊷方子通：方惟深，字子通，本福建莆田人，父葬长洲（今江苏苏州），遂居苏州，与苏轼、黄庭坚等大致同时。"通"，《全芳备祖》卷四引作"适"。

㊸此两句为方惟深《红梅》诗句，见宋龚明之《中吴纪闻》卷五。紫府，道家称仙人的居所。

㊹现代植物学分类，蜡梅属于蜡梅科蜡梅属，主要是灌木，而梅属蔷薇科李属，是乔木。

㊽蜜脾：指蜂房，蜜蜂以蜜蜡制作而成，蜡梅花瓣黄色且有蜡质之感。

㊽山谷：黄庭坚字鲁直，北宋著名诗人，号山谷道人，有《戏咏蜡梅二绝》、《蜡梅》、《从张仲谋乞蜡梅》等五言绝句。

㊽简斋：陈与义字去非，号简斋，两宋之交诗人，有《同家弟赋蜡梅诗得四绝句》、《蜡梅》等五言绝句。

㊽宿叶：隔年树叶，即经冬未凋尽的树叶。

㊽桃奴：又称桃枭，指发育不正常，经冬不落，风干无用的桃子。

后　序

梅以韵胜，以格高，故以横斜疏瘦与老枝怪奇者为贵。其新接稚木，一岁抽嫩枝直上，或三四尺，如酴醾、蔷薇辈者，吴下谓之气条。此直宜取实规利①，无所谓韵与格矣。又有一种粪壤力胜者，于条上茁短横枝，状如棘针，花密缀之，亦非高品。近世始画墨梅，江西有杨补之②者尤有名，其徒仿之者实繁。观杨氏画，大略皆气条耳，虽笔法奇峭，去梅实远。惟廉宣仲③所作，差有风致，世鲜有评之者，余故附之谱后。

[注释]

①规利：谋利。

②杨补之：应作扬补之。扬无咎（1097～1169），字补之，号逃禅老人、清夷长者，自称汉扬雄后裔，故姓应作"扬"，但古人多书作"杨"。清江（今江西樟树市西）人，寓南昌。诗、书、画均享盛名。尤擅画梅，

有《四梅图》等传世，其画法对后世影响甚大。书学欧阳询，笔势劲利，小字清劲。亦能词，有《逃禅词》。

③廉宣仲：廉布，字宣仲，号射泽老农，楚州山阳（今江苏淮安）人。宣和三年（1121）进士，任太学博士。"靖康之难"中，其岳父张邦昌力主和议，曾被金人册立为帝。廉布受其牵连，南渡后流寓杭州、湖州一带，仕宦潦倒，晚年居绍兴。擅绘画，颇得文同、苏轼遗风，尤喜作松柏枯木，画梅也好写苍干老枝。

［附录］宋代梅品种考①

一、引　言

宋朝是梅花圃艺栽培最为兴盛，梅花品种发展最为迅速的时期。此前从经济植物到观赏植物，我国梅的栽培已有几千年的历史，从有确切栽培记载的汉代算起，也已有一千多年的历史。然而关于梅花品种的记载却是寥寥无几。最集中的一次是晋葛洪《西京杂记》卷一记载："（汉武）初修上林苑，群臣远方各献名果异树，亦有制为美名以标奇丽。……梅七：朱梅、紫叶梅、紫华梅、同心梅、丽枝梅、燕梅、猴梅。"这些品种的不同，主要是指果实，当然也有一些是着眼花、叶、枝的，如紫华梅、紫叶梅、丽枝梅。既然是出于群臣进贡邀宠，就不免浮夸乃至作假，因而真实性就值得怀疑。《尔雅·释木》及其郭璞注中提到时英梅、雀梅，未必是指蔷薇科梅。魏晋以来，梅始以"花"闻名，观赏价值逐步受到注意。广大士大夫爱梅、艺梅者越来越多，人们的赏梅活动越来越频繁，而诗、赋咏梅也不断丰富。到了梅花欣赏成为社会风尚的南宋，人们曾寻思这样一个问题："不知参军（引者按：指南朝诗人鲍照）、处士（引者按：指宋初西湖隐士林逋）之所咏果何品耶？"②六朝、隋唐乃至宋初，人们观赏、吟咏的梅花究属什么品种？这真是一个无法求证的常识问题，因为魏晋至隋唐五代的七个多世纪中，除了《西京杂记》所说上林苑七种外，未见人们谈及梅的品种③。根据今人的分析，此间人们所观赏、吟咏的梅花应该只是野生或接近野生的梅树品系，后世称为江梅的品种即属此类。

但到了宋代，一个划时代的变化悄然发生。入宋后对梅花的欣赏逐步形成热潮，带动梅花品种的热情开发与传播。梅花的新品异类不断出现，相应的圃艺技术与知识不断丰富和深入。至南宋中期，出现了我国历史上第一部梅花专题品种谱录——范成大《梅谱》。该书著录江梅、早梅、官城梅、绿萼梅、古梅、蜡梅等 12 种。其中绿萼梅二种，一种未名；蜡梅三种：狗蝇、磬口、檀香；而古梅只是江梅一类老树形态，并非另外品种，因而实际记录梅花品种 14 个。这一数量放在 20 世纪以来现代植物学、园艺学及其育种技术高度发达的背景中，真可谓微不足道，但在整个古代梅花栽培史上却是极其重要的。元、明、清三代虽然梅花品种代有新出，但数量有限。明王象晋《群芳谱》记载梅花品种 24 个、蜡梅品种 4 个，清陈淏子《花镜》记载梅花品种 21 个、蜡梅品种 3 个，其中大部分为《西京杂记》、范《谱》所载。整个元、明、清三代再也没有形成宋代那样品种大批出现的情形，至少各类谱录记载远不如宋代这么集中。宋代不仅开创了艺梅品种大量培育、集中著录的历史，同时也可以说是整个古代梅花品种培育、研究成就最为突出的时代，奠定了中国古代梅花栽培品种的基本面貌。

然而，宋代的梅花栽培品种又远不止于范《谱》所载。据范《谱》自叙，范氏所录实以故乡吴中（今江苏苏州）园圃为主，当时"随所得为之谱"。吴中虽为花卉圃艺胜地，但毕竟时空有限，远未涵盖全面。北宋神宗元丰五年（1082）周师厚撰《洛阳花木记》，称当地"桃、李、梅、杏、莲、菊各数十种"④。南宋中期，福建处士刘学箕称人们好梅日甚，"而梅亦益多也。曰红，曰白，曰蜡，曰香，曰桃，曰杏，曰绿萼，曰鹅黄，曰纷红，曰雪颊，曰千叶，曰照水，曰鸳鸯者，凡数十品"⑤。可见两宋艺梅品种数量尚多，有考察钩稽之余地。笔者近年致力于宋代梅文化的研究，披览现存宋人各类文献，于范《谱》之外，发现见于他人记载，尤其是诗文吟咏所涉及的梅花品种尚有 40 多个，并范《谱》所载合计达 50 余个。以下并范《谱》所载，依出现先后顺序，逐一考述如下，以期展现两宋梅花栽培品种发展之全貌。通过这一纵向的梳理，也足以历览两宋之际梅花品种开发、利用之历史进程。

[注释]

①此文曾载于沈松勤主编《第四届宋代文学国际研讨会论文集》、程杰《梅文化论丛》，此处有补订。

②刘学箕《梅说》，《方是闲居士小稿》卷下。

③后来文献引用《西京杂记》这段记载，名称多有不同。北魏贾思勰《齐民要术》卷四种梅杏第三十六："《西京杂记》曰：侯梅、朱梅、同心梅、紫蒂梅、燕脂梅、丽枝梅。"所谓燕脂梅与燕梅当为一物。侯梅与猴梅如为一物，当出于《诗经》"山有嘉卉，侯栗侯梅"语。唐欧阳询《艺文类聚》卷八六果部梅："上林有双梅、紫梅、同心梅、粗（麤）枝梅。"粗（麤）枝梅当为丽（麗）枝梅形近而误，应为一物。唐徐坚《初学记》卷二八梅第十："《西京杂记》曰：汉初修上林苑，群臣献名果，有侯梅、朱梅、紫花梅、同心梅、紫蒂梅、丽支梅。""《西京杂记》曰：修上林苑，群臣各献名果：紫蒂梅、燕脂梅。"宋李昉《太平御览》卷九七〇果部七："《西京杂记》曰：上林苑有朱梅、同心梅、紫蒂梅、燕支梅、丽枝梅、紫花梅、侯梅。"上述所涉品种多不出《西京杂记》中朱梅之外的六种，唯《艺文类聚》所说"双梅"一种，与上述所涉六种不同，即或《西京杂记》所剩"朱梅"一种而误书。宋人集中多有"双梅"之称，一般指梅之果实并蒂，如虞俦《以双梅二枝送郁簿小诗见意》："连枝并蒂更同根，结实双双向小园。调鼎异时知有伴，相期携手上天门。"

④周师厚《洛阳花木记》，陶宗仪《说郛》卷一〇四下，《四库全书》本。

⑤刘学箕《梅说》，《方是闲居士小稿》卷下。

二、品种列考

1. **江梅**。范《谱》："江梅，遗核野生，不经栽接者。又名直脚梅，或谓之野梅。凡山间水滨荒寒清绝之处，皆此本也。花稍小，而疏瘦有韵，香最清，实小而硬。"这是最接近野生原种的一种，历史悠久，魏晋以来诗人所咏，不明其品，未称红梅，只泛称梅花者，应属此种。宋人始名为江梅。江梅之称始于唐，杜甫《江梅》："梅蕊腊前破，梅花年后多。……雪树元同色，江风亦自波。"[①]所谓江梅，只是江边梅树的意思。稍后刘长卿的诗中也有"江梅"一词[②]，或也指江边之梅。晚唐李郢《醉送（吟）》"江梅冷艳酒清光，急拍繁弦醉画堂"[③]，郑谷《江梅》"江梅且缓飞，前辈有歌词。莫惜黄金缕，难忘白雪枝"[④]，所说梅都与江水无关，而称江梅，可见这已具有一些专有名称的意思。也许人们所见野梅多于江岸溪边，入宋后类似的说法逐步增多，便明确成为这类分布广泛之野生品类的专称。仁宗朝梅尧臣《初见杏花》："浅红欺醉粉，肯信有江梅。"[⑤]以江梅之白与杏花之红相比较，俨然是明确的品种概念。

2. **红梅**。红梅在观赏梅花中可能是发现最早的品种之一，前引《西京杂记》所载朱梅、燕（燕支）梅，应是两种不同的红色果实品种。唐杜甫《留别公安太易沙门》："沙村白雪仍含冻，江县红梅已放春。"[⑥]不知所写是花色之红，还是指江梅未放时花蒂之红。五代阎选《八拍蛮》"云锁嫩黄烟柳细，风吹红蒂雪梅残"[⑦]，宋初田锡《对酒》"江南梅早多红蒂，渭北山寒少翠微"[⑧]，说的都是江梅之红蒂，杜甫所言也许是同一意思。晚唐罗隐《梅》："天赐胭脂一抹腮，盘中磊落笛中哀。虽然未得和羹便，曾与将军止渴来。"[⑨]《永乐大典》载此题作《红梅诗》，然所指是皮色之红，而非花色之红。据宋江休复《江邻几杂志》记载，南唐李后主"作红罗亭子，四面栽红梅花，作艳曲歌之"[⑩]，这里所说明确是红梅，可见至迟到五代时，红梅品种在江南地区已引起关注。宋代第一波赏梅热潮即由红梅引起。红梅最初盛于吴中，即今苏州一带。宋太宗时，长洲知县王禹偁作《红梅花赋》[⑪]，宋太宗本人作有《红梅花》曲[⑫]。至宋仁宗庆历年间（1041～1048），宰相晏殊从苏州引植汴京私家宅第，"召士大夫燕赏，皆有诗，号《红梅集》，传于世"[⑬]。"自尔名园争培接，遍都城矣。"[⑭]当时北方人多把红梅误作杏花，引得晏殊、王安石等南方人作诗调笑。稍后汴京开封、西京洛阳诸家名园竞相接种红梅，红梅成了当地四大梅品之一。

同时南方的宣州（今安徽宣城），梅尧臣等人也在传植红梅。梅尧臣称红梅是"吾家物"[⑮]，友人多求取嫁接[⑯]。韦骧（1033～1105）有《红梅赋》，称其所见"问其种，则曰梅也，接之以杏则红矣。问其实，则曰所益者异，而不能也"[⑰]，可见是由杏头嫁接而成，不能结实。到了北宋后期，红梅栽培已极其普遍。

3. **重台梅**。范《谱》未载。首见于梅尧臣《读吴正仲重台梅花诗》、《依韵和正仲重台梅花》诗，记其故乡宣州灵济庙等处有此梅，时间是仁宗皇祐五年（1053）。诗中写道"楚梅何多叶，缥蒂攒琼瑰"[⑱]，"芳梅何菁菁，素叶吐层层"[⑲]，"重重叶叶花依旧，岁岁年年客又来"[⑳]，可见此品白花重瓣，与范《谱》所载重叶梅颇为相似，梅尧臣两年后的诗中即以"重叶"称之[㉑]。南宋赵长卿《诉衷情·重台梅》："檀心刻玉几千重，开处对房栊。黄昏淡月笼艳，香与酒争浓……宜轻素，鄙轻红。"[㉒]张镃《戏题重台梅》："只将单萼缀层花，弱骨丰肌自一家。"[㉓]所言形态也完全一样。由此可见，所谓重台者只是重瓣而已，并非如"重台荷花，花上复生一花"的台阁状[㉔]，与同时所谓重叶梅、千叶梅应属一类。

4. **千叶梅**。韩维《和提刑千叶梅》："层层玉叶黄金蕊，漏泄天香与世人。"[㉕]晏几道《蝶恋花》："千叶早梅夸百媚。笑面凌寒，内样妆先试。月脸冰肌香细腻。风流新称东君意。"[㉖]所写是一种千叶、黄蕊白梅。早在至和二年（1055），发现重台梅稍后，梅尧臣《万表臣报山傍有重梅，花叶又繁，诸君往观之》："前时见多叶，曾何数寻常。今见叶又多，移赏南涧阳。寄言莫苦恃，更多殊未央。"显然是与前言重台梅一样，只是花瓣增多而已。宋神宗元丰二、三年间（1079～1080），乌江（今安徽和县东境）耿天骘曾以当地浪山千叶梅寄赠王安石[㉗]。《王直方诗话》载其家有红梅与"单叶梅、千叶梅、腊梅"，作"四梅诗"[㉘]。可见北宋中期，这类多叶（千叶）品种各地已多见。

5. **早梅**。范《谱》："早梅，花胜直脚梅。吴中春晚，二月始烂漫，独此品于冬至前已开，故得早名。钱塘湖上亦有一种，尤开早，余尝重阳日亲折之,有'横枝对菊开'之句。"早梅之称,六朝时即普遍,梅发百花之先,故泛称早梅,非品种之义。宋人始着意选育早花品种。李格非《洛阳名园记》:"洛阳又有园池中,有一物特可称者,如大隐庄梅、杨侍郎园流杯、师子园师子是也。梅盖早梅,香甚烈而大,说者云自大庾岭移其本至此。"㉙是否真由庾岭移植,另当别论,但花早,且大而香,有些特殊,应是别一品种。范《谱》所载与此相类。我国幅员辽阔,南北温差大,梅花对气温变化又极敏感,同一地区单株间地势、长势不一,对花期影响都较明显,因而所谓早梅标准因地而异,情形千变万化,大多难称新品种。

6. 千叶黄香梅。宋神宗元丰中,周师厚《洛阳花木记》"杂花八十二品":"黄香梅、红香梅(千叶)、腊梅(黄千叶)、紫梅(千叶)。"㉚稍后朱弁(1085~1144)《曲洧旧闻》卷三:"顷年近畿江梅甚盛,而许、洛尤多,有江梅、椒萼梅、绿萼梅、千叶黄香梅,凡四种。"㉛朱氏北宋末年居新郑(今属河南),地介汴、洛、许之间,所记正三地圃艺情形。范《谱》:"百叶缃梅,亦名黄香梅,亦名千叶香梅。花叶至二十余瓣,心色微黄,花头差小而繁密。别有一种芳香,比常梅尤称美,不结实。"该品花小瓣密,蕊黄香烈,因而得名黄香、千叶,古人所说黄香梅、百叶缃梅、千叶香梅、百叶黄梅、千叶黄梅应均属此种。北宋中期,至迟宋神宗熙宁年间(1068~1077),在西京洛阳、东京开封及许昌等地已有种植。当时洛阳诸园黄、红梅四种,开封王械私园也有梅四种㉜,千叶黄香梅均居其一。邵博(?~1158)《闻见后录》卷二九:"千叶黄梅花,洛人殊贵之。其香异于它种,蜀中未识也。近兴、利州山中樵者薪之以出,有洛人识之,求于其地尚多,始移种遗喜事者,今西州处处有之。"所说似为蜡梅,当时秦岭山民多伐为柴薪。而苏轼《蜡梅一首赠赵景贶》"君不见万松岭上黄千叶,玉蕊檀心两奇绝"㉝,所谓"玉蕊",则又似是说黄香梅。

7. 千叶红香梅。周师厚《洛阳花木记》"杂花八十二品":"黄香梅、红香梅(千叶)、腊梅(黄千叶)、紫梅(千叶)。"又"刺花三十七种"："玉香梅、千叶红香梅、荼梅、千叶荼梅。"可见元丰五年（1082）前这一品种在洛阳地区已见种植。周师厚《洛阳花木记》分载两处，当是一种，顾名思义其特点是花头浓密。南宋吴自牧《梦粱录》卷一八记临安（今浙江杭州）物产，陈造《水调歌头·千叶红梅送史君》[34]、汪元量《暗香·西湖社友有千叶红梅，照水可爱，问之自来，乃旧内有此种。枝如柳梢，开花繁艳，兵后流落人间，对花泫然承脸而赋》[35]，均有涉及。

8. **腊梅（黄千叶）**。文献记载同6。此非蜡梅科蜡梅，蜡梅黄色，通常也书作腊梅，虽重瓣，但一般不称千叶。此种可能是与千叶黄香梅相近之别品。

9. **紫梅（千叶）**。文献记载同6。《西京杂记》所载上林苑有紫叶梅、紫华梅，后世诗文中遂有"紫梅"之称，如唐代王维《早春行》"紫梅发初遍，黄鸟歌犹涩"[36]。北宋秦观《早春题僧舍》"东园紫梅初破蕾，北涧渌水方通流"[37]，泛指梅花而已。此处所载紫梅，顾名思义当是一深色品种，但未见有文献具体描述。梅蒂多紫，此名或出于此。又宋时湖州安吉（今属浙江）梅溪（西苕溪汇流处），又称紫梅溪[38]，方志称溪上盛开紫梅花，因而得名。但当地盛产杨梅，杨梅多紫花，所称紫梅当指杨梅。

10. **蜡梅**。周师厚《洛阳花木记》"果子花"："梅之别六：红梅、千叶黄香梅、蜡梅、消梅、苏梅、水梅。"范《谱》："蜡梅，本非梅类，以其与梅同时，香又相近，色酷似蜜脾，故名蜡梅。"蜡梅何时发现，说法有分歧。唐人作品中有"腊梅"之语，但只是泛指梅花，犹言冬梅、寒梅而已。陶穀《清异录》记载张翊有所谓《花经九品九命》，蜡梅与兰、牡丹、酴醾等列为"一品九命"，地位最高[39]。是书是否唐五代人作品，很值得怀疑。所谓"一品九命"中，兰居第一，牡丹屈居第二，酴醾唐时名尚不著，也列名一品，都与唐人爱好、观念不合。大量文献材料表明，"宋时始有蜡梅"[40]。最早明确涉及蜡梅品种的是王安国（1028～1074），其《黄梅花》诗："庾岭开时媚雪霜，梁园春色占中央。未容莺过毛先类，已觉蜂归蜡有香。"所咏显系蜡梅。宋末元初方回注释说："熙宁五年壬子馆中作。是时但题曰《黄梅花》，未有蜡梅之号。至元祐苏、黄在朝，始定名曰蜡梅，盖王才元园中花也。"[41]具体时间不明。王才元，即王棫，诗人王直方的父亲。王氏园池在汴京城南，时苏轼、黄庭坚等名士任职京师，常应邀前往聚会赏花。《王直方诗话》："蜡梅，山谷初见之，作二绝……缘此蜡梅盛于京师。"[42]黄庭坚《戏咏蜡梅》诗后自注："京、洛间有一种花，香气似梅花，亦五出，而不能品明，类女工撚蜡所成，京洛人因谓蜡梅。本身与叶乃类蒴藋，窦高州家有灌丛，香一园也。"[43]综上可见，蜡梅未显时，人们只以黄梅称之，元丰五年（1082）周师厚《洛阳花木记》首见著录，宋哲宗元祐间黄庭坚等名士热情观赏，品题唱和，遂名声大噪。南宋王十朋《蜡梅》"一经坡谷眼，名字压群葩"[44]，说的就是这一过程。

当时蜡梅野生分布的中心在秦岭南坡、汉水谷地至鄂北山区。与红梅之由南传北不同，蜡梅起于京（开封）、洛（洛阳）地区，后逐步影响江南与巴蜀。到北宋后期蜡梅已经成了时尚的梅花品种。周紫芝《竹坡诗话》："东南之有腊梅，盖自近时始。余为儿童时，犹未之见。元祐间，鲁直诸公方有诗，前此未尝有赋此诗者。政和间，李端叔在姑溪，元夕见之僧舍中，尝作两绝，其后篇云：'程氏园当尺五天，千金争赏凭朱栏。莫因今日家家有，便作寻常两等看。'观端叔此诗，可以知前日之未尝有也。"[45]郑刚中（1088～1154）有诗《金、房道间皆蜡梅，居人取以为薪，周务本戏为蜡梅叹，予用其韵，是花在东南每见一枝，无不眼明者》[46]。金、房二州地当今陕西安康至湖北保康一线，这里如今仍是蜡梅自然分布中心，近年有大片野生蜡梅林被发现。当时汴京、洛阳人最先从襄、汉山中引种，前引邵博《闻见后录》所说"近兴、利州山中樵者薪之以出，有洛人识之，求于其地尚多，始移种遗喜事者，今西州处处有之"，所说应是蜡梅的情况。红梅最初是"北人不识"，而蜡梅则首先为京、洛人所知。徐俯《蜡梅》：

"江南旧时无蜡梅，只是梅花对月开。"[47]晁冲之《次韵江子我蜡梅二首》注："此花吴、蜀所无。"[48]刘才邵《咏蜡梅呈李仲孙》也说："赏奇自昔属多情，况复南人多未识。"[49]可见，南渡后蜡梅始大量传至东南地区。不过吴兴词人张先（990～1078）早就有《汉宫春·蜡梅香》词，所说"奇葩异卉，汉家宫额涂黄。何人斗巧，运紫檀剪出蜂房。应为是中央正色，东君别与清香"[50]，显然是蜡梅，时间不会晚于王安国的诗。也许正确的说法是，蜡梅在北宋中期始引起注意，由于黄庭坚等人京、洛品题而名声大噪，南渡后则盛传东南。

11. **消梅**。文献记载同10。范《谱》："消梅，花与江梅、官城梅相似。其实圆小，松脆多液，无滓。多液则不耐日干，故不入煎造，亦不宜熟，惟堪青咮。比梨亦有一种轻松者，名消梨，与此同意。"是品质优良的果梅品种，适宜鲜食。北宋理学家邵雍有诗《东轩消梅初开劝客酒二首》[51]，可见其洛阳宅园安乐窝有此品种，时间至迟在神宗熙宁间（1068～1077）。《王直方诗话》："消梅，京师有之，不以为贵。因余摘遗山谷，山谷作数绝，遂名振于长安。"[52]可见消梅也于哲宗元祐年间（1086～1094）闻名汴京。宋施宿《（嘉泰）会稽志》卷一七："消梅，其实脆而无滓，其始传于花泾李氏，故或谓之李家梅。"花泾，山名，在绍兴山阴县（今浙江绍兴市）。此处当说越中消梅始于花泾。

12. **苏梅**。文献记载同10。仅此一见，具体性状不详。既然名列"果子花"，或即果梅品种。

13. **水梅**。文献记载同10。仅此一见，果梅品种、具体性状不详。后世果谱中有冰梅一品，与此或有关系。

14. **玉香梅**。周师厚《洛阳花木记》"刺花三十七种"："玉香梅、千叶红香梅、茶梅、千叶茶梅。"宋人咏梅多以玉、香形容，但未见用作品种专名的其他例证。观其名，大概也是江梅之类的白花品种。

15. **茶梅**。文献记载同14。梅与山茶花期相近，晚唐以来常并称。明清时，山茶有一种与梅同时，名茶梅[53]。据李格非《洛阳名园记》，洛阳已有山茶引种。不知周氏所录，是否即山茶之属。

16. **千叶茶梅**。文献记载同14。情况也当与茶梅同。以上三种，《洛阳花木记》著录为"刺花"，是否为蔷薇科梅花品种，值得怀疑。

17. **绿萼梅**。前引宋朱弁《曲洧旧闻》卷三："顷年近畿江梅甚盛，而许、洛尤多，有江梅、椒萼梅、绿萼梅、千叶黄香梅，凡四种。"范《谱》："绿萼梅，凡梅花跗蒂皆绛紫色，惟此纯绿，枝梗亦青，特为清高，好事者比之九疑仙人萼绿华。京师艮岳有萼绿华堂，其下专植此本，人间亦不多有，为时所贵重。"朱氏北宋末年居新郑（今属河南），所记为汴、洛、许的圃艺情形。朱氏之前，诗人咏梅已有言及梅花绿萼的，如苏颂（1020～1101）《和签判郡圃早梅》："绿萼丹跗炫素光，东园先见一枝芳。"⑭李之仪《累日气候差暖，梅花辄已弄色……》其二："绿萼柔条宛相契，正色真香净如拭。"⑮可见绿萼之特点早已引起人们注意，宋徽宗朝始明确为品种专名。姜夔《卜算子·吏部梅花八咏夔次韵》注称，南宋临安清波门外聚景园梅"皆植之高松之下，芘荫岁久，萼尽绿"⑯，是环境变色，非关种性。

18. **椒萼梅**。文献记载同17。有关椒萼梅的记载，仅此一见，未见诗赋咏及。得名与绿萼梅相近，当为红萼。

19. **鸳鸯梅**。北宋末年画家周纯《蓦山溪·墨梅，荆楚间鸳鸯梅，赋此》词："染相思，同心并蒂。"⑰南宋洪适有诗《偶得梅一种，疏枝清香，附萼之花五出，与江梅无异，但花色微红，而五出之上复有一重，或十叶或九叶，他日皆并蒂双实，俗呼为鸳鸯梅。昔上林有赵昭仪所植同心梅，疑即此也，因成四绝》⑱，疑即《西京杂记》所载同心梅。

20. **百叶黄梅（又一种）**。南宋高宗绍兴初，江南东路安抚使章谊（1078～1138）《题饶州永平监百叶黄梅》："百叶黄梅照小堂，江南春色冠年芳。洛妃不露朝霞脸，秦女聊开散麝妆。已荐香风来枕席，更留美实待杯觞。"自注："彦先云，百叶梅不实，此花独结子。"⑲是千叶黄香梅结实一种。仅此一例，未见他证。

21. **青蒂梅**。叶绍翁《四朝闻见录》卷一："光尧（引者按：宋高宗赵构）亲祀南郊，时绍兴二十五年也，御书于郊坛易安斋之梅亭。……光尧尝问主僧曰：'此梅唤作甚梅？'主僧对曰：'青蒂梅。'"仅此一例，未见他证。宋孝宗诗中有"修成冰艳数枝斜"，当是青蒂白花品种。

22. **福梅**。周淙《乾道临安志》卷二载花品："腊梅、香梅、千叶梅、福梅。"临安，今浙江杭州。清梁诗正《西湖志纂》卷一〇："福胜院在安乐山麓。《西溪梵隐志》：晋天福间吴越王建，宋僧因本澄重兴，绕寺栽梅，故有福胜梅花之目，元末兵毁。"福梅或即福胜梅，可能既是名胜之目，也属寺院特色品种，具体情况待考。

23. **苔梅（越）**。周密《武林旧事》卷七："淳熙五年二月初一日，上（引者按：宋孝宗赵昚）过德寿宫起居，太上（引者按：宋高宗赵构）留坐冷泉堂，进泛索讫，至石桥亭子上看古梅。太上曰：'苔梅有二种，宜兴张公洞者苔藓甚厚，花极香；一种出越上，苔如绿丝，长尺余。今岁二种同时着花，不可不少留一观。'"苔梅非梅花另品，而是一种特殊气候环境下的生长形态。因其枝干屈曲、苍藓斑驳，一副龙钟老态，因而也视作古梅。范《谱》："古梅，会稽最多，四明、吴兴亦间有之。其枝樛曲万状，苍藓鳞皴，封满花身。又有苔须垂于枝间，或长数寸，风至绿丝飘飘可玩。初谓古木久历风日致然，详考会稽所产，虽小株亦有苔痕，盖别是一种，非必古木。余尝从会稽移植十本，一年后花虽盛发，苔皆剥落殆尽，其自湖之武康所得者，即不变移。风土不相宜，会稽隔一江，湖、苏接壤，故土宜或异同也。凡古梅多苔者，封固花叶之眼，惟罅隙间始能发花，花虽稀而气之所钟，丰腴妙绝。苔剥落者则花发仍多，与常梅同。"会稽（今浙江绍兴）、四明（今浙江宁波）、吴兴（今浙江湖州）、宜兴（今属江苏）等地，地气温溽，易生苔藓，而以会稽最为著名。陆游《梅花绝句》其七："吾州古梅旧得名，云蒸雨渍绿苔生。"⑩说的就是绍兴盛产苔梅的情形。环境一旦改变，形态也就难以维持。赵构所说两种，宜兴所产苔封较厚，会稽所产苔丝绵长，是两种典型的树藓观赏形态。

24. **苔梅（宜兴）**。文献记载同23。据宋高宗赵构所说，宜兴苔梅藓衣较厚。

25. **潭州红梅**。姜夔《小重山令·赋潭州红梅》[61]，约作于淳熙十三年（1186）。潭州，治今湖南长沙，当是此品原产地。楼钥《谢潘端叔惠红梅》序："潘端叔惠红梅一本，全体皆江梅也。香亦如之，但色红尔，来自湖湘，非他种比，自此当称为红江梅以别之。"[62]可见此品貌似江梅而颜色红艳。

26. **横枝**。姜夔《卜算子·吏部梅花八咏夔次韵》其六："绿萼更横枝，多少梅花样。惆怅西村一坞春，开遍无人赏。"自注："绿萼、横枝，皆梅别种，凡二十许名。西村在孤山后，梅皆阜陵时所种。"[63]此品出于孝宗（阜陵）朝。淳熙十三年（1186），杨万里任职京城，有《寄题叔奇国博郎中园亭二十六咏·横枝》诗："冰为仙骨水为肌，意淡香幽只自知。青女素娥非耐冷，一生耐冷是横枝。"[64]谈钥《（嘉泰）吴兴志》卷二〇"物产"："梅：梅生江南，湖郡尤盛。……《旧编》云：今武康、德清绵亘山谷，其种以堂头梅为上，横枝梅、清梅（一作消梅）次之。"是湖州也有此品。《旧编》，指《吴兴志旧编》，"淳熙中教授周世楠撰"[65]。喻良能《雪中赏横枝梅花》："横枝梅花最先开，影着清浅无纤埃。寿阳妆额依然在，姑射冰肌何处来。"[66]可见此品花期较早，花色疏淡而以横枝清雅见长。

27. **照水梅（映水梅）**。孝宗朝曾觌《蓦山溪·坤宁殿得旨次韵赋照水梅花》："靓妆窥清漪，浮暗麝，剪芳琼，消得连城价。"[67]施宿《（嘉泰）会稽志》卷一七："越中又有映水梅，其实甚美而颊红。"宋末刘学箕《梅说》："情益多而梅亦益多也。曰红，曰白，曰蜡……曰鹅黄，曰纷红，曰雪颊，曰千叶，曰照水，曰鸳鸯者，凡数十品。"据施宿所言，似以果实胜，且呈红色，余皆不详。南宋后期张道洽、杨公远等人《照水梅》诗，所写只是梅枝横斜临池照影之景而已。揣此品命名，也当以发枝横斜为主要特色。《永乐大典》卷二八一〇：

"《新安志》：玉梅者，重叶脆实，花开下瞰，又曰照水梅。"是此梅又名玉梅。南宋周淙《乾道临安志》卷二记临安花卉有"玉梅"品目。

28. **重萼梅**。李洪（1129～?）《万寿观重萼梅》："天街倦踏软红尘，喜见宫梅漏泄春。千叶剪琼多态度，九英照日倍精神。"⑥可见该品白色叠瓣，花萼也当有两层重叠。

29. **官城梅**。范《谱》："官城梅，吴下圃人以直脚梅，择他本花肥实美者接之，花遂敷腴，实亦佳，可入煎造。"吴地嫁接品种，未见他处言及。范《谱》作于光宗绍熙元年至四年间（1190～1193），所言梅品为当时吴下园圃所流行。

30. **古梅**。范《谱》："古梅，会稽最多，四明、吴兴亦间有之。其枝樛曲万状，苍藓鳞皴，封满花身。……去成都二十里有卧梅，偃蹇十余丈，相传唐物也，谓之'梅龙'，好事者载酒游之。清江酒家有大梅，如数间屋，傍枝四垂，周遭可罗坐数十人。任子严运使买得，作凌风阁临之，因遂进筑大圃，谓之盘园。余生平所见梅之奇古者，惟此两处为冠，随笔记之，附古梅后。"常言所谓古梅，非梅花新品，高龄老树而已。范氏所言古梅，实即苔梅，见苔梅条。范氏附记成都蜀苑梅龙和清江盘园大梅，则属典型古梅。梅为长寿树种，我国又是梅的原产地，在梅的分布区内高龄老树古来多有，关键在于人们是否欣赏与关注。宋初天台宗高僧释智园是描写古梅第一人，其《砌下老梅》诗云："傍砌根全露，凝烟竹半遮。腊深空冒雪，春老始开花。止渴功应少，和羹味亦嘉。行人怜怪状，上汉采为槎。"⑥咏所居西湖孤山玛瑙院梅树，花迟果稀，老根裸露，树干扭曲古怪，一副典型的老梅姿态。仁宗朝陈舜俞《种梅》："古来横斜影，老去乃崛奇。"⑦已表现出明显的赞赏态度。但纵观整个北宋时期，只有零星诗文涉及。据范成大《梅谱·后序》，南宋初期的画家、园工仍偏好新枝嫩条。大约宋高宗绍兴后期以来，古梅与苔梅才逐步引起重视，其盘根虬枝、疏花淡蕊的姿态，体现苍劲、古淡、老成之美，被视为梅花品格神韵的极致。陆游《古梅》："梅花吐幽香，百卉皆可屏。一朝见古梅，梅亦堕凡境。重叠碧薜晕，夭矫苍虬枝。谁汲古涧水，养此尘外姿。"⑦就代表了这一审美新认识。此后"老枝怪奇者为贵"逐渐成为梅花欣赏的时尚。

31. **重叶梅**。范《谱》："重叶梅，花头甚丰，叶重数层，盛开如小白莲，梅中之奇品。花房独出，而结实多双，尤为瑰异，极梅之变，化工无余巧矣，近年方见之。"同时辛弃疾《生查子·重叶梅》⑫、宋末李龙高《重叶梅》⑬所咏即此种。其白花重瓣，与梅尧臣所言重台梅相似，但梅尧臣未言及果实，此种结实成双，或另是一种。

32. **绿萼梅（吴下又一种）**。范《谱》："绿萼梅……吴下又有一种，萼亦微绿，四边犹浅绛，亦自难得。"是吴中地方品种。

33. **鸳鸯梅（又一种）**。范《谱》："鸳鸯梅，多叶红梅也。花轻盈，重叶数层。凡双果必并蒂，惟此一蒂而结双梅，亦尤物。"此与洪适所咏并蒂双实不同，是又一种。范《谱》认为此即多叶（千叶）红梅，千叶是指花头，而鸳鸯则说其果实。宋人叙梅品于两者未见并举，可能与千叶红梅确是一种。

34. **红梅（纷红、粉红）**。范《谱》："红梅，粉红色，标格犹是梅，而繁密则如杏，香亦类杏。"北宋人言红梅都强调其红，未见称粉红者。刘学箕《梅说》："情益多而梅亦益多也。曰红，曰白，曰蜡，曰香，曰桃，曰杏，曰绿萼，曰鹅黄，曰纷红，曰雪颊，曰千叶，曰照水，曰鸳鸯者，凡数十品。"刘氏所说纷红或即粉红之误书。宋末舒岳祥《篆畦诗序》："篆畦者，予宅西之小园也……自廊北入，累级而登为乘桴亭，亭势颇高，东南见海。其下植梅，梅有千叶、红香、黄香、绿萼、真红、粉红之别。"⑭范氏所言或即此种。而舒氏所言"真红"当为一般朱砂红梅，粉红则别为一品。

35. **杏梅**。范《谱》："杏梅，花比红梅色微淡，结实甚匾，有斓斑，色全似杏，味不及红梅。"当是梅、杏人工嫁接或天然杂交品种。梅与杏亲缘关系密切，正、反杂交均能产生新的品种。周师厚《洛阳花木记》"果子花"中已有"梅杏"一种，可见宋人这方面的开发由来已久。

36．**狗蝇梅**。蜡梅品种。范《谱》："蜡梅……凡三种，以子种出，不经接，花小香淡，其品最下，俗谓之狗蝇梅。经接花疏，虽盛开，花常半含，名磬口梅，言似僧磬之口也。最先开，色深黄，如紫檀，花密香秾，名檀香梅，此品最佳。"北宋元祐间蜡梅声名乍起，一时新奇，栽培既久，品种滋衍。范《谱》已得三种。此品得名即俗，当是蜡梅中最近野生原始之品种。最初泛称蜡梅者或即此种。

37．**磬口梅**。蜡梅品种。文献记载同36。嫁接所得之良种。

38．**檀香梅**。蜡梅品种。文献记载同36。蜡梅三品之最佳者。

39．**堂头梅**。谈钥《（嘉泰）吴兴志》卷二〇"物产"："梅：梅生江南，湖郡尤盛。……《旧编》云：今武康、德清绵亘山谷，其种以堂头梅为上，横枝梅、清梅（引者按：《吴兴备志》作消梅）次之，又有红梅、重梅、鸳鸯梅、千叶缃梅、蜡梅，惟红梅、鸳鸯梅有实，菁山等处亦多。"《吴兴志旧编》，宋孝宗淳熙中周世楠撰。未见他处记载，当是湖州地方果梅品种。

40．**重梅**。文献记载同39。或重台梅、重叶梅之省称，然重台梅有实，重叶梅色白，此与红梅、鸳鸯梅同类，当为不结实之红梅品种。

41．**辰州本（蜡梅）**。高似孙《剡录》卷九："蜡梅花有紫心者、青心者。紫者色浓香烈，谓之辰州本。"剡，指嵊县（今属浙江），《剡录》意即嵊县志，完成于嘉定七年（1214）。此品花心紫色，与檀香梅之花色深黄如紫檀者不同。辰州，治今湖南沅陵，应是此品原产地。

42．**青心（蜡梅）**。文献记载同41。青心是说花蕊颜色，似非此品定名。

43．**香梅**。刘学箕《梅说》："情益多而梅亦益多也。曰红，曰白，曰蜡，曰香，曰桃，曰杏，曰绿萼，曰鹅黄，曰纷红，曰雪颊，曰千叶，曰照水，曰鸳鸯者，凡数十品。"又陈耆卿《赤城志》卷三六："果之属：梅，多种。花白者为盛，余则有绿萼梅、红梅、双梅、香梅、千叶梅、夏梅、寒梅，其实之酸则一也。"赤城，指宋台州（今属浙江）。既然列于果品，所谓"香"或是果实之特色，与周师厚《洛阳花木记》所载玉香梅重在花香者应不同。

44. 桃梅。文献记载同43。当属桃、梅嫁接或天然杂交品种。周师厚《洛阳花木记》"四时变接法"："桃椑（引者按：一本作欅）上接诸般桃、诸般梅。"可见北宋时即已开始此项育种。

45. 鹅黄。文献记载同43。王十朋《省中黄梅盛开，同舍命予赋诗，戏成四韵》："照眼非梅亦非菊，千叶繁英刻琼玉。色含天苑鹅儿黄，影蘸瀛波鸭头绿。日烘喜气光烛须，雨洗道装鲜映肉。此梅开后更无梅，莫借攀条饮醹酥。"[75]所咏或即此种黄梅花，花期较迟，也可能是千叶黄香之类。

46. 雪颊。文献记载同43。未见他处记载。当是花色较白之品种。

47. 双梅。陈耆卿《赤城志》卷三六"果之属"："梅，多种。花白者为盛，余则有绿萼梅、红梅、双梅、香梅、千叶梅、夏梅、寒梅，其实之酸则一也。"欧阳询《艺文类聚》卷八六果部梅："上林有双梅、紫梅、同心梅、粗枝梅。"是此名由来已久，性状不明。宋人多称梅一蒂结双果为双梅，如杨万里《壬辰别元伯丞公折双梅见赠，作一绝以谢之》："一花怪结双青子，独蒂还藏两玉花。"[76]后世品梅别称双梅，如清《（雍正）福建通志》卷一〇："品梅，一花三实，又曰双梅。"不知前后有何关系。

48. 夏梅。文献记载同47。未见他处记载。列于果品，所谓"夏"应指果实成熟期。

49. 寒梅。文献记载同47。未见他处记载。列于果品，可能是一种冬季成熟的果梅品种。

50. 雀梅。常棠《海盐澉水志》卷六："（物产）雀梅。"海盐，今属浙江。《尔雅·释木》郭璞注有雀梅之名，认为"雀梅，似梅而小者也"[77]。此雀梅或即此义，是小果品种。未见他处记载。

51. **金锭梅**。周应合《景定建康志》卷四二"果之品"："来禽、大杏、海红、金锭梅、红桃、绿李、相公李（出句容）。"建康，今江苏南京。此为果梅品种，金锭或状其成熟时形状和颜色。未见他处记载。

52. **硬梅**。潜说友《咸淳临安志》卷五八"果之品"："梅，有消、硬、糖、透数种。"又吴自牧《梦粱录》卷一八"物产·果之品"："梅有消、硬、糖、透黄。"果梅品种，果实较硬。

53. **糖梅**。文献记载同52。古来以糖制梅称糖梅，此当是糖分较高的果梅品种。

54. **透黄梅**。文献记载同52。果梅品种，成熟时透黄。

55. **福州红**。潜说友《咸淳临安志》卷五八："红梅：……今土人有福州红、潭州红、柔枝、千叶、邵武红等种。"又吴自牧《梦粱录》卷一八"物产·花之品"："红梅有福州、潭州红、柔枝、千叶、邵武红等。"红梅品种，原产福州。

56. **柔枝**。文献记载同55。红梅品种，性状未详。

57. **邵武红**。文献记载同55。红梅品种，特征未详。邵武，今属福建，为此品原产地。

58. **判官梅**。《永乐大典》卷二八一〇"判官梅"："《新安志》：梅有名判官者，花丰实大。"当属果梅品种。罗愿《新安志》成于宋孝宗淳熙初年，然而该书未见此条，是佚文还是《永乐大典》编者误辑或另有所本，不得而知，此系于宋末。画梅谱中常有"判官头"一目，此品或附会得名，未必实有，待考。

59. **绿英梅**。唐冯贽《云仙杂记》卷二《水松牌》："李白游慈恩寺，寺僧用水松牌，刷以吴胶粉，捧乞新诗，白为题讫，僧献玄沙钵、绿英梅……（《海墨微言》）"宋佚名《锦绣万花谷》后集卷三八："绿英：李白游慈恩寺，僧献绿英梅。（出《海墨徽言》）"陈景沂《全芳备祖》前集卷一亦辑此条，注称出于《六帖》，然不见于《六帖》。《海墨微言》（《锦绣万花谷》作《海墨徽言》，误），著者和时代俱不明，最迟应出于北宋。揣绿英之名，花瓣应为绿色。除抄缀此条外，未见其他相关记载，姑附此待考。

[注释]

①彭定求等《全唐诗》卷二三二。

②刘长卿《酬秦系》："家空归海燕，人老发江梅。"《全唐诗》卷一四七。

③彭定求等《全唐诗》卷五九〇。

④彭定求等《全唐诗》卷六七四。

⑤北京大学古文献研究所《全宋诗》第 5 册第 2722 页。

⑥彭定求等《全唐诗》卷二三二。

⑦张璋、黄畲《全唐五代词》第 737 页。

⑧北京大学古文献研究所《全宋诗》第 1 册第 460 页。

⑨彭定求等《全唐诗》卷六五六。

⑩这里的"红罗"、"红梅"，也有作"江罗"、"江梅"。

⑪解缙等《永乐大典》卷二八〇九。

⑫脱脱等《宋史》卷一四二。

⑬吴聿《观林诗话》。《观林诗话》称是都下一贵人家，未指晏殊。

⑭胡仔《苕溪渔隐丛话》前集卷二五。

⑮梅尧臣《依韵和正仲寄酒因戏之》，《全宋诗》第 5 册第 3100 页。

⑯程杰《宋代咏梅文学研究》第 327 ~ 329 页。

⑰韦骧《红梅赋》，《永乐大典》卷二八〇九。此赋《全宋文》失收。

⑱梅尧臣《读吴正仲重台梅花诗》，《全宋诗》第 5 册第 3097 页。

⑲梅尧臣《依韵和正仲重台梅花》，《全宋诗》第 5 册第 3097 页

⑳梅尧臣《依韵诸公寻灵济重台梅》，《全宋诗》第 5 册第 3119 页。

㉑梅尧臣《将离宣城寄吴正仲》："酒盆龙杓闲到吟，梅花重叶将谁采。"《全宋诗》第 5 册第 3152 页。

㉒唐圭璋《全宋词》第 1779 页。

㉓《全宋诗》第 50 册第 31673 页。

㉔李肇《唐国史补》卷下。

㉕《全宋诗》第 8 册第 5285 页。

㉖《全宋词》第 224 页。

㉗王安石《耿天骘许浪山千叶梅见寄》，《全宋诗》第 5 册第 3124 页。

㉘郭绍虞《宋诗话辑佚》上册第 40 页。饶节《赋王立之家四梅》也记王直方家蜡梅、多叶、红梅、单白四种梅，《全宋诗》第 22 册第 14544 页。

㉙邵博《闻见后录》卷二五。

㉚陶宗仪《说郛》卷一〇四下。

㉛朱弁《曲洧旧闻》卷三。

㉜王直方《王直方诗话》，郭绍虞《宋诗话辑佚》上册第 40 页。

㉝《全宋诗》第 14 册第 9457 页。

㉞《全宋词》第 1726 页。

㉟《全宋词》第 3343 页。

㊱《全唐诗》卷一二五。

㊲《全宋诗》第 18 册第 12150 页。

㊳刘一止《次韵必先侍御和郑维心忆梅，并寄维心》，《全宋诗》第 25 册第 16699 页。

㊴《清异录》卷上"百花门"。

㊵马位《秋窗随笔》。

㊶方回《瀛奎律髓》卷二〇。

㊷郭绍虞《宋诗话辑佚》上册第 95 页。

㊸此处文字与《山谷集》稍异，此据陈景沂《全芳备祖》卷四，浙江古籍出版社 2014 年版。

㊹《全宋诗》第 36 册第 22959 页。

㊺何文焕《历代诗话》上册第 345 页。

㊻《全宋诗》第 30 册第 19090 页。

㊼宋高似孙《（嘉定）剡录》卷九。

㊽《全宋诗》第 21 册第 13885 页。

㊾《全宋诗》第 29 册第 18854 页。

㊿《全宋词》第 83 页。

(51)《全宋诗》第7册第4505页。

(52)郭绍虞《宋诗话辑佚》上册第109页。

(53)顾起元《说略》卷二八。

(54)《全宋诗》第10册第6384页。

(55)《全宋诗》第17册第11152页。

(56)《全宋词》第2186页。

(57)《全宋词》第699页。

(58)《全宋诗》第37册第23424页。

(59)《全宋诗》第24册第16228页。

(60)《全宋诗》第39册第24478页。

(61)《全宋词》第2170页。

(62)《全宋诗》第47册第29448页。

(63)《全宋词》第2186页。

(64)《全宋诗》第42册第26351页。

(65)王象之《舆地碑记目》卷一《安吉州碑记》。

(66)《全宋诗》第43册第26992页。

(67)《全宋词》第1318页。

(68)《全宋诗》第43册第27184页。

(69)《全宋诗》第3册第1551页。

(70)《全宋诗》第8册第4947页。

(71)《全宋诗》第40册第24973页。

(72)《全宋词》第1977页。

(73)《全宋诗》第72册第45377页。

(74)舒岳祥《阆风集》卷一〇。

(75)《全宋诗》第36册第22734页。

(76)《全宋诗》第42册第26147页。

(77)毛晋《陆氏诗疏广要》卷上之下。

三、总结

1. 品种数量

上述 59 种，可能有一些交叉重复。如所谓硬梅，显然是就果实特征而言，也许所指就是"实小而硬"的江梅。腊梅（黄千叶）名、义分别与蜡梅、黄香梅相同。"鸳鸯梅，多叶红梅也"，也可能与千叶红梅是同一品种。又如茶梅、千叶茶梅未必是梅，福梅未必指品种。苔梅、古梅说的是枝干观赏形态。所谓绿萼梅、双梅之类有可能只是《西京杂记》所载之类，只是传名而已。另，蜡梅与磬口梅、檀香梅之间又有大、小概念间的包含关系。从严掌握，扣除上述可疑数目，也有大约 48 个比较可靠的品种。显然这不是宋代艺梅品种的全部，只是所见宋人文献所载的数量。但不管怎么说，这一数字充分反映出两宋梅之栽培品种发展的巨大成就。

2. 品种类型

首先必须强调的是，这些品种其实分为两大种属。在现代植物学分类中，一是蔷薇科李属梅，一是蜡梅科蜡梅属蜡梅，宋人即已明确，它们不属于同类。但由于花期相同，花香相近，多视为同一花色，我们这里遵从宋人习惯，通盘进行考述。不难看出，这些品种的命名方式主要有三种：一是根据花、果、枝等外在生物形态特征，如红梅、黄梅、蜡梅、千叶、鸳鸯、横枝等；二是揭示花、果的节令特征等，如早梅、寒梅等；三是说明原产地，如潭州红、福州红等。其中以第一种方式最多，这是古代园艺品种学的基本特点，同时也由两宋时期梅之观赏价值更受重视所决定。就两宋栽培、利用的实际状况以及宋人文献反映的植物知识来看，两宋时期的梅品种大致分为"花之品"、

"果之品"两大类。当然这种分类是相对的，梅是亦花亦果、花果兼利的经济作物。两相比较，花梅品种比较丰富，依其花色形态，又可分为江梅（白梅）、红梅、黄梅、古梅、梅枝、蜡梅等亚类，其中黄梅有些可能呈黄色，有些则应属花蕊黄色鲜明夺目。整个品种结构列表如后（梅品种分类数量表）。从表中可知，花梅（含蜡梅）品种有44个，扣除存疑品种，为34个，约占可靠品种总数的71％。花梅中又以红、白二色为主。白梅是梅花野生原种本色，红梅则大多源于梅与杏、桃等种间杂交或嫁接，因而品种资源都较丰富。蜡梅本非梅类，有其独立的种质开发空间，数量上也便显现优势。果梅体现的是经济价值，多属"土人"即乡民农人经营，士大夫关注不多，现存资料多见于地方志物产、土俗类记录中，内容过于简单，因而具体品种性状大多不明。但所见有15个果梅品种，比较可靠的有14个，占可靠品种总数的29％。其中有宜于鲜食与宜于加工、青黄与花红、硬与软、甜与酸、夏与冬等用法、品质、时令方面的分别，也可谓是丰富多样，反映出一定的生产水平。总体上看，花梅品种偏多，且类型清晰，而果梅品种相对较少，且分类不明。这种品种结构不仅反映了宋代花梅发展较快的时代特色，同时也奠定了宋以后栽培梅发展的基本态势。

3. 发展过程

上述59种，见于北宋记载者20种，南宋者39种。北宋的20种主要集中在宋仁宗朝以来尤其是宋神宗、哲宗及徽宗朝早期，即11世纪至12世纪初期，这正是北宋经济发展、文化繁荣的时期，梅花圃艺得到长足发展。南宋的39种，集中于宋高宗绍兴末年以来，即12世纪中叶至南宋灭亡的100多年中。此间宋孝宗乾道、淳熙至宁宗嘉定年间，即12世纪60年代至13世纪20年代，是南宋社会相对稳定、经济繁荣发展，史家号称"中兴"时期，梅之栽培品种的出现也相应地形成高潮。范成大的《梅谱》就完成于这一时期。南宋后期虽然整个社会衰势日深，但江南地区，尤其是作为南宋政治、经济、文化核心地区的苏、湖、杭、越等地，梅的经济生产和观赏栽培热潮如日中天，因而文献记载的梅花品种仍不断增加。纵观整个两宋时期梅花品种发现、栽培的发展轨迹，可以说与社会政治、经济、文化盛衰起伏的历史走势大致同步，同时自身又有一个不断繁衍进展的趋势。

4．分布地区

上述 59 种，以其首发或见载属地按各省数量多少排列，依次是浙江（19）、河南（14）、江苏（12）、福建（2）、湖南（2）、安徽（2）、湖北（1）、江西（1）。河南、浙江是两宋京畿所在，经济发达，人物荟萃，园林、圃艺繁盛，而梅品也就相对集中。北宋时苏州、宣州等南方地区虽也不乏梅花新品发现，但汴、洛地区以其政治中心的地位，在梅花的园林栽培发展上独领风骚。宋室南渡，中原沦落，艺梅中心迅速转移到江南地区。苏、杭、湖、越一带不仅是政治核心地区，同时人口繁庶，经济发达，农圃、园林生机兴旺，花梅与果梅的种植得天时、地利都极其兴盛，品种开发贡献颇多。另果梅中的桃梅、鹅黄、雪颊，所见记载未言产地，但记载者刘学箕为福建崇安人，一生隐居不仕，其故乡园圃多植花草梅竹，所载品种应属闽中所产。南宋时江、浙、闽的这一发展优势为元、明、清时期我国栽培梅之分布格局奠定了基础。

附表：梅品种分类数量表

（表中带 ? 者存疑或重出，带 * 者为范《谱》已有）

种属	类 型		品　种	小计	合计
梅	花梅	白梅	江梅 *、重台梅、早梅 *、千叶梅、玉香梅、绿萼梅 *、椒萼梅、青蒂梅、重萼梅、官城梅 *、重叶梅 *、绿萼梅（吴下又一种）*、雪颊	13	38
		红梅	红梅 *、千叶红香梅、紫梅、鸳鸯?、潭州红梅、鸳鸯梅（又一种）*、红梅（纷红、粉红）、杏梅 *、重梅、福州红、柔枝、邵武红	12	
		黄梅	千叶黄香梅 *、腊梅（黄千叶）?、百叶黄梅（又一种）、鹅黄	4	
		古梅	苔梅（越）*?、苔梅（宜兴）?、古梅 *?	3	
		梅枝	横枝、照水梅（映水梅）	2	
		未明	茶梅?、千叶茶梅?、福梅?、绿英梅?	4	
	果梅		消梅 *、苏梅、水梅、堂头梅、香梅、桃梅、双梅、夏梅、寒梅、雀梅、金锭梅、硬梅?、糖梅、透黄梅、判官梅	15	15
蜡梅	蜡梅		蜡梅 *?、狗蝇梅 *、磬口梅 *、檀香梅 *、辰州本、青心	6	

玉照堂梅品

[宋] 张镃 著

解　题

　　张镃（1153～1235），宋临安（今浙江杭州）人，先世居成纪（今甘肃天水）。早年字时可，改字功父，或作功甫，号约斋。南渡名将张俊曾孙。累官承事郎、直秘阁、权临安通判，宋孝宗淳熙十四年（1187）以主管华州云台观退闲临安故园①。宁宗开禧三年（1207）为左司郎官，参与谋诛韩侂胄，事成后为卫泾等奏弹，贬居广德军（今安徽广德）②。嘉定四年（1211）又参与谋杀史弥远，事泄"除名，象州（引者按：今属广西）羁管"③，24年后卒④。

　　张俊在高宗朝颇受宠遇，优积财富。子孙承其遗产，庄田广布。张镃尤善经营，园池声色富甲天下，生活极其奢侈淫靡。其南湖别墅在杭州古城东北隅，依山面湖。湖水俗称白洋湖，南宋后期水面剧减，又称白洋池。别墅占地百亩，湖水在宅南，因名南湖。别墅经始于淳熙十二年（1185）⑤，自称"昨倦处于旧庐，遂更谋于别业。园得百亩，地占一隅，幽当北郭之邻，秀踞南湖之上……劳一心而经始，历二岁而落成"⑥。最初植桂较多，因而总名"桂隐"。同年因疾求获祠禄，归居养闲，于是大事经营，于庆元六年（1200）完成。全园分东寺、西宅、南湖、北园、众妙峰山五大部分⑦，山水之胜、规模之大为当时京城私园翘楚。又以贵胄子弟，好为结交，杨万里、陆游、尤袤、周必大、姜夔等名公雅士，纷至游赏，题品揄扬，使这一偏隅私园渐成名区胜迹。

　　南湖别墅盛况维持未久。张镃出身世家，处世并不守分，于朝廷、宫闱之争涉嫌颇深，加以生活奢侈淫靡，因而招致非议颇多。庆元元年（1195）即遭放罢；开禧三年（1207）参与诛杀韩侂胄，事后不久遭忌被劾，贬居广德军；嘉定四年（1121）被除名勒停，羁管象州，最终死于瘴乡。这一连串打击，不仅彻底葬送了张镃的政治生命，也从根本上动摇了张镃"门有珠履、坐有桃李"⑧的生活基础。也许由于这一原因，从张镃被贬以来，南湖桂隐几乎销声匿迹，很少有人提及⑨。绍定间（1228～1233），园东张镃捐建之广寿慧云寺也遭火焚⑩，元至正间（1341～1368）被毁。入明后寺院虽一再重建，但附近园池逐渐湮废，并入民居⑪，有些陈年古梅为当时豪门所得⑫。入清后此地更是一片民居蔬圃，民国以来"四旁居民侵作菱田"⑬，逐步淹没在鳞次栉比的民居街市之中，无迹可寻了。

尽管南湖风景早已烟消云散，但张镃现存大量相关作品，尤其是围绕南湖桂隐的三部奇特著作，提供了园林风景和园居生活的丰富信息：一是嘉泰元年（1201）的《赏心乐事》，按月列单，排比四时八节宴游享乐项目，其中除少量湖上行游外，多为园中宴集游乐之事，内容极其丰富⑭。二是次年所著《桂隐百课》，详细罗述南湖别墅的园林景观。三是《玉照堂梅品》，总结梅花欣赏活动的经验和要求。这三种分别记载在宋末周密《武林旧事》、《齐东野语》两书中，从不同方面展示了杭州园林艺术和富贵文人休闲娱乐生活的生动情景和优雅情趣，有着独特的历史、文化价值。我们这里介绍的《玉照堂梅品》，见于周密《齐东野语》卷一五。

玉照堂是南湖桂隐集中植梅之处。张镃比较喜爱梅花，认为春色万紫千红中，梅花最为完美："群芳非是乏新奇，或在繁时或嫩时。唯有南枝香共色，从初到底绝瑕疵。"⑮桂隐所植花木中，最初以桂树为重⑯，梅花后来居上。"不但归家因桂好，为梅亦合早休官。"⑰张镃现存1100多篇诗文，咏梅之作90余首，数量远过于其他植物，重要的有《玉照堂观梅二十首》组诗。早在建园之初，即着手玉照堂梅景的种植。原地本有古梅数十株⑱，又从西湖北山别墅移来不少江梅⑲，总计植梅三百株，占地十亩。在堂东、西分别植缃梅、红梅二十株。梅林外开涧引水环绕，水上修揽月、飞雪二桥⑳，可以乘舟往来游赏，张镃有"一棹径穿花十里，满城无此好风光"的诗句形容，成为当时文人春日赏梅竞相造访的热门景点㉑。后来又有所增植，《桂隐百课》

称"玉照堂,梅花四百株"。补种可能以红梅为主,开禧元年(1205)张镃《祝英台近·邀李季章直院赏玉照堂梅》有"春到南湖,检校旧花径。手栽一色红梅,香笼十亩"句②。不仅梅景盛大,游赏活动也较频繁。《赏心乐事》所载137项宴游活动中,就有正月"玉照堂赏梅",二月"玉照堂西缃梅"、"玉照堂东红梅",四月"玉照堂青梅"(食果),十二月"玉照堂看早梅"等7项赏梅项目。《玉照堂梅品》正是产生于这些梅景建设和欣赏活动的士人风雅氛围之中,建立在这些富贵生活基础之上。

《玉照堂梅品》前有序言,回顾经营玉照堂梅园的经过和风景之胜,交代写作目的。正文内容分花之宜称与憎嫉、荣宠与屈辱两两对立的四类,分别罗列各种情景项目,合计共58个条目,从正反两方面为梅花风景及其欣赏活动制定条例。作者不满于人们"身亲貌悦",只知爱好花色,而对梅花的"标韵孤特"碌碌无知、"不相领会"等种种俗陋表现,根据梅花"性情",设计"奖护之策",指点宜忌,分别雅俗,制定行为准则,倡导高雅情趣。因此,所谓"梅品"并不是范成大《梅谱》记载的梅花"品种"之"品",而是欣赏活动的"品位"之"品"。

这种著述体例有一定的历史渊源。传晚唐李商隐《杂纂》有"杀风景"一项,举"清泉濯足、花上晒裤、背山起楼、烧琴煮鹤、对花饮茶、松下喝道"数条,以表戒忌㉓。北宋中期邱濬《牡丹荣辱志》为各色牡丹划分品级,论列相关花卉之亲疏关系,并就圃艺、观赏之事分别宜忌、宠辱等不同㉔,集中反映了当时人们对牡丹的尊尚、喜爱之情和丰富的园艺、观赏经验。张镃《玉照堂梅品》显然从中受到启发,较之邱濬所列更为简洁、明朗。

《玉照堂梅品》全篇58条,既包含了作者本人独到的赏梅情趣和体悟,同时也积淀了宋初林逋以来梅花欣赏的丰富经验和习尚。其中32条正面条例,如"佳月"、"微雪"、"孤鹤"、"竹边"、"松下"、"疏篱"、"纸帐"、"膝上横琴"、"石枰下棋"等,都是宋代文人咏梅、赏梅中最常见的观赏角度、环境氛围和活动方式,简明、系统地展示了士大夫文人梅花欣赏中不断发现、逐步积累并业已形成共识的成功经验。

其中特别值得一提的是"扫雪煎茶"。在李商隐《杂纂》中,"对花饮茶"是"杀风景"之事。一般公认,鲜花与美酒都有几分风情绮丽、风流豪宕的色彩,"花间尊前"、"赏花饮酒"是生活的常见情景,而茶与酒之间性味相敌,茶与花也是清苦与绮艳风调迥异,因而花下饮茶被视为大"杀风景"。但在宋代,梅下饮茶大破其戒[25],并且逐渐被认为是尊视梅花的一种方式。邹浩《同长卿梅下饮茶》:"不置一杯酒,惟煎两碗茶。须知高意别,用此对梅花。"[26]以茶对梅,正是以非常之饮对非常之花。到了南宋,"商略此花宜茗饮,不消银烛彩缠缸"[27],"竹屋纸窗清不俗,茶瓯禅榻两相宜"[28],饮茶与坐禅、弹琴、下棋等同时成为与梅品格神韵最为匹配的幽适闲雅之事。张镃把"扫雪煎茶"作为梅花"宜称",正是这些生活情趣的反映。

反面的26条戒条,主要针对那些与梅花品格貌合神离,甚至大乖其趣的圃艺和娱乐行为,如"谈时事"、"论差除"(谈论官职)、"赏花动鼓板"(赏花时征歌选舞)、"作诗用调羹、驿使事",同时也包括一些随着艺梅赏梅风气的流行而日益滋长的市俗、大众行为,如"酒食店内插瓶"、"青纸屏粉画"等。

张镃这一著作可以说正是站在南宋"中兴"时期梅花欣赏盛况空前、继往开来的历史至高点上,以制定宜、忌条例的方式,系统揭示了梅花观赏的基本方法、情趣氛围,寄托了忌俗求雅的理念品位。也属于梅花圃艺、观赏高潮来临之际学术上的一种积极反应,是对丰富的梅花欣赏实践的简要总结,对高雅的欣赏情趣的系统倡导。

颇堪玩味的是,依据宋人梅花审美的严格理念,梅花是隐者、贫士之花,与山麓村居、竹篱茅舍最为相宜,但张镃是位贵胄公子,生活又极其奢靡。周密《齐东野语》卷二〇记载,其于古松间用铁索悬吊亭台于半空中,夜里与友人登临观赏,又记其举牡丹之会,以数百佳丽分着不同牡丹衣饰，依次歌舞娱客，可见其所谓"赏心乐事"之一斑。其生活作风与梅花应该是最不"宜称"的，其玉照堂梅花也应是典型的"种富家园内"或种贵家园内，正是他所说的梅花"屈辱"之事。但又正是他，留下了《玉照堂梅品》这部艺梅赏梅的风雅条例，系统地总结了梅花欣赏的成功经验和高雅情趣。这样一种人格与行为间的矛盾，一方面进一步说明了当时梅花爱好的普遍性，同时也使我们具体感受到了梅花欣赏作为封建士大夫阶层生活情趣和审美意识的内在统一性。张镃虽然是一个贵胄公子，但正如杨万里《张功父画像赞》所描写的："香火斋祓、伊蒲文物，一何佛也；襟带诗书、步武琼琚，又何儒也；门有珠履、坐有桃李，一何佳公子也；冰茹雪食、雕碎月魄，又何穷诗客也。约斋子，方外欤？方内欤？风流欤？穷愁欤？"㉒这样一种出入儒释，亦仕亦隐，生活上穷奢极欲、养尊处优，人格上又幽逸自期、清贫相高的多重人格，可以说是宋以来封建士大夫的普遍心理格局。张镃对梅花的喜爱，对梅艺之事的着意，正是其风雅诗客之一面的体现。但作为一个"佳公子"的生活内容和思想情趣无疑也有所渗透。我们在《玉照堂梅品》宜忌分辨中，一方面感受到对梅花寒瘦野逸、清雅闲淡之神韵标格的维护，另一方面也发现对"列烛夜赏"、"专作亭馆"、"花边歌佳词"等富贵娱乐之事的倡导。一方面是对利禄之徒、功名之心、浮喧之境等士林习俗的抵制，另一方面则是对市井社会附庸风雅之情态的摈弃。因此可以说，《玉照堂梅品》的条例统一了"穷诗客"与"佳公子"两方面的是非爱憎，是一个比较全面、系统，同时也是比较优越、高雅的审美主张，植根于封建士大夫精神和物质两方面养尊处优的生活底蕴，在封建士大夫梅花审美观念和方法上有着典型的代表性。这是张镃《玉照堂梅品》的精神文化意义所在，值得我们认真玩味。

我们这里的整理，以中华书局 1983 年版宋周密《齐东野语》卷一五所载为底本，该书以涵芬楼《宋元人说部书》中夏敬观校本为依据，又经一定的校勘，是目前所见《齐东野语》中最上佳的版本。

《永乐大典》卷二八一〇完整收录了《齐东野语》所录《玉照堂梅品》，是现存最早的抄本，内容较为可靠。如序言最后所署的时间，《齐东野语》诸本多作"绍兴甲寅人日"，是绍兴四年（1134），此时张镃尚未出生，而《永乐大典》所录作"绍熙甲寅人日"，就十分合理，显然它本或因"熙"与"兴"之繁体形似而误书。我们以此作参校，并对全部文字详加注释。

[注释]

①杨万里《张功父请祠甚力，得之，简以长句》，《诚斋集》卷二三。

②卫泾《后乐集》卷一一。

③《宋史》卷三九。

④吴泳《张镃追复奉议郎致仕制》："一偾二纪，遂死瘴乡，士之不幸，亦可悯矣。"《鹤林集》卷九。

⑤张镃《玉照堂梅品》序，周密《齐东野语》卷一五。

⑥张镃《舍宅誓愿疏文》，孙梅《四六丛话》卷二六。

⑦张镃《约斋桂隐百课》序，周密《武林旧事》卷一〇。

⑧杨万里《张功父画像赞》，《诚斋集》卷九七。

⑨戴表元《剡源集》卷一〇《牡丹宴席诗序》、《八月十六日期张园玩月诗序》记张镃诸孙在园中雅集宾朋，诗酒唱和之事，园在杭州，但非南湖。

⑩张柽《〈广寿慧云禅寺碑〉跋》，阮元《两浙金石志》卷一〇。

⑪沈朝宣《（嘉靖）仁和县志》卷一一："广寿慧云禅寺即张家寺，在白洋池北。宋张循王俊宠盛时，其别宅富丽，内有千步廊，今为民居，故老犹口谈之。旧有花园，废久，惟存假山石一二，今寺中有留云亭、白莲池，皆其所遗。其前白洋池号南湖，拟西湖为六桥，桥亦埽迹。宋淳熙十四年王之孙名镃者舍宅建寺，尚遗王像，寺僧至今崇奉。宋致仕魏国公史浩撰碑记。"

⑫袁宏道《西湖（二）》："石篑（引者按：陶望龄，绍兴人，号石篑，万历十七年会元）数为余言，傅金吾园中梅，张功甫家故物也。"《袁中郎全集》卷八。汪砢玉《西子湖拾翠余谈》卷上："西山雷院傅庄是张功甫玉

照堂旧基（引者按：此说误），今香雪亭有梅千树。"王稚登《过傅家园》（《王百谷集十九种》越吟卷上）："么么社鼠与城狐，一失冰山势便孤。松竹尽荒池馆废，行人犹说傅金吾。"傅金吾，名迹不详。王世贞《弇州山人四部稿》续稿卷一八〇有与"傅金吾养心"书，称傅氏为明初大将傅友德后裔，养心当为其字或号，所称金吾，意其为锦衣卫官。袁与王同时，两人所说当为一人。

⑬吴庆坻等《杭州府志》卷二〇。

⑭周密《武林旧事》卷一〇。

⑮张镃《玉照堂观梅二十首》其五，《南湖集》卷九。

⑯张镃《庄器之贤良居镜湖上，作"吾亦爱吾庐"六诗见寄，因次韵述桂隐事报之，兼呈同志》其三："吾亦爱吾庐，第一桂多种。西香郁天地，不假风迎送。"见《南湖集》卷一。

⑰张镃《玉照堂观梅二十首》其四，《南湖集》卷九。

⑱最初所栽大约即此数十棵古树为主，另有少量新树。淳熙十五年早春张镃《玉照堂观梅二十首》（《南湖集》卷九）其二十"高寨依约百年余"，即咏这一批古树；其十三"霁光催赏百株梅"，可见除原有古梅外，另有添植，合约百株。

⑲张俊府第在当时杭州南清河坊，另在西湖南山、北山均有别墅。周密《武林旧事》卷五记北山路迎光楼，属张循王府。

⑳张镃《约斋桂隐百课》，周密《武林旧事》卷一〇。

㉑诗词作品可证者有：杨万里《走笔和张功父玉照堂十绝句》，《诚斋集》卷二一；史达祖《醉公子·咏梅寄南湖先生》，《全宋词》第2347页；张镃《走笔和曾无逸掌故约观玉照堂梅诗六首》、《玉照堂次韵（潘）茂洪古梅》、《祝英台近·邀李季章（引者按：李璧字季章）直院赏玉照堂梅》、《满江红·小圃玉照堂赏梅，呈洪景庐（引者按：洪迈字景庐）内翰》，《南湖集》卷九、一〇。

㉒张镃《南湖集》卷一〇。此词系年据今人曾维刚《张镃年谱》，见该书第230~231页。

㉓蔡绦《西清诗话》卷上，张伯伟《稀见本宋人诗话四种》第188页。

㉔吴曾《能改斋漫录》卷一五。

㉕吴芾《梅花下饮茶又成二绝》,《湖山集》卷一〇。

㉖邹浩《道乡集》卷一三。

㉗刘克庄《和方孚若瀑上种梅五首》,《后村先生大全集》卷五。

㉘张道洽《梅花二十首》,《瀛奎律髓》卷二〇。

㉙杨万里《诚斋集》卷九八。

玉照堂梅品

　　梅花为天下神奇，而诗人尤所酷好。淳熙岁乙巳①，予得曹氏荒圃于南湖之滨②，有古梅数十，散漫弗治③，爰辍地④十亩，移种成列。增取西湖北山别圃⑤江梅，合三百余本，筑堂数间以临之。又挟以两室，东植千叶缃梅，西植红梅，各一二十章⑥，前为轩楹⑦如堂之数。花时居宿其中，环洁辉映，夜如对⑧月，因名曰⑨玉照。复开涧环绕，小舟往来，未始半日⑩舍去。自是客有游桂隐⑪者，必求观焉。顷亚太保⑫周益公秉钧⑬，予尝造东阁⑭，坐定⑮，首顾予曰："'一棹径穿花十里，满城无此好风光'⑯，人境可见矣！"盖予旧诗尾句，众客相与歆艳⑰。于是游玉照者，又必求观焉。

　　值春凝寒，又⑱能留花，过孟月⑲始盛。名人才士，题咏层委⑳，亦可谓不负此花矣。但花艳并秀，非天时清美不宜，又标韵孤特，若三闾大夫㉑、首阳二子㉒，宁槁山泽，终不肯俯首屏气，受世俗湔拂㉓。间有身亲貌悦，而此心落落㉔不相领会，甚至于污亵㉕附近，略不自揆㉖者。花虽眷客，然我辈胸中空洞，几为花呼叫称冤，不特三叹、屡叹，不一叹而足也。因审其性情，思所以为奖护之策，凡数月乃得之。今疏㉗花宜称㉘、憎嫉㉙、荣宠㉚、屈辱㉛四事，总五十八条，揭之堂上。使来者有所警省，且世㉜人徒知梅花之贵而不能爱敬之㉝，使予㉞之言传闻流诵，亦将有愧色云。绍熙甲寅人日㉟约斋居士书。

[注释]

　　①淳熙岁乙巳：宋孝宗淳熙十二年，为乙巳年，公元1185年。

　　②南湖：湖水名，在杭州古城东北隅、艮山门之西，俗称白洋池。张镃

在此经营别墅，占地百亩，依山面湖。湖水在宅南，因名南湖。别墅经始于淳熙十二年（1185），十四年（1187）初步落成，最初植桂较多，因而总名"桂隐"。同年因疾求获祠禄，归居养闲于此，于是大事经营，于庆元六年（1200）完成。全园分东寺、西宅、南湖、北园、众妙峰山等五部分。

③弗治：芜乱，未经治理。

④辍地：拨地，分出地块。

⑤别圃：指其在西湖北山的园林别墅。

⑥章：指较大的树。大材称章，《史记·货殖列传》："山居千章之材。"

⑦轩楹：指堂前栏杆。

⑧"对"，《永乐大典》作"珂"。

⑨"曰"，《永乐大典》无。

⑩"日"，原作"月"，此据《永乐大典》改。

⑪桂隐：张镃南湖别墅的总名。

⑫"亚太保"，《永乐大典》作"亚保"。亚太保、亚保，少保。古时太师、太傅、太保称"三公"，为辅佐国君掌管军政大权的最高官员。三公的副职为少师、少傅、少保，合称"三少"。唐宋时均已为荣誉官衔，并无实权。据《宋史》周必大本传，光宗绍熙三年（1192），周必大以左丞相拜少保、益国公。

⑬周益公秉钧：周益公，周必大（1126～1204），吉州庐陵（今江西吉安）人，字子充，号平园老叟，绍兴进士，曾任中书舍人、枢密使等。淳熙十四年（1187），拜右丞相，进左丞相，后遭谏官何澹弹劾，出判潭州（今湖南长沙），宁宗初以少傅致仕。秉钧，任宰相、执掌国政。

⑭东阁：宰相招待宾客之所。

⑮"坐定"，原作"坐定者"，此据《永乐大典》删"者"字，"者"当因与下文"首"字形似而误书。四库本《齐东野语》作"坐甫定"。

⑯此两句不见于张镃《南湖集》。

⑰歆艳：羡慕。

⑱"又"，《永乐大典》作"反"。

⑲孟月：四季中的第一个月，此指春天第一个月，即正月。

⑳层委：重叠，累积。

㉑三闾大夫：指屈原，屈原曾任此职。

㉒首阳二子：首阳，山名，在今山西永济南。二子，伯夷、叔齐，商末孤竹君的两个儿子。相传其父遗命要立次子叔齐为继承人，叔齐让位给伯夷，伯夷不受，叔齐也不愿登位，先后都逃到周国。周武王伐纣，二人叩马谏阻。武王灭商后，他们耻食周粟，采薇而食，饿死于首阳山。

㉓湔拂：此指受世俗影响和左右。湔，洗刷。拂，鼓动。

㉔落落：磊磊，众多，庸碌的样子。

㉕污亵：污秽，轻慢，不庄重。

㉖自揆：自制，自尊。

㉗疏：疏理，列述。

㉘宜称：适宜，相配。

㉙憎嫉：反对，忌讳。

㉚荣宠：荣耀，宠爱。

㉛屈辱：委屈，羞辱。

㉜"世"，原作"示"，此据《永乐大典》改。

㉝"之"，原作"也"，此据《永乐大典》改。

㉞"予"，原作"予与"，"与"衍，此据《永乐大典》删。

㉟绍熙甲寅：宋光宗绍熙五年，为甲寅年，公元 1194 年。"熙"，原作"兴"，此据《永乐大典》改。人日：农历正月初七。《荆楚岁时记》记载：晋董勋问礼俗云："正月一日为鸡，二日为狗，三日为羊，四日为猪，五日为牛，六日为马，七日为人。……今一日不杀鸡，二日不杀狗，三日不杀羊，四日不杀猪，五日不杀牛，六日不杀马，七日不行刑，亦此义也。"

花宜称（凡二十六条）

淡阴，晓日，薄寒，细雨，轻烟，佳月，夕阳，微雪，晚霞。珍禽，孤鹤，清溪，小桥，竹边，松下，明窗，疏篱，苍崖，绿苔。铜瓶①，纸帐②。林间吹笛③，膝上横琴，石枰下棋，扫④雪煎茶，美人淡妆簪戴。

[注释]

①铜瓶：铜等优质金属所制，用以盛水、插花的器皿。梅花瓶花、插花的最早信息出现在北宋中期。张先《汉宫春·蜡梅》"银瓶注水，浸数枝、小阁幽窗"，郑獬《和汪正夫梅》"欲酬强韵若为才，昨夜归时趁月来。寂寞后堂初醉起，金盆犹浸数枝梅"，稍后张耒《摘梅花数枝插小瓶中，辄数日不谢，吟玩不足，形为小诗》、《偶摘梅数枝致案上盘中，芬然遂开，因为作一诗》，说的都是此种情形。对瓶插之事留心颇多的是稍后的华镇，其《梅花一首序》："余于花卉间尤爱梅花，每遇于园林中，徘徊观览而不忍去，意欲列植成林，构屋其间，朝夕见之而后慊，然贫而未能为此也。至其敷荣之日，则置数枝于研席，聊以慰其所好。"《早梅花二首序》："早梅花时，虽蹀雪冲寒，必先采撷置研席间，素华射窗，流芳盈室，弦歌其侧，欣适无涯。"简洁地道出了剪枝插瓶，用于室内陈设简单易行、贫富皆宜的特点和花光清雅、芳香盈室的意境。此后陈与义、吕本中、范成大、杨万里、赵蕃等人诗中就颇多瓶梅之事。

②纸帐：纸制的蚊帐，也包括其他纸制用以遮掩、装饰的帐幔。宋代人口增加，丝、麻等纤维资源供应紧张，而造纸材料丰富价廉，纸的生产比较发达，于是出现了纸制的衣被帐幔等日用品。清贫之家和僧隐之士多见使用，也成为下层文人、僧侣道士清贫生活的写照。纸上画梅，尤其是水墨写梅比较方便，因而当时纸帐多以墨梅图案装饰。此事北宋末年即已出现。朱松《三峰康道人墨梅三首》注："康画尝投进，又为朱劢画全树帐极精。"康道人，生平未详，曾为朱劢画墨梅帐。所说应不是蚊帐，而是绘画的帷幕。朱敦儒《鹧鸪天》："道人还了鸳鸯债，纸帐梅花醉梦间。"稍后刘应时《祐上人制纸帐作诗谢之》："睡里山禽弄霜晓，梦回明月上梅花。"与张镃同时的陈起《纸帐送梅屋小诗戏之》："十幅溪藤皱縠纹，梅花梦里闷氤氲。裴航莫作瑶台想，约取希夷共白云。"说的都是画有梅花的蚊帐。

③林间吹笛：汉魏乐府有《梅花落》，为笛曲，因此梅与笛因缘深厚，李白《与史郎中钦听黄鹤楼上吹笛》"黄鹤楼中吹玉笛，江城五月落梅花"，说的就是黄鹤楼上悠扬的《梅花落》笛声。姜夔《暗香》"旧时月色，算几

番照我，梅边吹笛"，是最著名的诗句，后世以此题绘图、谱曲、作诗、著书者颇多。

④"扫"，《永乐大典》作"滴"。

花憎嫉（凡十四条）

狂风，连雨，烈日，苦寒①。丑妇，俗子，老鸦，恶诗。谈时事，论差除②，花径喝道，对花张绯幕③，赏花动鼓板④，作诗用调羹、驿使事⑤。

[注释]

①苦寒：严寒、极寒。

②差除：官职。差，差遣。宋代官制，官位只是计薪的级别，而差遣才是实际担任的职务。除，授予官职。

③绯幕：红色帷幕，用以挡风、围护等。

④鼓板：板，用以打节拍的乐器。此处鼓板当指打击一类喧闹的乐器，与箫笛、琴瑟等不同。鼓板也是当时市井一种杂艺，如《东京梦华录》卷八："百戏如上竿趯弄、跳索、相扑、鼓板、小唱、斗鸡、说诨话、杂扮……之类，色色有之。"周密《武林旧事》卷一〇记当时市井杂艺有小说、影戏、唱赚、小唱、鼓板、杂剧、杂扮、诸宫调等行当。动鼓板是指赏花时以此类艺人演奏助兴。

⑤调羹、驿使事：两个梅的典故。先秦《尚书·说命下》："王曰……尔惟训于朕志，若作酒醴，尔惟曲蘖；若作和羹，尔惟盐梅。"六朝《荆州记》："陆凯与范晔相善，自江南寄梅一枝诣长安与晔，并赠诗曰：'折花奉驿使，寄与陇头人。江南无所有，聊赠一枝春。'"这两则故事成了咏梅最常用的典故。陆游《老学庵笔记》卷八："国初尚《文选》，当时文人专意此书，故草必称王孙，梅必称驿使，月必称望舒，山水必称清晖。至庆历后，恶其陈腐，诸作者始一洗之。"即是说的这种情景。

花荣宠（凡六条）①

主人好事，宾客能诗，列烛夜赏②，名笔传神③，专作亭馆，花边歌④佳词。

[注释]

①此六条为花之荣爱、宠遇之事，宛委山堂《说郛》本《玉照堂梅品》作："为烟尘不染；为铃索护持；为除地镜净，落瓣不淄；为王公旦夕留盼；为诗人阁笔评量；为妙妓淡妆雅歌。"明顾起元《说略》卷二八所载同，而田汝成《西湖游览志余》卷一〇所载"为王公旦夕留盼"条作"为主人旦夕留盼"。这都与此本迥异，而《永乐大典》所收与此本全同，应以此为是。《齐东野语》诸刻本多缺"主人好事"以下六事，《说郛》本所说，当为明代好事者拟补。

②北宋李复《王氏园置烛观梅》、胡舜陟《秉烛赏梅》所写即烛下游观或燃烛对饮。更热闹铺张的方式则是燃烛枝头，形成"火树银花"，以恣观赏。这种情形大多出现在元宵节庆活动中。南宋赵彦端《诉衷情·雨中会饮赏梅，烧烛花杪》："殷勤与花为地，烧烛助微温。"比张镃稍晚的吴潜《霜天晓角·戊午十二月望安晚园赋梅上银烛》："梅花一簇，花上千枝烛。照出靓妆姿态，看不足，咏不足。"

③名笔传神：这是说名家为梅绘画。名笔，名家手笔。传神，传神写照。

④"歌"，《永乐大典》作"讴"。

花屈辱（凡十二条）

俗徒攀折①，主人悭鄙，种富家园内，与粗婢命名②，蟠结作屏③，赏花命猥妓④，庸僧窗下种⑤，酒食店内插瓶，树下有狗屎，枝上晒衣裳⑥，青纸屏粉画⑦，生猥巷⑧秽沟边。

[注释]

①此句《永乐大典》同，明正德刻本、明《津逮秘书》本《齐东野语》作"主人不好事"。

②与粗婢命名：宋人多有以梅为侍女命名之事。龚明之《中吴纪闻》卷一："吴感，字应之，以文章知名，天圣二年（引者按：1024 年）省试为第一，又中天圣九年书判拔萃科，仕至殿中丞。居小市桥（引者按：在苏

州），有侍姬曰红梅，因以名其阁，尝作《折红梅》词。"王之望《汉滨集》卷二《倚江亭会，上虞伯逵送梅花并二绝句，坐上次韵，并调贺子忱》："喜见江梅又着花，插来不怕帽檐斜。高标幽韵谁真似，人在风流贺监家。"注称："贺子忱家侍儿有以梅名者。"贺充中（1090～1168），字子忱，政和五年（1115）进士，南渡后隐居天台山中，绍兴八年（1138）被起用，绍兴三十年（1160）参知政事。范成大《石湖诗集》卷六《赏雪骑鲸轩，子文夜归酒渴，侍儿荐茗饮蜜浆，明日以诒同游，戏为书事，邀宗伟同作》："不知严夫子，迎门生暖热。梅香不可耐，但觉酒肠喝。"注称"梅即侍儿小名"，是说友人子文家有侍女名梅。严焕，字子文，绍兴十二年（1142）进士，曾通判建康府，知江阴军。宋周必大《文忠集》卷四《邦衡置酒出小鬟，予以官柳名之，闻邦衡近买婢名野梅，故以为对（戊子十一月）》，是说胡铨（字邦衡，1102～1180）家婢女名野梅。在元明杂剧中，"梅香"成了婢女的通称。

③蟠结作屏：宋徽宗汴京艮岳中有蜡梅屏一景，李质《艮岳百咏·蜡梅屏》："冶叶倡条不受羁，翠筠轻束最繁枝。未能隔绝蜂相见，一一花房似蜜脾。"可见是由竹竿拦束蜡梅丛枝而形成的屏风状景观。南宋绍兴间（1131～1162），杭州西湖西北鲍家田尼庵梅屏，名动都城，宋高宗曾派画师前往图绘以进。后释居简《梅屏赋》专为描写，从其中"玉颊可扶，雪妍可编"，"若堵立十丈于蓬莱千仞之巅，北枝奔而不殿，南枝徐而不先"云云，可见其形制与艮岳蜡梅屏大致相同，改以江梅为之，密植花树，编枝成屏，形似一堵高墙。这种造景方式刻意求奇，背离了梅花疏秀淡雅之神韵，因而张镃视为梅花"屈辱"之事。

④命猥妓：命，使用。猥妓，众妓。猥，主要指人多杂滥，也含有品格卑贱之义。

⑤庸僧窗下种：梅种僧窗下并不俗，如宋李弥逊《偶成》："蓬然真梦午钟回，独倚风轩数落梅。鼻观得香无处觅，僧窗寂寂定初开。"杨万里《普明寺见梅》："城中忙失探梅期，初见僧窗一两枝。犹喜相看那恨晚，故应更好半开时。"所写均为寺僧窗下之梅，关键是僧不可庸。庸僧，指僧人中的平庸、低俗之流。

⑥"枝上"，原作"枝下"，明正德刻本、明《津逮秘书》本《齐东野语》同，《永乐大典》和《稗海》本《齐东野语》作"枝上"。"枝上"、"枝下"晒衣，生活中俱不难见，也均不雅。梅非灌木，开花之枝多宿年嫩条，晒衣其上，不够方便，此处所讽似应以"枝下"为是。然上一条已说"树下"，此处又以说"枝上"合理，姑据《永乐大典》改。

⑦青纸屏粉画：古人造纸，根据需要染上黄、青、赤、缥、桃红等不同颜色，青纸当是青、蓝色的纸张。屏，屏风。粉画，粉彩着色的画。

⑧猥巷：普通的市井街巷。

梅花喜神谱

[宋] 宋伯仁 著

解　题

　　宋伯仁（1199～?），字器之，小字忘机，号雪岩，湖州（今属浙江）人。曾举宏词科。理宗绍定六年（1233）至端平三年（1236），监泰州拼茶（在今江苏如东）盐场。嘉熙元年（1237）春始寓居临安（今浙江杭州），秋卜居马塍。北游淮扬，复卜居临安西马塍。大约淳祐间（1241～1252）曾为武冈（今属湖南）县令[①]。善诗能画[②]，入江湖诗派，与高翥、孙惟信、叶绍翁、林洪、俞桂等唱酬交游，有《雪岩吟草》。俞桂称其"诗与梅花一样清，江湖久矣熟知名"[③]，可见当时的影响。

　　宋人称画像为喜神，所谓喜神谱即画像谱。《梅花喜神谱》现存南宋景定二年（1261）金华双桂堂重刊本，上海博物馆收藏，有清人黄丕烈、钱大昕、孙星衍、江亮吉、朱孝臧等名家题跋，文物出版社1982年据以影印，名《宋刻梅花喜神谱》。该书前有宋伯仁自序称："余有梅癖，辟圃以栽，筑亭以对，刊《清臞集》以咏，每于梅犹有未能尽花之趣为慊"，"余于是考其自甲而芳，由荣而悴，图写花之状貌，得二百余品。久而删其具体而微者，止留一百品，各名其所肖，并题以古律，以《梅花谱》目之，其实写梅之喜神耳"。书后有向士璧和叶绍翁跋。叶跋署"嘉熙二年"（1238），时宋伯仁寓居临安西马塍，该书当成于是年或之前。据自序，编成后付梓印行，是为该书的初刻本。

　　该书共上、下两卷，分"蓓蕾"、"小蕊"、"大蕊"、"欲开"、"大开"、"烂漫"、"欲谢"、"就实"等八个阶段，画出不同姿态的梅花100幅。每幅有标题，并配有五言绝句诗。题目主要比拟图案所似，如"蓓蕾四枝"中的"麦眼"、"柳眼"、"椒眼"、"蟹眼"，依次比喻花芽发育过程中的几种形态。"就实六枝"中的"吴江三高"，是画梅花着实而花瓣凋谢，花头只剩三瓣，"二疏"只剩两瓣，"独钓"只剩一瓣。这种形象化的称呼便于人们顾名思义，增强对图像的记忆。诗歌写法多属着题咏物，或描写形似，或编合相关典故进行比喻暗示。其中也有一些略见比兴寄托，借物抒情说理之意，但并不明显。

值得注意的是，这100幅图的名称主要着眼于花头即花朵的图形，所谓八个阶段是"自甲而芳，由荣而悴"，所说纯然是"花之状貌"，未见有着眼枝干或全幅布局的现象。也就是说，至少这些名目，说的都是花头的形象。仅有"麋角"、"猿臂"、"喜鹊摇枝"等少数几目隐隐约约涉及枝梢形态。在实际水墨写梅中，圈写花头与发干写枝二者并重。宋伯仁不以画梅名，自称只是出于爱好，"兹非为墨梅设，墨梅自有花光仁老、杨补之家法，非余所能"，这应该不只是谦虚，这100幅图反映的是他本人对花朵姿态的观察所得和描绘演述，并非对墨梅画法的当行总结。100首诗歌也只是对图案名称和形象的说明与赞美，并未涉及任何笔法技巧方面的内容。从这个意思上说，宋伯仁将其命名为"喜神谱"（画像集）而不是"画梅谱"恰如其分。

我们这里的整理，以文物出版社1982年版《宋刻梅花喜神谱》为依据，该本影印宋理宗景定二年（1261）金华双桂堂重刻本。并以《知不足斋丛书》本作参校。原书目录较为详细，删去不录。对全部文字进行简要注释。

[注释]

①张炜《寄武冈宰宋雪岩》，陈起《江湖后集》卷一〇。

②程公许《题宋器之〈烟波图〉》，《沧洲尘缶编》卷一二。

③俞桂《赓宋雪岩韵》，陈起《江湖小集》卷五四。

梅花喜神谱

自　序②

　　余有梅癖，辟圃以栽，筑亭以对，刊《清臞集》③以咏。每于梅犹有未能尽花之趣为慊④，得非广平公⑤以铁石心肠，赋⑥未尽梅花事，而拳拳属意于云仍⑦者乎？余于花放之时，满肝清霜，满肩寒月，不厌细⑧，徘徊于竹篱茅屋边，嗅蕊吹英，按⑨香嚼粉，谛玩⑩梅花之低昂俯仰，分合卷舒。其态度冷冷然清奇俊古，红尘事无一点相著，何异孤竹二子⑪、商山四皓⑫、竹溪六逸⑬、饮中八仙⑭、洛阳九老⑮、瀛洲十八学士⑯，放浪形骸之外，如不食烟火食⑰人，又与《桃花赋》⑱、《牡丹赋》⑲所述形似天壤不侔。余于是考其自甲⑳而芳，由荣而悴，图写花之状貌，得二百余品。久而删其具体而微者，止留一百品，各名其所肖㉑，并题以古律㉒，以《梅花谱》目之，其实写梅之喜神㉓耳。如牡丹、竹、菊有谱，则可谓之谱，今非其谱也。余欲与好梅之士共之，僭㉔刊诸梓㉕，以闲工夫作闲事业，于世道何补，徒重覆瓿㉖之讥。虽然，岂无同心君子，于梅未花时，闲㉗一披阅，则孤山横斜㉘、扬州寂寞㉙，可仿佛于胸襟，庶㉚无一日不见梅花，亦终身不忘梅花之意。兹非为墨梅㉛设，墨梅自有花光仁老㉜、杨补之㉝家法，非余所能。客有笑者曰："是花也，藏白收香，黄传㉞红绽，可以止三军渴㉟，可以调金鼎羹㊱。此书之作，岂不能动爱君忧国之士，出欲将，入欲相，垂绅正笏㊲，措天下于泰山之安㊳。今着意于'雪后园林才半树，水边篱落忽横枝'㊴，止为冻吟㊵之计，何其舍本而就末？"余起而谢，云："谱尾㊶有商鼎催羹㊷，亦兹意也。"客抵掌㊸而喜，曰："如是，则谱不徒作，未可谓闲工夫作闲事业，无补于世道，宜广其传^㊹。"敢并及之，以俟来者。雪岩耕田夫^㊺宋伯仁敬书。

　　咏梅者多矣，粗得其态度^㊻，未究其精髓。近收此本，既能摸写其花神之似真^㊼，又能形容其它人之所未尽，玩之如啖蔗^㊽然，诗人之冠冕^㊾是也。金华双桂堂^㊿，时景定辛酉^⑤重锓^②。

[注释]

　　①"雪岩宋伯仁器之编"，见于原书目录题署，移于此。正文两卷均在题下署"雪岩"二字。

　　②"自序"，原无，为本书所加。

　　③《清臞集》：宋伯仁的咏梅诗集，不传。

　　④慊（qiàn）：不满，怨恨。

　　⑤广平公：唐玄宗开元宰相宋璟（663～737）。宋璟与姚崇先后执政，并称开元贤相，封广平郡公，谥文贞。

　　⑥赋：指宋璟作《梅花赋》。晚唐皮日休《桃花赋》序云："余尝慕宋广平之为相，贞姿劲质，刚态毅状，疑其铁肠石心，不解吐婉媚辞。然睹其文而有《梅花赋》，清便富艳，得南朝徐庾体，殊不类其为人也。"皮日休的意思是说，宋璟为相刚毅端正，凛不可犯，如铁石心肠，但所作《梅花赋》却风格绮靡，有六朝遗风，与其判若两人。宋璟《梅花赋》，至宋代已失传，今本所传是宋末元初人伪托，赋中所及履历和赋之内容风格，与唐人记载不合。

　　⑦云仍：云孙是重孙，云孙的儿子是仍孙。云仍合称指远孙，即遥远的后代，轻远如浮云一般。宋伯仁姓宋，故自称是宋璟的远裔后代。

　　⑧不厌细：古人有"事不厌细"之语，此指不避琐屑，不怕麻烦。

　　⑨挼（ruó）：择搓。

　　⑩谛玩：仔细玩赏。

　　⑪孤竹二子：孤竹，商朝古国名。二子，指伯夷、叔齐，孤竹国君的两个儿子。周武王灭商后，他们耻食周粟，逃到首阳山，采薇而食，饿死山里。

⑫商山四皓：汉初商山的四个隐士，名东园公、绮里季、夏黄公、用（lù）里先生。四人须眉皆白，故称四皓，汉高祖征召他们出山做官，他们不应。

⑬竹溪六逸：唐开元末年，李白与孔巢父、韩准、裴政、张叔明、陶沔等六人，在泰安祖徕山下的竹溪隐居，日日纵酒酣歌，时人称"竹溪六逸"。

⑭饮中八仙：唐李白、贺知章、李适之、李琎、崔宗之、苏晋、张旭、焦遂等八人，性豪饮不羁，时人称为"饮中八仙"。杜甫有《饮中八仙歌》。

⑮洛阳九老：亦称"香山九老"。香山，在河南洛阳龙门石窟东。白居易晚年在洛阳，与胡杲、吉皎、郑据、刘真、张浑、卢贞、李元爽、僧如满等人举行尚齿会，多年逾七旬，绘图题名，题为《九老图》。

⑯瀛洲十八学士：唐太宗做秦王时，建"文学馆"，收聘贤才，以杜如晦、房玄龄、姚思廉、薛收、陆德明、孔颖达、虞世南、许敬宗等十八人并为学士，命画家阎立本为十八学士画像，即《十八学士写真图》，褚亮题赞。当时被唐太宗选入文学馆者称作"登瀛洲"，后人有"十八学士登瀛洲"的说法。

⑰烟火食：烟火食品，指熟食，即泛指人间食品。或者"食"字衍，当删。

⑱此指晚唐皮日休《桃花赋》，描写桃花的著名作品。

⑲此指中唐舒元舆《牡丹赋》，描写牡丹的著名作品。

⑳甲：此指植物果实或花蕾外面的硬壳，古词"甲坼"即指植物或其花朵萌芽。

㉑肖：相似。

㉒古律：古诗与律诗，这里泛指诗歌。

㉓喜神：宋时俗称人的画像为喜神。

㉔僭（jiàn）：逾位，超越本分。这里是谦辞，说自己的行为大胆，超越了本分。

㉕刊诸梓：付诸出版。刊，刻。梓，木名，古代印书刻版，多选梓木作木版，因而称刻版为付梓。

㉖覆瓿（bù）：是对自己著作的一种谦辞，说价值不高，只能给人用来

盖酱罐。瓴，小瓮。

㉗ "闲"，《知不足斋丛书》本同。似应作"间"，偶尔的意思。

㉘孤山横斜：孤山，山名，在杭州西湖中。北宋林逋隐居孤山，以种梅养鹤为乐，人称"梅妻鹤子"，有"疏影横斜水清浅，暗香浮动月黄昏"等咏梅名句。

㉙扬州寂寞：是说南朝梁何逊扬州咏梅的故事。杜甫《和裴迪登蜀州东亭送客，逢早梅相忆见寄》："东阁官梅动诗兴，还如何逊在扬州。此时对雪遥相忆，送客逢春可自由。幸不折来伤岁暮，若为看去乱乡愁。江边一树垂垂发，朝夕催人自白头。"宋人注杜诗称："梁何逊在扬州法曹，廨舍有梅花一株，逊吟咏其下。后居洛思梅花，再请其任，从之。抵扬州，花方盛，逊对花彷徨。"

㉚庶：副词，表示希望。

㉛墨梅：古代文人画之一类，以水墨画梅花。

㉜花光仁老：北宋后期著名僧人，名仲仁，会稽（今浙江绍兴）人。早年在江淮一带漫游修行，后来到了南岳衡山，大约元祐末住持衡阳花光寺，人称花光仁老，"花"也写作"华"，宣和五年（1123）卒。工绘画，多画江南平远山水、释道人物和兰蕙。尤擅墨梅，为佛门所重，也受苏轼、黄庭坚等文人喜爱，后世尊为墨梅开山祖师。

㉝杨补之：自称汉代扬雄之后，实姓扬，世人多误作杨。名无咎，字补之，号逃禅老人，清江（今江西樟树市西）人，寓南昌。诗、书、画均享盛名，尤擅画梅，在花光仁老基础上有所创新，以书家笔法圈花写枝，奠定了后世墨梅的基本画法，影响深远，有《四梅图》等传世。书学欧阳询，笔势劲利，小字清劲。亦能词，有《逃禅词》。

㉞黄传：是说梅子成熟后变黄。杜甫《竖子至》："梅杏半传黄。"

㉟三军渴：指曹操军队"望梅止渴"之事。

㊱金鼎羹：鼎，古代的烹饪器。《尚书·说命下》："若作和羹，尔惟盐梅。"是说用盐与梅作调料，可以烹制出鲜美的羹汤。后用"盐梅和羹"比喻大臣辅佐君主，同心合力，治理国家。

㊲垂绅正笏：形容臣下对君主、对朝廷大事严肃恭敬的样子。绅，束在

腰间，一头垂下的大带。笏，古代朝会时所执的手板，有事则写在上面，以防遗忘。

㊳"措天下"句：语出欧阳修《相州昼锦堂记》。

㊴此两句为林逋《梅花》诗句。

㊵冻吟：梅花开放多在岁末春初，仍是天寒地冻，因而称赏梅吟诗为冻吟。

㊶谱尾：指该谱的最后。

㊷商鼎催羹：是《梅花喜神谱》的最后一图目。

㊸抵（zhǐ）掌：击掌，拍手。

㊹广其传：扩大其流传。

㊺雪岩耕田夫：宋伯仁的自号。

㊻态度：姿态。

㊼似真：形象。

㊽啖（dàn）蔗：吃甘蔗。《世说新语》记载，顾恺之吃甘蔗，从尾部开始，人问其故，他说"渐入佳境"，后以啖蔗比喻境况逐步好转，此处是说感觉越来越好。

㊾冠冕：冠、冕都戴在头上，此处形容出人头地。

㊿双桂堂：当为《梅花喜神谱》出版者之名号。

51景定辛酉：宋理宗景定二年（1261）。

52锓（qǐn）：雕刻。这段文字为出版者的重版附记。原下有《梅花喜神谱目录》，详列分卷、分类和图目，此处省略。

梅花喜神谱卷上

雪 岩

蓓蕾四枝

麦 眼

南枝发岐颖[①]，崆峒[②]占岁登[③]。当思汉光武[④]，一饭能中兴[⑤]。

[注释]

①岐颖：超颖。岐，本指山之峻峭，这里形容植物抢先萌发。

②崆峒：山名，在河南临汝（今汝州）西南，《庄子·在宥》所谓黄帝问道于广成子之所，后世以崆峒指高道玄术之人。

③岁登：丰收。登，成熟。

④汉光武：汉光武帝刘秀，东汉开国皇帝。

⑤此句用汉光武帝吃麦饭的典故。范晔《后汉书》卷一七《冯异传》："光武自蓟东南驰，晨夜草舍，至饶阳无蒌亭。时天寒烈，众皆饥疲，异上豆粥。明旦，光武谓诸将曰：'昨得公孙豆粥，饥寒俱解。'及至南宫，遇大风雨，光武引车入道傍空舍。异抱薪，邓禹热火，光武对灶燎衣，异复进麦饭、菟肩。因复度滹沱河，至信都。"

柳 眼

静看隋堤[①]人，纷纷几荣辱。蛮腰[②]休逞妍，所见元非俗。

[注释]

①隋堤：隋炀帝大业元年（605），开通济渠，自西苑引谷水、洛水入黄河。自板渚引黄河入汴水，经泗水达淮河。又开邗沟，自山阳至扬子入长江。渠广四十步，旁筑御道，种柳成行，后世谓之隋堤。白居易《隋堤柳》："隋堤柳，岁久年深尽衰朽。风飘飘兮雨萧萧，三株两株汴河口……大业年中炀天子，种柳成行夹流水。西自黄河东至淮，绿杨一千三百里。"

②蛮腰：小蛮腰。小蛮，唐白居易的侍女。唐孟棨《本事诗·事感》："白尚书（引者按：白居易）姬人樊素善歌，妓人小蛮善舞。尝为诗曰：'樱桃樊素口，杨柳小蛮腰。'"后以蛮腰指善舞女子的细腰，此处形容杨柳柔软的枝条。

椒① 眼

献颂②侈春朝，争期千岁寿③。凌寒傲岁时，自与冰霜久。

[注释]

①椒：椒聊（聊本为语言助词），木名，即花椒。古人多以椒子酿酒，正月初一子孙向长辈进此酒，以祝长寿。

②献颂：献文以表祝颂。

③丁岁寿：晋刘臻妻正月初一曾献《椒花颂》："美哉灵葩，爰采爰献。圣容映之，永寿于万。"

蟹　眼

爬沙走江海，惯识风波恶。东君①为主张，显戮②逃砧镬③。

[注释]

①东君：春神，司春之神。

②显戮：明正典刑，处决示众。

③砧镬（huò）：砧板和铁锅，用以宰杀、蒸煮食物的用具，此指宰杀、煮食。镬，铁盆一样的炊具。此句连上句是说，虽然称蟹眼，但由于春神做主，所以不会被宰杀的。

小蕊一十六枝

丁　香①

药性贵温凉，胡为辛且烈。无与桂②附徒，天资更趋热。

[注释]

①丁香：桃金娘科常绿乔木，产热带，其子如钉，故名。其种仁由两片形状似鸡舌的子叶合抱而成。又称"鸡舌香"。花蕾和果实，晒干后有辛郁香味，可入药，较贵重。另有一种我国所产木犀科灌木紫丁香，此处所说为前者。

②桂：此指樟科肉桂，枝、皮等入药，性味辛热。

樱 桃

樊素①艳而歌，乐天②何所羡。须结帝王知，拜宠明光殿③。

[注释]

①樊素：唐白居易的侍姬，白居易有"樱桃樊素口"的诗句，见前"蛮腰"的注释。

②乐天：白居易，字乐天。

③明光殿：此泛指宫殿。汉、唐时皇帝多有食樱桃和赐樱桃的故事，见《全芳备祖》后集卷九。

老人星①

风掣五云②开，明星灿南极。嘉祥③自朝廷，何幸愚④亲识。

①老人星：即南极星，是中国人心目中的寿星。

②五云：五彩祥云。

③嘉祥：祥瑞之兆。古人认为老人星现，是天下大治之兆。

④愚：作者自称。

佛顶珠

佛有光明台①，蚌胎②奚足贵。聊以矜俗人，徒为宝所费。

[注释]

①光明台：佛教用语，此指所说"佛顶"。《佛说观无量寿佛经》中称众人应想象西天佛地如"琉璃地，内外映彻……一一宝珠有千光明，一光明八万四千色，映琉璃地……一一宝中有五百色光，其光如花，又似星月悬处虚空，成光明台，楼阁千万，百宝合成于台两边，各有百亿花幢。"

②蚌胎：蚌孕珠如人怀胎，故称珍珠为蚌胎。

古文钱

阿堵①本何物，贯朽②殊堪羞。空囊留得一，千古钦清流。

[注释]

①阿堵：这个，此处指钱。《世说新语》记载，王夷甫妻郭氏庸俗贪婪，而王夷甫极为清高，口中从未说过"钱"字。郭氏让仆人绕床撒钱，观其反应。王夷甫晨起见钱碍事，呼仆人拿走"阿堵"，也就是说拿走这个东西，没有提到钱。后世遂以阿堵作为对钱的一种鄙称。

②贯朽：穿钱的绳索腐朽。

鲍老①眉

善舞几当场，妖姿呈窈窕。当场人自迷，郭郎②未容笑。

①鲍老：宋代戏剧角色名，也作抱锣，据孟元老《东京梦华录》记载，其扮相比较夸张，属于喜剧角色。

②郭郎：戏剧行当中的丑角。宋杨亿《傀儡》诗："鲍老当筵笑郭郎，笑他舞袖太琅珰。若教鲍老当筵舞，转更琅珰舞袖长。"

兔　唇

三窟^①不须营，蒙恬^②素心友。识尽天下书，只要文章手。

[注释]

①三窟：狡兔三窟。

②蒙恬：秦朝大将，相传始用兔毛制笔。唐欧阳询《艺文类聚》卷五八："《博物志》曰：蒙恬造笔。"宋马永卿《懒真子》卷一："张子训尝问仆曰：'蒙恬造笔，然则古无笔乎？'仆曰：'非也，古非无笔，但用兔毛自恬始耳。'"

虎　迹

寒风偃枯草，掉尾来山巅。出柙^①势可畏，老须^②宁易编。

[注释]

　　①柙（xiá）：关兽的木笼。

　　②须：指虎须。

石　榴

锦囊蕴珠玑，长养南风力。当年东老家，曾代中书笔^①。

[注释]

　　①此两句用吕洞宾典故。宋叶梦得《避暑录话》卷下："东林去吾山东南五十余里，沈氏世为著姓，元丰间有名□者，字东老，家颇藏书，喜宾客。东林当钱塘往来之冲，故士大夫与游客胜士闻其好事，必过之，沈亦应

接不倦。尝有布裘青巾称回山人，风神超迈，与之饮，终日不醉。薄暮，取食馀石榴皮，书诗一绝壁间，曰：'西邻已富忧不足，东老虽贫乐有馀。白酒酿来缘好客，黄金散尽为收书。'即长揖出门，越石桥而去，追蹑之已不见，意其为吕洞宾也。当时名士多和其诗传于世，苏子瞻为杭州通判，亦和，用韩退之《毛颖传》事云：'至用榴皮缘底事，中书君岂不中书。'虽以纪实，意亦有在也。"

茈　菰①

来自淤泥中，根苗何足取。饾饤②上盘登③，敢为梨栗伍。

[注释]

①茈菰：慈菇，又写作茨菇。

②饾饤：也作"斗钉"，堆积用以陈设。

③登：进献。

木瓜心

宛陵有灵根[1]，圆红珍可芼[2]。卫人感齐恩，琼琚未容报[3]。

[注释]

①宛陵有灵根：宛陵，古郡名，后称宣州，治今安徽宣城。宋唐慎微《证类本草》卷二三："（木瓜）宣州人种莳尤谨，遍满山谷。始实成，则镞纸花薄其上，夜露日暴，渐而变红花文，如生本州岛，以充上贡焉。"

②芼（mào）：采拔。

③此两句用《诗经·卫风·木瓜》诗意："投我以木瓜，报之以琼琚。"

孩儿面

才脱锦衣裬[1]，童颜娇可诧。只恐妆鬼时，爱之还又怕。

①襁（bēng）：包裹小孩的宽布带。

李

垂垂生井上^①，游子休整冠^②。道旁徒自苦，青眼谁能看。

[注释]

①此句用《孟子》"井上有李，蟠食实者过半矣"语意。古诗也有："桃生露井上，李生桃树傍。虫来啮桃根，李树代桃僵。"

②整冠：整理帽子。曹植《君子行》："君子防未然，不处嫌疑间。瓜田不纳履，李下不整冠。"

瓜

东陵^①人已仙，黯淡斜阳暮。可惭名利心，孜孜问葵戍^②。

[注释]

①东陵：复姓，相传是秦东陵侯邵平的后裔。秦亡后，邵平种瓜于长安城东，以此为生，瓜味甜美，俗称东陵瓜。

②葵戍：指在外驻守。春秋齐襄公使连称、管至父戍守葵丘，相约来年瓜熟时派人接替。葵丘，古邑名，在今山东临淄西。

贝　螺

生长沧波中，收罗向书室①。剡藤②无不平，只恐无椽笔③。

[注释]

①这两句是说螺。魏晋以来有螺子墨，一种圆形的墨丸，属文房用品，这里以这一典故隐指螺。

②剡（shàn）藤：纸。剡溪，水名，曹娥江的上游，在今浙江嵊县一带。剡溪出产的古藤，可以造纸，久负盛名，因以代指纸，也叫剡纸。

③椽笔：如椽之笔，常用以形容超群的写作能力。

科　斗

清波漾蛙子，古书①形似之。可惜书废久，时人无能知。

[注释]

①古书：古文字。

大蕊八枝

琴　甲①

高山流水音，泠泠②生指下。无与俗人弹，伯牙③恐嘲骂。

[注释]

①琴甲：弹琴的指甲，古人常削竹为之，弹时套在指头上，以保护手

指。唐李匡乂《资暇集》卷下："琴甲，今弹琴或削竹为甲，以助食指之声者……假甲于竹，聊为权用。"

②泠泠（líng líng）：形容声音清脆。

③伯牙：人名，春秋时人，精于琴艺。

药　杵①

蟾宫②有兔臼，捣药千万年。药有长生术，世人无计传。

[注释]

①药杵（chǔ）：捣药用的棒槌。此题《香雪林集》作《兔头》。

②蟾宫：月宫。古代传说，月中有蟾兔。

蚌　壳

休与鹬①相持，自有山川隔。祝君无孕珠②，恐非保身策。

①鹬（yù）：一种水鸟。此句用鹬蚌相争的典故。

②孕珠：孕育珍珠。宋陆佃《埤雅》卷二："蚌……其孕珠若怀妊然，故谓之珠胎。"

鹳 觜①

曳颈吟松梢，何异扬州鹤。胡为鹤未成，苦被玄裳错②。

①觜（zuǐ）：通"嘴"，特指鸟喙。

②鹳的尾和翅多黑色，而鹤翅多白色，鹤中另有白鹤一种。这两句是比较两者不同。玄裳，黑衣。玄，浅黑色，泛指黑色。

卣①

中尊②严祀典，罍③未裸④而实。将裸而实彝⑤，礼文知有秩。

[注释]

①卣（yǒu）：一种礼器，中型酒尊。形状很多，一般为椭圆形，大腹，敛口，圆足，有盖与提梁，盛行于商、周时期。

②中尊：中型酒樽。

③鬯（chàng）：古时祭祀所用，以郁金香混合黑黍酿造的香酒。

④裸（guàn）：古代帝王以酒祭奠祖先或赐饮宾客之礼，也作"灌"、"果"。

⑤彝：古代青铜器祭器的通称，宋以来以广口、圈足、两耳者为彝。宋陈祥道《礼书》卷九六："古者人臣受鬯，以卣不以彝，则鬯之未裸也，实卣；将裸，则实彝矣。"

柷①

方深②有制度，撞之以合乐。止乐戛以敔③，始终知所觉。

[注释]

①柷（zhù）：一种打击乐器，又名椌，状如漆桶，方形，中立有一椎柱。一般乐曲开始时，先击柷。

②方深：方形且深。

③敔（yǔ）：古乐器，在雅乐结束时击奏，又名楬。

笾①

苍竹纬琅玕②，为形有如豆③。遇祭何所容，干桃与脩糗④。

[注释]

①笾（biān）：古代祭祀、宴享时用以盛果脯等的竹编器皿，圆口，形似今天的高足盘。

②琅玕：指竹。

③豆：盛食品的一种器皿，与笾形似。笾为竹制，豆为木制。

④脩糗（xiū qiǔ）：脩，干肉。糗，干粮。

爵①

柱②取饮不尽，量容惟一升③。足如戈④示戒，君子当兢兢。

[注释]

①爵：饮酒用的器皿，两柱三足，盛行于商及西周。

②柱：爵口较长，中部立两小柱，喝时柱抵眉额，使器口不致过于倾斜泼洒，也使饮者有所节制。

③一升：爵的容量为一升。

④如戈：爵三足尖锐如戈。

欲开八枝

春瓮①浮香

斗醉石亦醉②，无量不及乱。独醒谁得知，憔悴沧江畔③。

[注释]

①瓮：陶制盛酒、水的器皿，此指酒坛。

②斗醉石亦醉：《史记》记载，齐威王问淳于髡饮酒多少才醉，淳于髡回答说"臣饮一斗亦醉，一石亦醉"，看不同的场合。如大王在前，执法者旁立，则一斗便醉；而如果男女朋友欢会，则一石才醉。石，计量单位，十斗为一石。

③此两句化用屈原行吟泽畔，颜色憔悴，自叹"众人皆醉我独醒"之意。

寒缸①吐焰

灯火迫新凉，志士功名重。十年窗下愁，会见金莲宠②。

[注释]

①缸：同"釭"，即灯。

②这两句正是俗言"十年寒窗无人问，一朝闻名天下知"的意思，理想并不只是金榜题名，而是官拜宰相。金莲，金莲花烛。据唐裴庭裕《东观奏记》卷上记载，皇帝欲任命令狐綯为宰相，深夜召他长谈，派人点燃引驾用的金莲烛送其归院。

蜗 角

蛮触①国谁雄，战争犹未息。由此夺虚名，费尽人间力。

[注释]

①蛮触：语出《庄子·则阳》："有国于蜗之左角者，曰触氏；有国于蜗之右角者，曰蛮氏。时相与争地而战，伏尸数万。"用以形容为细枝末节之事惹起争端。

马　耳

骐骥无伯乐，尖轻徒竹披①。北台深雪里，且读坡仙诗②。

[注释]

①竹披：竹批，用竹筒削成，形容马耳小而尖锐。杜甫《房兵曹胡马》："竹批双耳峻，风入四蹄轻。"《齐民要术》卷六论相马："耳欲得小而促，状如斩竹筒。"

②坡仙诗：苏东坡的诗。苏轼《雪后书北台壁》："试扫北台看马耳，未随埋没有双尖。"王十朋注："马耳，山名，与台相对。按，先生《超然台记》云：园之北，因城以为台者，旧矣。又云：南望马耳、常山。"

簋①

祭器古不轻，斯焉盛黍稷。内方而外圆②，无乃器之特。

[注释]

①簋（guǐ）：古代祭祀、宴享时盛黍稷的器皿，用青铜或陶制成，有两耳。

②古人记载，簋内方外圆，从出土资料看，多为圆形，也有上圆下方的。

瓒①

如盘而柄圭②，崇祼③以为器。秬鬯④次第陈，岂容忘古意。

[注释]

①瓒（zàn）：古代祭祀用的一种像勺子的玉器。

②柄圭：以圭为柄。

③崇裸：隆重的裸礼。

④秬（jù）鬯：祭祀时所用，以郁金香与黑黍混合酿造的酒。秬，黑黍。

金　印

苏秦①鞭匹马，六国饱风烟。累累悬肘下，郭外惭无田。

[注释]

①苏秦：战国时著名的纵横家，以合纵山东六国为己任，曾掌六国相印。《史记》记载其曾言"吾岂能佩六国相印乎"，于是散千金以赐宗族朋友。

玉　斗①

鸿门罢樽酒，舞剑事还差。范增徒怒撞，汉业成刘家②。

[注释]

①玉斗：玉制的酒器。此诗用《史记》所载项羽、刘邦鸿门宴之事。刘邦从席间脱身，安排张良以白璧一双、玉斗一只作为谢礼。

大开一十四枝

彝①

五采会章服②，汝明③以垂教。虎蜼宗庙器，于以象其孝④。

[注释]

①彝：古代青铜制酒器，与鼎齐名，也作祭祀器具的通称，属于礼器中的重器。

②章服：以日月、星辰、山龙等图案为等级标志的礼服。

③汝明：你应明白。语出《尚书》"汝明予欲闻"，本是谈论各类礼器礼服的用意。

④此句是说虎、蜼二器用于宗庙祭祀，显示孝义。宋黄伦《尚书精义》卷八："临川问曰：'宗彝所以象孝也，象孝奚取于虎、蜼？'文公曰：'虎，义也；蜼，知也。义以制事，知以察物，然后可以保宗庙，故取于虎、蜼。'"虎蜼（wèi），虎彝和蜼彝，以虎、蜼为装饰的两种彝器，用于祼礼。蜼，长尾猴，又名狖。

黼①

象明十二章②，斧形不可玩。黻以取其辨，斯以取其断③。

[注释]

①黼（fǔ）：古代礼服上所绣黑白相间的斧头形的花纹。

②十二章：古礼称天子祭服的花纹有日月、星辰至黼黻等十二种。

③这两句是说黻与黼两种花纹的含义。宋陈经《尚书详解》卷五："黼，斧形，取其能断；黻，两己相背，取其辨，所以象君之德。"黻（fú），古代礼服上绣的黑青相间、两个相背的"己"字形的花纹。斯，这，代词，此指黼。

欹 器①

溢满而覆虚，盈亏俱有病。万事得于中，乌乎②云不正。

①欹器：倾斜易覆的器具。

②乌乎：感叹词，也作乌呼、呜乎。

悬　钟

五更山外鸣，斗低残月小。唤起利名人，仆仆①浑无了。

①仆仆：繁忙，劳顿。

扇

九华①并六角②，流传名不同。无如慰黎庶③，为我扬仁风。

①九华：扇名。《西京杂记》记汉宫有九华扇。三国曹植《九华扇赋

序》：“昔吾先君常侍得幸，汉桓帝赐方扇，不方不圆，其中结成文，名曰九华。”

②六角：扇名，王羲之曾题字其上。《晋书·王羲之传》记载，王羲之“在蕺山见一老姥持六角竹扇卖之，羲之书其扇，各为五字。姥初有愠色，因谓姥曰：‘但言是王右军书，以求百钱邪！’姥如其言，人竞买之”。

③黎庶：黎民百姓。

盘

水精行素鳞①，琉璃走夜光②。铭垂日日新③，万古稽④商汤⑤。

[注释]

①此句化用杜甫诗意。杜甫《丽人行》写杨贵妃姐妹生活奢糜，美味穷极山珍海味：“紫驼之峰出翠釜，水精之盘行素鳞。”素鳞即白色鳞片，此指蛟龙之鳞。

②此句用晚唐同昌公主事。苏鹗《杜阳杂编》卷下记载，同昌公主生活极为奢侈，“韦氏诸家好为叶子戏，夜则公主以红琉璃盘，盛夜光珠，令僧祁捧立堂中，而光明如昼焉”。

③此句用汤盘铭文之事。《礼记》：“汤之盘铭曰：‘苟日新，日日新，又日新。’”

④稽：考，追本求源。

⑤商汤：即商朝。商之开国始祖成汤灭夏，建国号为商，都于亳，故称商汤。盘庚时迁都于殷，也称殷商。

向 日

举头见长安①，志士欣有托。葵藿②一生心，岂容天负却。

[注释]

①长安：汉唐京城，在今陕西西安市，古人多用以指京城。

②葵藿：两种野菜，并称多偏指葵。葵，菊科草本植物，有锦葵、蜀葵、秋葵等，习性向日，古时多用以比喻下对上忠诚向服之意。杜甫《自京赴奉先县咏怀五百字》："葵藿倾太阳，物性固莫夺。"藿，豆叶，另有藿香一类植物。

擎 露①

仙掌在何处，徒成千载羞。唯有故园菊，沾濡当九秋。

①擎露：托举露水，此指承露盘。汉武帝迷信神仙，于通天台上建承露盘，立铜仙人舒掌以接甘露，以为饮之可以延年。见《三辅黄图》卷五："上有承露盘，仙人掌擎玉杯，以承云表之露。"

鼎

郏鄏①至汾阴②，重名垂不朽。天下望调羹③，有谁能着手。

[注释]

①郏鄏（jiá rǔ）：地名，周朝之洛邑，春秋时称王城，故址在今河南洛阳。《左传·宣公三年》："成王定鼎于郏鄏。"

②汾阴：地名，以在汾水之南而得名，在今山西万荣县。汉武帝时在此得宝鼎，因改元称元鼎元年。

③调羹：指宰相之职。《尚书·说命》："若作和羹，尔惟盐梅。"盐、梅都是调味品，是说宰相治理国家，要如调鼎中之味，使之和谐协调。

镛①

堂下杂簜鼗②，如钟而磬腹③。夫子闻于齐，三月不知肉④。

[注释]

①镛（yōng）：大钟。

②簜鼗（lú táo）：簜，竹，此指管乐。鼗，小鼓，类似于今天的拨浪鼓。两者与镛都属较为低档的乐器，古礼一般用于堂下演奏，与堂上所用黄钟等乐器不同。

③磬腹：腹部像磬。磬，通"磬"。

④此两句用孔子在齐闻《韶》，三月不知肉味之事。夫子，孔子。

麋　角①

麎鹿②同呦呦③，山林风雨秋。姑苏台上月，子胥曾约游④。

①麋角：目录中作"鹿角"。麋角，麋鹿的角。麋鹿，鹿之一种，俗称四不像。雌麋鹿没有角，雄性角多叉似鹿，形状特殊，没有眉杈。角干在角基上方分为前后两枝，前枝向上延伸，然后再分为前后两枝，每小枝上再长出一些小杈。后枝平直向后伸展，末端有时也长出一些小杈。最长的角可达80厘米，倒置时能够三足鼎立，在鹿科动物中比较独特。梅之树枝也多分杈，与麋角比较相像。

②麀（yōu）鹿：母鹿。

③呦（yōu）呦：鹿鸣声。《诗经·小雅·鹿鸣》："呦呦鹿鸣。"

④子胥：伍子胥，春秋末期吴国大夫，名员，字子胥。伍子胥曾谏吴王，吴王不听。伍子胥叹曰："臣今见麋鹿游姑苏之台也。"是说吴国将亡，吴宫将成野兽出没之地。

猿 臂

一声长啸处，霜月凄林扉。与鹤每相问，贵人胡未归[1]。

[注释]

①此诗由猿及鹤，猿、鹤均为荒寒野逸之物。宋人诗中多宦游奔波，用猿、鹤怨其不归之意，如王之道《贺新郎·送郑宗丞》："我亦故山猿鹤怨，问何时归棹双溪渚。歌一曲，恨千缕。"柴望《别故人》："便未成名也自归，不应猿鹤更猜疑。"

颦　眉

西施无限愁，后人何必效①。只好笑呵呵，不损红妆貌。

[注释]

①此两句用东施效颦之事。

侧　面

相见是非多，但旁观便了。庶①无人共知，鼻孔长多少②。

[注释]

①庶：副词，表示推测。

②鼻孔长多少：是佛门的一段禅语话头，见《五灯会元》卷一六《北禅贤禅师法嗣》。

梅花喜神谱卷下

雪 岩

烂漫二十八枝

开 镜

尘匣启菱花①，丑妍无不识。羞杀几英雄，霜髯②太煎逼。

[注释]

①菱花：指镜。古铜镜中，六角形的或背面刻有菱花的，叫菱花镜，古人诗文中常用菱花代指镜。

②霜髯：白色胡须。

覆 杯

谁叹月娟娟，霜天闲却手。醉者未能醒，不必重斟酒。

冕①

衮鷩毳希玄②，君尊十二旒③。璪④取玉以文，五采宗成周⑤。

[注释]

①冕：古代帝王、诸侯、卿大夫所戴的礼帽，后世也指皇冠。

②衮鷩（bì）毳（cuì）希玄：依次为五种与冕搭配的礼服。《礼记·春官·司服》："司服掌王之吉凶衣服，辨其名物，与其用事。王之吉服，祀昊天上帝，则服大裘而冕，祀五帝亦如之；享先王则衮冕；享先公飨射则鷩冕；祀四望山川则毳冕；祭社稷、五祀则希冕；祭群小祀则玄冕。六服同冕者，首饰尊也。"

③十二旒（liú）：天子之冕十二旒。旒，冠冕前后悬垂的玉珠。

④璪（zǎo）：用彩丝贯玉在冕前下垂的装饰。

⑤成周：西周的东都洛邑，此指周朝。周朝尚文，礼重五采。《礼记》卷七："礼有以文为贵者……天子之冕，朱绿藻，十有二旒。诸侯九，上大夫七，下大夫五，士三，此以文为贵也。"

胄①

秀铁②压肩寒，中原思未报。何日扫边尘③，别裹朝天帽。

[注释]

①胄（zhòu）：古代战士戴的头盔。

②秀铁：锈铁。清胡绍煐《文选笺证》卷三〇："凡物老而锥钝，皆曰秀，如铁生衣曰锈。"

③边尘：军队驰逐原野则风尘起，因以边尘指边境战争。

并　桃①

汉帝②欲成仙，王母③从天下。结实动千年，三偷尤可诧④。

[注释]

①并桃：并排或并蒂的两桃。

②汉帝：汉武帝。

③王母：西王母。

④此诗用汉武帝索西王母蟠桃之事。张华《博物志》卷三记载："汉武帝好仙道，祭祀名山大泽，以求神仙之道……向王母索七桃，大如弹丸，以五枚与帝，母食二枚。帝食桃，辄以核着膝前，母曰：'取此核将何为?'帝曰：'此桃甘美，欲种之。'母笑曰：'此桃三千年一生实。'唯帝与母对坐，其从者皆不得进。时东方朔窃从殿南厢朱鸟牖中窥母，母顾之，谓帝曰：'此窥牖小儿，尝三来盗吾此桃。'帝乃大怪之，由此世人谓方朔神仙也。"三偷，西王母说东方朔曾三次偷她的仙桃。

双　荔

缯壳①烂缃枝②，夏果收新绿。玉真③望甘鲜，不管邮兵④哭。

[注释]

①缯（zēng）壳：白居易《荔枝图序》："叶如桂冬青，华如橘春荣，实如丹夏熟。朵如葡萄，核如枇杷，壳如红缯。"缯，丝织品。

②缃枝：张九龄《荔枝赋》："紫纹绀理，黛叶缃枝。"缃，浅黄色。

③玉真：杨贵妃，名玉环，号太真。

④邮兵：驿使。杜牧《过华清宫绝句》："长安回望绣成堆，山顶千门次第开。一骑红尘妃子笑，无人知是荔枝来。"

凤朝天①

览辉千仞高②，君子思在治③。朝阳如不鸣④，敢言当自愧。

[注释]

①朝（cháo）天：谒见天帝或人间帝王。

②此句用汉贾谊《吊屈原赋》句意："凤凰翔于千仞之上兮，览德辉而下之。"

③在治：在于天下大治。此句用汉扬雄语。扬雄《法言》："或问君子，在治曰若凤，在乱曰若凤。或人不谕，曰未之思矣。曰治则见，乱则隐。"是说天下大治时，凤则见；而天下大乱时，凤则隐。

④此句用古语"凤鸣朝阳"语意。《诗经·大雅·卷阿》："凤凰鸣矣，于彼高冈。梧桐生矣，于彼朝阳。"后世以凤鸣朝阳比喻贤才遇时而起。

蛛挂网①

经纬出天机，画檐斜挂箅②。可惜巧于蚕，无补人间世。

[注释]

①蛛挂网：蜘蛛张网。

②箅（bì）：竹片编成的网状用品，用于垫放东西，防止漏失。

渔 笠

舣艇①白鸥边，寒雨敲青箬②。骇浪不回头，方识江湖乐。

[注释]

①舣（yǐ）艇：系船。舣，将船靠岸。

②青箬（ruò）：笠帽，用于遮风挡雨，多以竹箬或篾编成。唐张志和《渔歌子》："青箬笠，绿蓑衣，斜风细雨不须归。"

熊　掌

八珍①风味清，藜肠②岂曾识。堪嗤③尝脔④人，欲与鱼兼得。

[注释]

①八珍：原指八种烹饪法，后用以泛指珍贵的食物。

②藜肠：只得以藜、藿一类野菜充饥，即所谓穷人的肚子。韩愈《崔十六少府摄伊阳，以诗及书见投，因酬三十韵》："三年国子师，肠肚集藜苋。"是说三年国子博士任上，尽日野蔬充饥。

③嗤：讥笑。

④脔（luán）：鱼肉块。

飞虫刺花

花香专引蝶，非蝶亦飞来。顾影不知耻，良为贪者哀。

孤鸿叫月

足下一封书，子卿归自虏。虽曰诳单于^①，孤忠传万古^②。

[注释]

①单（chán）于：汉时匈奴称其君长为单于。

②这首诗用苏武牧羊的故事。苏武，字子卿。出使匈奴被扣，在匈奴前后共有19年，匈奴称其已死。汉使设计对匈奴单于说，天子狩猎上林苑中，得一雁，足上系帛书，说苏武等在某大泽之中。匈奴不得已将苏武放还。

龟　足

十钻无遗策，宁免刳肠忧^①。何如隐莲叶，千岁成仙游^②。

[注释]

①此两句用《庄子》所说龟甲问卜之事："宋元君夜半而梦人被发窥阿

门，曰：'予自宰路之渊，予为清江使河伯之所，渔者余且得予。'元君觉，使人占之，曰：'此神龟也。'君曰：'渔者有余且乎？'左右曰：'有。'君曰：'令余且会朝。'明日余且朝，君曰：'渔何得？'对曰：'且之网得白龟焉，其圆五尺。'君曰：'献若之龟。'龟至，君再欲杀之，再欲活之，心疑。卜之，曰：'杀龟以卜，吉。'乃刳龟七十二钻，而无遗策。仲尼曰：'神龟能见梦于元君，而不能避余且之网。知能七十二钻而无遗策，不能避刳肠之患。如是则知有所困，神有所不及也。'"是说神龟之甲用于钻刺占卜，能知人吉凶之策，但却不能预料自己的刳身取甲之祸。

②此两句用司马迁《史记·龟策列传》序言："余至江南，观其行事，问其长老，云：'龟千岁，乃游莲叶之上。'"

龙 爪

苍生望云霓①，难作池中物②。孔明③卧隆中，天子势亦屈。

[注释]

①云霓：云与虹，此指龙。汉王逸注《楚辞·天问》："霓云之有色，似龙。"

②池中物：水池中物，形容人之小器。《三国志》记载，周瑜写信给孙权说，刘备有关、张二人辅佐，应如"蛟龙得云雨，终非池中物"。

③孔明：诸葛亮，字孔明。刘备曾称赞"诸葛孔明者，卧龙也"。

林鸡拍羽

三拍羽翎寒，风雨不改度①。起舞②何人斯，男儿当自寤③。

[注释]

　　①此句用《诗经·鸡鸣》之义。《鸡鸣》："风雨凄凄，鸡鸣喈喈。"毛序称："风雨，思君子也，乱世则思君子，不改其度焉。"度，标准，原则。

　　②起舞：此用闻鸡起舞之典故。

　　③寤：睡醒。

松鹤唳①天

赤壁梦醒时，雨洒玄裳湿②。声欲闻于天③，故向松梢立。

[注释]

　　①唳（lì）：鹤鸣。

②此两句用苏轼《后赤壁赋》语意："夜将半，四顾寂寥，适有孤鹤横江东来，翅如车轮，玄裳缟衣，戛然长鸣，掠予舟而西也。须臾客去，予亦就睡，梦一道士羽衣翩跹，过临皋之下，揖予而言曰：'赤壁之游，乐乎？'问其姓名，俯而不答。'呜呼，噫嘻！我知之矣，畴昔之夜飞鸣而过我者，非子也耶。'道士顾笑，予亦惊悟，开户视之，不见其处。"

③此句用《诗经·小雅·鹤鸣》语意："鹤鸣于九皋，声闻于天。"

新荷溅雨

新绿小池沼，田田①浮翠钱②。雨中珠万颗，巧妇其能穿。

[注释]

①田田：形容叶浮水上的姿态。乐府诗《江南》："江南可采莲，莲叶何田田。"

②翠钱：形容荷之新叶如绿色铜币。

老菊披霜

世久无渊明①，黄花为谁好。青女②自凌威，寒香未容老。

[注释]

①渊明：陶渊明，有"采菊东篱下，悠然见南山"诗句。

②青女：神话中的霜雪之神，多用以代称霜。

瑟

点异二三子，铿尔舍而作①。江上数峰青，湘灵徒寂寞②。

[注释]

①这两句是说春秋儒生曾点面对孔子的问话而舍瑟言志之事。曾点，字皙，与儿子曾参都是孔子的学生。《论语》："子路、曾皙、冉有、公西华侍坐。子曰：'以吾一日长乎尔，毋吾以也。居则曰不吾知也，如或知尔，则

何以哉？'子路率尔而对曰：'千乘之国，摄乎大国之间，加之以师旅，因之以饥馑，由也为之，比及三年，可使有勇，且知方也。'夫子哂之。'求，尔何如？'对曰：'方六七十，如五六十，求也为之，比及三年，可使足民。如其礼乐，以俟君子。'……'点，尔何如？'鼓瑟希，铿尔，舍瑟而作，对曰：'异乎三子者之撰。'子曰：'何伤乎？亦各言其志也。'曰：'莫春者，春服既成，冠者五六人，童子六七人，浴乎沂，风乎舞雩，咏而归。'夫子喟然叹曰：'吾与点也！'"子路等人所言志向都是治国理政之事，曾点与他们不同，他只是希望春天来临，与三五好友，带上仆从，去郊游踏青，歌咏而归，孔子说他也喜欢这种生活。点异二三子，是说曾点与子路等人不同。

②此两句化用唐钱起《湘灵鼓瑟》诗"曲终人不见，江上数峰青"之语。

鼓

冬冬①和歌管，蒉桴②无复存。堪笑不知量，以布过雷门③。

[注释]

①冬冬：鼓声。

②蒉桴（kuài fú）：祭祀时用土块捏成的鼓槌。蒉，土块。桴，鼓槌。

③此两句用布鼓雷门的典故。布鼓，以布蒙面的鼓，敲不出声音。雷门，会稽城门名，有大鼓，其声能传到洛阳。班固《汉书》卷七六《王尊传》："尊曰：毋持布鼓过雷门。"唐颜师古注："雷门，会稽城门也，有大

鼓，越击此鼓，声闻洛阳，故尊引之也。布鼓，谓以布为鼓，故无声。"后世以布鼓与雷门并举，比喻在高手面前卖弄技能，不自量力。

蜂 腰

紫陌暖风细，露房山更深①。蜜甜不知味②，万花空损心。

[注释]

①此句是说蜜蜂去后，留给鲜花的只剩夜寒露滴。宋晁冲之《和王立之腊梅》"蜂去尽夜寒，惟有露房垂"，作者或用此意。

②此句用汉王充《论衡·别通》语意："甘酒醴，不酤饴蜜，未为能知味。"王充是说要博采众长，只知酒好，而不知蜜甜，不能算作知味。

燕 尾

东风开绣帘，且向花梢立。主人忘旧交，雕梁①不须入。

[注释]

①雕梁：富贵人家雕梁画栋。

惊鸥振翼

雪羽①卧晴沙，渔人无可虑。机事②亦难忘，不如且飞去。

[注释]

①雪羽：白羽。

②机事：机巧之事，此实指机心，贪图机巧之心。《列子》："海上之人有好鸥鸟者，每旦之海上，从鸥鸟游，鸥鸟之至者，百住（一作数）而不止。其父曰：'吾闻鸥鸟皆从汝游，汝取来吾玩之。'明日之海上，鸥鸟舞而不下也。"鸥鸟本与人和谐相处，人一有捕捉狎玩之心，则鸥鸟便远离而去。

野鹘^①翻身

狠禽忘所俦^②，翻身拿^③鸟雀。羽毛^④同所天，何苦强凌弱。

[注释]

①鹘（hú）：鸷鸟，一说即隼（sǔn），灰褐色，性凶猛，捕食鼠、兔和鸟类。

②俦：伴侣，此指势力相当。

③拿：捉拿。

④羽毛：此指所有鸟类。

顾　步^①

世道多巉嶝^②，进趋思退却。一步一回头，庶^③无轻失脚。

①顾步：徘徊自顾，回首缓行。

②巇嶇（xī qū）：崎岖险峻。

③庶：副词，表示希望。

掩　妆①

粉黛巧妆施，菱花还自照。底事②不争妍，又恐西施笑。

[注释]

①掩妆：悄悄装饰的意思。

②底事：何事，何以。

晴空挂月

万里收纤云，一钩悬碧落①。缺圆无定时，人间几愁乐。

①碧落：天空。白居易《长恨歌》："上穷碧落下黄泉，两处茫茫皆不见。"

遥山抹云

无心出岫①时，山腰横一抹。为霖覆手②间，岂容留旱魃③。

①岫（xiù）：山洞，也指山谷。陶渊明《归去来兮辞》："云无心以出岫，鸟倦飞而知返。"

②覆手：此化用杜甫《贫交行》句意："翻手作云覆手雨，纷纷轻薄何须数。"

③旱魃（bá）：传说中造成旱灾的神怪。

欲谢一十六枝

会星弁^①

星会饰以玉^②，灿灿光朝仪。重臣头似雪^③，左右应皋夔^④。

[注释]

①会星弁：指王侯皮帽中缝处缀以玉珠，灿然如星。会，中缝，也作束发解。弁，帽子。《诗经·卫风·淇奥》："瞻彼淇奥，绿竹青青。有匪君子，充耳琇莹，会弁如星。"

②"玉"：原作"王"，此据《知不足斋丛书》本改。

③头似雪：指满头白发。

④皋夔：人名，皆舜之大臣。皋，皋陶，姓偃，掌刑狱之事。夔，为乐官。

漉酒巾①

烂醉是生涯，折腰良可慨②。欲酒对黄华③，乌纱奚④足爱。

[注释]

①漉（lù）酒巾：用以过滤酒浆的纱巾。此诗全用陶渊明辞官和嗜酒之事。萧统《陶渊明传》："遇之公田，悉令吏种秫，曰吾常得醉于酒，足矣。妻子固请种粳，乃使二顷五十亩种秫，五十亩种粳。岁终，会郡遣督邮至县，吏请曰：'应束带见之。'渊明叹曰：'我岂能为五斗米折腰，向乡里小儿。'即日解印绶去职，赋《归去来》……贵贱造之者，有酒辄设。渊明若先醉，便语客'我醉欲眠，卿可去'，其真率如此。郡将常候之，值其酿熟，取头上葛巾漉酒，漉毕，还复着之。"

②慨：感叹。

③黄华：菊花。陶渊明爱菊，有"采菊东篱下，悠然见南山"诗句。

④奚：疑问代词，何。

抱叶蝉

槐柳午阴浓，凄凉声愈健。饮露①已成仙②，孰云齐女怨③。

[注释]

①饮露：刘向《说苑》："园中有树，其上有蝉，蝉高居悲鸣饮露，不知螳螂在其后也。"

②成仙：《淮南子》："蚕食而不饮，二十二日而化；蝉饮而不食，三十日而蜕。"

③齐女怨：崔豹《古今注》记载汉董仲舒解释说，齐国王后怨齐王而死，化为蝉，在院中树上凄鸣，齐王悔恨之。

穿花蝶

一梦在人间，东风吹不觉。庄周①鸿冥冥②，胡恋花枝巧。

①庄周：庄子，名周。这里是用庄周梦蝶之事。《庄子·齐物论》："昔者庄周梦为胡蝶，栩栩然胡蝶也。自喻适志与！不知周也。俄然觉，则蘧蘧然周也。不知周之梦为胡蝶与？胡蝶之梦为周与？周与胡蝶则必有分矣，此之谓物化。"

②鸿冥冥：汉扬雄《法言》："治则见，乱则隐。鸿飞冥冥，弋人何篡焉。"后两句是说鸿飞入远空，射鸟之人就难以企及。弋，带着绳子的箭。篡，用强力夺取。

暮雀投林

倦翼已知还，投林谋夜宿。弋宿^①无容心，机深^②未为福。

[注释]

①弋宿：捕射夜宿的鸟。《论语》："子钓而不纲，弋不射宿。"
②机深：机巧之心太重。

寒乌倚树

人好乌亦好[①]，寒枝不轻踏。月明如可依，飞绕犹三匝[②]。

[注释]

①此句用杜甫《奉赠射洪李四丈》诗句："丈人屋上乌，人好乌亦好。"

②此两句用曹操《短歌行》诗意："月明星稀，乌鹊南飞。绕树三匝，何枝可依。""匝"，原作"匣"，此据《知不足斋丛书》本改。

舞　袖

舞处更宜长[①]，十笋[②]藏纤指。脱得戏衫时，方知有呆底[③]。

[注释]

①此句用长袖善舞语意。

②笋：形容手指白嫩细巧。

③这两句是说戏演完了，脱下戏装，交给下手。宋以来，诗人多以脱戏衫交呆底，比喻人生的戏演完了，伪装褪去，也就轻松潇洒起来。朱敦儒《念奴娇》：“杂剧打了，戏衫脱与呆底。”刘克庄《念奴娇》：“莫是散场优孟，又似一棚傀儡，脱了戏衫还。”《用石塘二林韵（同合）》：“戏衫欲脱无人付，诸子披襟直下当。”呆底，呆子，呆气、兜底之人，应指戏班中不能上场，专打下活的杂役。

弄　须

丝丝丝共白，历遍风霜寒。君王岂轻剪，欲疗将军安①。

[注释]

①此两句用唐太宗剪胡须为将军李勣疗伤之事。吴兢《贞观政要》卷二：“勣时遇暴疾，验方云，须灰可以疗之。太宗自剪须，为其和药。勣顿首见血，泣以陈谢。太宗曰：‘吾为社稷计耳，不烦深谢。’”

莺掷柳①

金梭抛翠丝，东风弄晴昼。求友不须鸣②，绿窗人倦绣③。

[注释]

①莺掷柳：莺在柳枝中穿飞轻巧，如在柳丝中投梭一般，故称掷。

②此句用莺鸣求友之意。《诗经·小雅·伐木》："伐木丁丁，鸟鸣嘤嘤。出自幽谷，迁于乔木。嘤其鸣矣，求其友声。"

③此句或用唐韦庄《菩萨蛮》句意："琵琶金翠羽，弦上黄莺语。劝我早归家，绿窗人似花。"

鹗①乘风

怒翮②摩青天，秋风真得意。可怜乌鹊侪③，一枝聊自寄。

①鹗：鸟名，雕属。

②翮（hé）：此指翅膀。

③乌鹊俦：乌鹊之辈。

顶 雪

滕六①雨天花，南枝②香斗白。琼玉两模糊，冷笑从君索③。

[注释]

①滕六：雪神名，见牛僧孺《幽怪录》。

②南枝：指梅枝。相传大庾岭上梅，南枝落，北枝开。

③此句化用杜甫《舍弟观赴蓝田取妻子到江陵喜寄》诗意："巡檐索共梅花笑，冷蕊疏枝半不禁。"

欹①风

暗香从何来，寒飙②为轻扇。东君③须护持，莫点宫妆面④。

①攲（qī）：斜风。

②飙：狂风。

③东君：春神。

④此句用南朝宋武帝公主梅花妆之事，意指梅花飘落。相传公主卧宫檐下，有梅花落其额，拂之不去，世人效作梅花妆。

蜻蜓欲立

四翼薄于纱，纤尘不相着。只在钓丝边①，渔翁素盟约。

[注释]

①此句用杜甫《重过何氏》"蜻蜓立钓丝"句意。

螳螂怒飞

我臂不能固，捕蝉非所宜。蝉琴①声未怯，黄鸟窥高枝②。

[注释]

①蝉琴：蝉的叫声，以琴形容鸣叫。

②此两句用螳螂捕蝉，黄雀在后的故事。

喜鹊摇枝

天上会双星，桥渡银河水。一别动经年，楂楂①徒报喜②。

[注释]

①楂楂：喳喳，喜鹊的叫声。

②此诗用牛郎、织女鹊桥相会之事。

游鱼吹水

春透水波明，江湖从落魄。三十六鳞①成，禹门②看一跃。

①三十六鳞：指鲤鱼。唐段成式《酉阳杂俎》前集卷一七："鲤，脊中鳞一道，每鳞有小黑点，大小皆三十六鳞。"

②禹门：即龙门，相传为禹所凿，故称禹门。

就实六枝

橘中四皓①

羽翼②汉家了，忘形天地间③。个中有真乐，奚④必拘商山⑤。

[注释]

①橘中四皓：见牛僧孺《幽怪录》卷三："有巴邛人，不知姓名，家有橘园。因霜后诸橘尽收，余有两大橘，如三斗盎。巴人异之，即令举橘下，轻重亦如常橘。剖开，每橘有二老叟，鬓眉皤然，肌体红明，皆相对象戏，身长尺余，谈笑自若。剖开后，亦不惊怖，但相与决赌。……食讫，以水噀之，化为一龙，四叟共乘之。足下泄泄云起，须臾风雨晦冥，不知所在。"四皓，见前注商山四皓。汉初商山的四个隐士，名东园公、绮里季、夏黄公、甪（lù）里先生。四人须眉皆白，故称四皓。

②羽翼：鸟靠羽翼而飞，羽翼在鸟之两侧，常比喻左右辅佐之人。商山四皓曾辅佐刘邦长子刘盈继位。

③这两句是说商山四皓。

④奚：何。

⑤这两句是说商山四皓之外，还有橘中四皓。

吴江三高①

品字②列轻舠③，占尽吴江雪。丁宁红蓼④花，莫与利名说。

[注释]

　①吴江三高：吴江，吴淞江，又古县名，属苏州，此指苏州一带。三高，指越范蠡、晋张翰、唐陆龟蒙，三人以逍遥江湖或闲隐吴下著称。宋哲宗时吴江开始建三高祠，南宋以来屡有重修。

　②品字：形容花朵三瓣组合的形状。

　③舠（dāo）：刀形小船。

　④蓼：草名，品类较多，有水蓼、辣蓼等，花淡红色，茎叶也多红色，多生水边。白居易《竹枝词》："水蓼冷花红簇簇。"

二　疏①

东门风飘飘，双佩清如水。出门相送人，胡不共知止②。

[注释]

①二疏：汉疏广为太傅，其侄疏受为少傅，因年老同时辞官，公卿大夫在都城东门外盛会欢送，世以为美谈。

②止：退。

独　钓

一竿风雨寒，独占严陵濑①。苟非伸脚眠，曷②见光武大③。

[注释]

①严陵濑（lài）：地名，在浙江桐庐县南，相传后汉隐士严子陵耕于富春山，后人称其钓处为严陵濑。

②曷：何，怎么。

③此两句用严子陵与汉光武帝之事。《后汉书·严子陵传》记载，严子陵少有高名，与汉光武帝同学交好。光武帝即位后，严子陵变名隐姓，不与帝见。后帝访得下落，欲授官职，严子陵不予理会。帝邀其入宫叙旧，两人相伴而卧。严子陵以脚放在光武帝腹上。

孟嘉落帽[1]

醉帽不轻飞，秋菊[2]有佳色。自惭群座中，主人犹未识。

[注释]

①孟嘉落帽：孟嘉，晋江夏人，字万年。少有才名，嗜酒，饮多了能举止不乱。曾为征西大将军桓温的参军，九月九日桓温游龙山，宾客云集，有风将孟嘉帽子吹落，孟嘉全然不觉。桓温派人悄悄作文嘲笑他，趁其不注意，放在他的席上。孟嘉发现后，当即作文应对，文辞俊美，四座叹服。

②秋菊：因孟嘉落帽之事发生在重阳节，故言及菊花。

商鼎催羹[1]

脱白弄青玉[2]，风味犹辛酸。指日梦惟肖[3]，羹调天下安[4]。

①商鼎催羹：《尚书·说命》："若作和羹，尔惟盐梅。"是说用盐与梅作调料，可以烹制出鲜美的羹汤。比喻大臣们辅佐君主，同心合力，治理国家。《尚书》所载这段话是商朝高宗武丁任命大臣傅说做宰相时的一段训谕，因此称商鼎。

②此句是说梅花谢了，长出青梅。

③此句仍用《尚书·说命》之义。指日，即日，不久。《尚书·说命》："高宗做梦得到说，使百工营求诸野，得诸傅岩……说筑傅岩之野，惟肖，爰立作相。"说（yuè），傅说，相传他曾筑于傅岩之野，商高宗访得，举以为相，因此殷商出现中兴局面。

④此句是说如古代贤相所为，发挥"盐梅和羹"即和合众心、协调朝政的作用，从而实现政通人和，天下太平。

梅花谱后序

梅视①百花，其品至清，人惟梅之好，则品②亦梅耳。和靖素隐③，清矣而洁其身者也，未得为清之大成。雪岩④同通⑤之好而仕，仕而好不淄⑥，其清之时⑦乎？得梅于心，吻⑧于神，故弗刬⑨而成诗，弗艺⑩而能笔⑪，描摸⑫万奇，造化焉廋⑬。因衷⑭所笔为谱，谱有尽而生意无穷。噫！雪岩之梅，周之蝶⑮欤！昔人谓一梅花具一乾坤⑯，是又摆脱梅好⑰而嗜理⑱者，雪岩尚勉进于斯。容堂向士璧君玉甫跋⑲。

广平自是君⑳家鼻祖，除是铁石心肠，厥孙㉑非铁石，故为梅所恼。若此，请姑舍是，出门一笑大江横㉒。嘉熙二年八月廿六日，靖逸叶绍翁敬跋㉓。

[注释]

①视：比。

②品：品格。

③和靖：北宋孤山隐士林逋，以种梅养鹤为乐，人称"梅妻鹤子"，赐谥和靖，人称和靖先生。素隐：朴素，隐逸。

④雪岩：宋伯仁自号。

⑤逋：林逋，即前言和靖。

⑥不淄：洁净，未被污染。淄，黑色，同"缁"。

⑦时：应时，合时。因宋伯仁出仕做官，不像林逋那样隐居不仕，所以说他是顺应时势之人。《孟子·万章下》："孔子，圣之时者也。"

⑧吻：吻合。

⑨刓（tuán）：裁断，此处指刻画。

⑩艺：这里指学习绘画。

⑪笔：书写，这里指绘画。

⑫描摸：描摹。

⑬焉廋（sōu）：何处隐藏。廋，隐藏。"廋"，原作"瘦"，此据《知不足斋丛书》本改。《论语·为政》："视其所以，观其所由，察其所安，人焉廋哉！人焉廋者！"

⑭裒（póu）：聚集。

⑮周之蝶：庄周所梦之蝶，指人之化身。

⑯乾坤：天地，世界。

⑰梅好：梅花癖好。

⑱嗜理：嗜好道理，所谓理指理学家宣扬的理论。

⑲以上是向士璧的跋文。向士璧，字君玉，号容堂，常州（今属江苏）人。绍定五年（1232）进士，历任平江府通判，知安庆府、黄州、潭州，兵部侍郎等。受贾似道诬陷，景定二年（1261）流放漳州。

⑳君：敬称，此称宋伯仁。

㉑厥孙：其孙。厥，文言代词，其，他的。

㉒此句用黄庭坚《王充道送水仙花五十枝，欣然会心，为之作咏》诗句："坐对真成被花恼，出门一笑大江横。"黄庭坚此句表达的是一种洒脱的心态。

㉓这一段是叶绍翁的跋文。叶绍翁，南宋后期江湖派诗人，字嗣宗，建安人，博学工诗，居杭州，隐居西湖之滨，与葛天民等人往来酬和，有《靖逸小稿》一卷。

梅谱

［宋］赵孟坚 著

解 题

　　赵孟坚（1199～1267?），字子固，号彝斋，寓居嘉兴海盐（今属浙江）。据《四库全书总目》之《彝斋文编》提要，赵孟坚生于宁宗庆元五年（1199），卒于咸淳三年（1267）五月前。其中生年据赵孟坚《甲辰岁朝把笔》诗所说，确凿无疑。卒于咸淳三年前的说法，则本于叶隆礼为赵孟坚《梅竹谱》跋称"予自江右归，颇悟逃禅笔意，将与之是正，而子固死矣"，叶氏跋文所署时间为咸淳三年五月，是赵孟坚卒于此前无疑。周密《齐东野语》卷一九："庚申岁，客辇下。会菖蒲节，余偕一时好事者邀子固各携所藏，买舟湖上，相与评赏。"庚申岁是景定元年（1260），赵孟坚《梅竹谱》自己也有跋语，署时为景定元年十月，是当卒于此后。再看赵孟坚《梅竹谱》诸家跋文，叶隆礼进一步指出："乡人云，子固近日声价顿伟，片纸可直百千，予未敢谓信。一日鬻书者携数纸来少室，果印所闻。岂人情不贵于所有，而贵于所无耶？"①揣其语气，应是赵孟坚去世不久。还有赵孟淳、董楷、赵孟溁三人题跋，他们都是赵孟坚的至亲密友，跋文都作于咸淳四年，文中也都特别感慨"先兄已矣"、"彝斋已矣"，沉痛之情显然出于孟坚新丧不久。因此可以说，赵孟坚应卒于咸淳三年（1267）春，最早也不会出于咸淳二年前，卒时六十八九岁。

　　赵孟坚出身宋皇室，与赵孟頫同属宋太祖十一世孙，但他家这支与皇室关系已很疏远，境况相当清贫。赵孟坚对自己的早年生活作过如下描述："天支末裔，苦节癯儒，面墙独学于穷乡，艰辛备至。"②"既无师友以切磋，又蔑简编之阅复。食荠不云肠苦，负薪每自行吟。"③可见确实贫苦。理宗宝庆二年（1226）中进士，延宕多年始得官，任太平州繁昌（今属安徽）县官，兼转运司幕职，转安吉州（今浙江湖州）司法参军。淳祐四年（1244）任诸暨（今属浙江）县令，两年后因御史奏讽，罢归故里。宝祐三年（1255）投靠贾似道④，官终左藏库提辖，身后有知严州之命⑤。

赵孟坚生命的最后十多年，因游贾似道门下，又得左藏库提辖这一分管国家财赋收入的肥差，生活状况有较大改观。周密称其"修雅博识，善笔札，工诗文，酷嗜法书，多藏三代以来金石名迹，遇其会意时，虽倾囊易之不靳也。又善作梅竹，往往得逃禅（引者按：扬无咎）、石室（引者按：文同）之妙，于山水为尤奇，时人珍之。襟度潇洒，有六朝诸贤风气，时比之米南宫（引者按：米芾），而子固亦自以为不慊也。东西薄游，必挟所有以自随，一舟横陈，仅留一席为偃息之地，随意左右取之，抚摩吟讽，至忘寝食。所至，识不识望之，而知为米家书画船也"⑥。赵孟坚已从早年的寒儒末宦成为一名傍附豪门，安居辇下，优游湖上，书画擅名的风流雅士。

赵孟坚诗、书、画俱善。论书推重晋唐楷法，对二王颇为着意，存世书法墨迹多行书，世称有米芾之风。擅画兰蕙、水仙、梅竹，用笔劲利流畅，淡墨微染，风格秀雅，深得文人推崇，有《墨兰图》、《墨水仙图》、《岁寒三友图》等传世。文集名《彝斋文编》，原本已佚，今有清四库馆臣据《永乐大典》辑本四卷。

赵孟坚最擅画兰蕙、水仙，古人多为题咏。早年"爱作蕙兰"，"晚年步骤逃禅，工梅竹，咄咄逼真"⑦。其弟赵孟淳回忆说："予幼年侍彝斋兄游，见其得逃禅小轴及闲庵横卷，卷舒坐卧未尝去手，是以尽得杨、汤之妙。"⑧赵孟坚认真研究过扬无咎、汤正仲以来江西画家写梅的技巧门径与源流得失，所著《梅谱》作了较为详细的总结和阐发。

所谓《梅谱》，其实是两首为友人墨梅所作题画诗，题目分别是《里中康节庵画墨梅求诗，因述本末以示之》、《康不领此诗，又有许梅谷者仍求，又赋长律》。两诗与另一首题墨竹诗《王翠岩写竹求诗，亦与》三首，并赵孟坚三篇及同时亲友多篇相关跋文，有手书连卷见于明人赵琦美《赵氏铁网珊瑚》、朱存理《珊瑚木难》等记载，其中部分手书真迹流传至今。《梅竹谱三诗》图卷，纸本，纵33.5厘米，横327厘米，美国纽约大都会艺术博物馆收藏。另辽宁省博物馆藏徐禹功《雪中梅竹图》赵孟坚跋文中也记录了第一首诗歌。除了这些文献著录和书画真迹外，友人周密《癸辛杂识》前集中也专门加以记载，题称《赵子固梅谱》，景定元年（1260）赵孟坚自己的跋文也称"三诗皆梅竹谱也"⑨。

赵孟坚自称，作这两首墨梅诗的目的是"以诗述逃禅宗派"。赵孟坚明确提出了"逃禅宗派"这一概念，认为以扬无咎（补之）、汤正仲为代表的江西画家是墨梅画法的正统所在，主张画梅当取法于此，所谓"此诗之作，谓学梅江西止尔"⑩。两首诗歌阐述了"逃禅宗派"的基本情况，大致包括这样两方面：

一、关于江西画派的师承统绪，主要见于前一首诗。由花光仲仁到扬无咎再到汤正仲，是该派正宗所在，以下是僧定、刘梦良、鲍夫人、毕公济、扬季衡、雪篷等人，在稍后另一题记中赵孟坚又增补了徐禹功、谭季萧二人⑪，评价他们的优劣得失。僧定以下几人均名姓不彰，有宋一代仅见赵孟坚提及。按其所说顺序，分析扬无咎以下江西十人的年辈，大概分为三代，扬无咎以及同在临江慧力寺师从花光僧人的谭逢原是第一代，这应是江西墨梅之始。第二代以汤正仲为核心，徐禹功、僧定、刘梦良、扬季衡、鲍夫人属于同辈。毕公济、雪篷、谭季萧与赵孟坚大致同时或稍早，是第三代。

二、关于这一派的画法，主要见于后一首诗。诗中这方面的内容较为丰富、具体。"回视玉面而鼠须"，"糁缀蜂须凝笑靥"，"踢须止七萼则三，点眼名椒梢鼠尾"，"笔分三踢攒成瓣，珠晕一团工点椒"等是花头的形状与画法。花头画法是墨梅技法的重点，宋伯仁《梅花喜神谱》虽然有百图之多，但赵孟坚这里却概括了逃禅一路墨梅画法的关键，着眼点不在花蕊的形态，而是须七萼三、三踢成瓣等简明扼要的笔法。"枝枝例作鹿角曲"，"枝分三叠墨浓淡"，"浓写花枝淡写梢，鳞皴老干墨微焦"，"稳拖鼠尾施长条"等是枝干画法。宋伯仁《梅花喜神谱》于枝干构图并不关注，而赵孟坚抓住墨梅发枝写干的主要形态，侧重说明具体运笔用墨之法。"尽吹花侧风初急，犹把枝埋雪半消。松竹衬时明掩映，水波浮处见飘飖。黄昏时候胧明月，清浅溪山长短桥。闹里相挨如有意，静中背立见无聊"等等，则是不同的取景构图。因此，这两首诗可以说是宋人对

"逃禅宗派"墨梅画法最为简明、系统的总结和阐发，包括圈花与发枝、墨色与笔法、构图与立意等主要内容。其中许多说法，如鼠须、椒眼、鹿角、鼠尾、三踢成瓣、七须萼三等成了后世墨梅画法的固定名目或术语，构成了墨梅技法的经典内容。

我们的整理，以《四库全书》本赵琦美《赵氏铁网珊瑚》卷一二著录的诗歌文本为依据，以同书卷一一、明朱存理《珊瑚木难》卷四、康熙四十九年刻本沈季友《槜李诗系》卷三、《四库全书》本《两宋名贤小集》卷三七五、中华书局 1988 年版周密《癸辛杂识》前集、美国纽约大都会艺术博物馆藏赵孟坚《梅竹谱三诗》图卷、辽宁省博物馆藏徐禹功《雪中梅竹图》卷赵孟坚跋文等相关记载、作品及墨迹作参校，并详加注释。

[注释]

①赵琦美《赵氏铁网珊瑚》卷一二。

②赵孟坚《谢泉使贾秋壑先生京状》，《彝斋文编》卷三。

③赵孟坚《投泉使秋壑贾先生启》，《彝斋文编》卷四。

④赵孟溁《题皇甫表墨梅》，赵琦美《赵氏铁网珊瑚》卷一二。

⑤周密《齐东野语》卷一九。

⑥周密《齐东野语》卷一九。

⑦赵琦美《赵氏铁网珊瑚》卷一二。

⑧赵琦美《赵氏铁网珊瑚》卷一二。

⑨赵琦美《赵氏铁网珊瑚》卷一二。

⑩赵孟坚跋徐禹功《雪中梅竹图》，赵琦美《赵氏铁网珊瑚》卷一一。

⑪赵孟坚跋徐禹功《雪中梅竹图》，赵琦美《赵氏铁网珊瑚》卷一一。

赵子固梅谱①

里中②康节庵③画墨梅求诗，因述本末④以示之

逃禅⑤祖⑥花光⑦，得其韵度之清丽。闲庵⑧绍⑨逃禅，得其萧散⑩之布置。回视⑪玉面⑫而鼠须⑬，已自工夫较⑭精致。枝枝例⑮作鹿角曲，生意由来端若尔。所传正统谅未绝⑯，舍此的传皆伪耳。僧定花工枝则粗⑰，梦良⑱意到工则未⑲。女中却有鲍夫人⑳，能守师绳不轻坠。可怜闻名未识面，更有江西㉑毕公济㉒。季衡丑粗恶拙祖㉓，弊到雪篷㉔觞滥矣。所恨二王无臣法㉕，多少东邻拟㉖西子㉗。是中有趣㉘岂不传，要以眼力求其旨。踢须止七㉙萼则三㉚，点眼名椒㉛梢鼠尾㉜。枝分三叠墨浓淡㉝，花有正背多般蕊㉞。夫君㉟固已悟筌蹄㊱，重说偈言㊲吾亦赘㊳。谁家屏障得君画，更以吾诗疏㊴其底。

[注释]

①此据周密《癸辛杂识》前集所拟标题。

②里中：乡里，本地。

③康节庵：人名，康应是姓氏，节庵应是字号。

④本末：原委，来龙去脉。

⑤逃禅：扬无咎（1097~1169），字补之，号逃禅老人。主要生活于宋高宗年间，诗、书、画均享盛名，尤擅画梅。亦能词，有《逃禅词》。

⑥祖：以……为祖师，此指尊其为师，由其派生。

⑦花光：名仲仁，会稽（今浙江绍兴）人，早年在江淮一带漫游修行，后来到了南岳衡山，大约元祐末住持衡阳花光寺，人称花光仁老，宣和五年（1123）卒。工绘画，多画江南平远山水、释道人物和兰蕙。尤擅墨梅，为佛门所重，也受苏轼、黄庭坚等文人喜爱，后世尊为墨梅始祖。

⑧闲庵：汤正仲，字叔雅，号闲庵，临海（今浙江台州）人，扬无咎外甥，生平不详。元吴太素《松斋梅谱》卷一四："江西人，后居台州黄岩，杨无咎之甥，自号闲庵。"是说本为江西人。《永乐大典》卷二八一二引南宋许景迁《野雪行卷》："汤叔雅，临海士人，工画墨梅，名继江西杨补之，年八十余乃卒。无子，有女能传其业，笔力差不及其父，而妩媚过之。"陈耆卿《题汤正仲〈墨梅〉》："闲庵笔底回三春，平生爱为梅写真。只今龙钟已八十，双瞳挟电摇青旻。"可见享年至八十余，主要生活于南宋中期（宋孝宗至理宗朝，1163～1240）。元夏文彦《图绘宝鉴》卷四称其"开禧年贵仕"，不知何据。工绘画，善画梅竹松石，水仙、兰也佳，书法学褚遂良，颇有造诣。书画得扬补之真传，擅长画梅，也有所创新。

⑨绍：继承。

⑩"萧散"，原作"潇洒"，《珊瑚木难》同，美国大都会艺术博物馆藏卷、辽宁省博物馆藏徐禹功图卷作"潇散"，此据《赵氏铁网珊瑚》卷一一、康熙四十九年（1710）刻本沈季友编《檇李诗系》卷三、《四库全书》本陈思编《两宋名贤小集》卷三七五所收赵孟坚此诗改。

⑪"视"，《赵氏铁网珊瑚》卷一一作"观"。

⑫玉面：形容所画花朵的形象，梅花洁白如玉，故称玉面。

⑬鼠须：是说所画花蕊如鼠须。

⑭"较"，《赵氏铁网珊瑚》卷一一作"欠"。

⑮"例"，原作"倒"，此据《赵氏铁网珊瑚》卷一一改。

⑯"未绝"，原作"末节"，《珊瑚木难》、美国大都会艺术博物馆藏卷并同，此据《檇李诗系》卷三、《两宋名贤小集》卷三七五所收赵孟坚此诗改。此句，《赵氏铁网珊瑚》卷一一作"第传正印有由自"，或是。

⑰僧定：人名，为僧人，定当人名或法号，生平不详。花：花头。工：精巧。枝：树枝，此指画梅枝。此句是说，僧定花头画得较好，而树枝却画得一般。

⑱梦良：人名，刘梦良。元夏文彦《图绘宝鉴》卷四："杨季衡，洪都人，补之侄，画墨梅得家法，又能作水墨翎毛。又有刘梦良，亦乡里亲党，俱写墨梅。"是说刘梦良与扬无咎、扬季衡同乡，都是清江人。赵孟坚为徐

禹功《雪中梅竹图》所作跋称"刘有名，流落江湖间"，然宋、元间除赵孟坚和《图绘宝鉴》外，未见有他人提及。此句是说刘梦良的绘画立意尚可，而笔法不精。《图绘宝鉴》卷五在"元人"中又记载一条："刘梦良，蜀人，画梅花，宗杨补之。"与卷四所载作为扬补之（无咎）乡人、亲党之刘梦良的时代和籍贯均不同，不是同一人。蜀人刘梦良与虞集（1272～1348）大致同时，虞集《道园学古录》卷二九《蜀人刘梦良效杨补之掀篷图》："锦屏山下花如锦，却爱清江野水边。放笔岂能无直干，掀篷方欲斗清妍。"同上卷三〇《题梦良梅》："诗翁白发对青春，看遍江边玉雪新。我是锦城城里客，开图更忆锦屏人。"都是题咏刘梦良，称其为蜀人或锦屏山人，锦屏山在四川阆中。虞集《道园遗稿》卷五《题梦良梅》题下自注："梦良墨妙，近仿清江，时出晴昊之繁稍，以充润其清苦。此卷乃又淡泊相遭之极者也，把玩久之。梦良自称锦屏山人，盖与予皆蜀人也。岁月相望虽久，宁无故乡之思，故为赋此。"称其"近仿清江"，是此刘梦良与虞集为同时同乡人。

⑲"工则未"，《赵氏铁网珊瑚》卷——作"花则未"。

⑳鲍夫人：当时一位女画家，生平未详。

㉑"更有江西"，原作"云有江南"，此据《赵氏铁网珊瑚》卷——改。

㉒"毕公济"，《珊瑚木难》、美国大都会艺术博物馆藏卷、《癸辛杂识》前集同，《槜李诗系》作"陆公济"。毕公济，生平未详，当是赵孟坚同时画家，江西人。赵琦美《赵氏铁网珊瑚》卷一二所载大德五年（1301）吴亮采（熙载）跋赵孟坚画："及长大宦游四方，于江西士友间，多见杨逃禅、毕公济墨迹游戏，天真清绝，令人意消。"元虞集《道园遗稿》卷五有《毕公济掀篷梅》。

㉓此句是说扬季衡的画法粗丑恶劣，是当时这一风气的始作俑者。季衡，扬季衡，扬补之（无咎）侄。元夏文彦《图绘宝鉴》卷四："杨季衡，洪都人，补之侄。画墨梅得家法，又能作水墨翎毛。"庄肃《画继补遗》卷上："补之画梅，须于枝杪作回笔，似有含苞气象，季衡欠此生意耳。""拙"，《赵氏铁网珊瑚》卷一一、辽博本作"札"。祖，开风气之人。

㉔雪篷：当为人之室斋别号。与赵孟坚同时的江湖诗人姚镛（1191～?），字希声，号雪篷，剡（今浙江嵊县）人，曾通判吉州，知赣州，嘉熙元年（1237）归居剡中。清童翼驹《墨梅人名录》引戴复古《怀雪蓬姚希声使君》"梅花差可强人意，竹叶安能醉我心"诗语，以为赵孟坚所指为此人。然姚镛籍贯既非江西，又不以画知名，赵孟坚所云应非此人。与赵孟坚同时略早又有韩雪篷者，名字、籍贯不详。苏泂（1170～?）《泠然斋诗集》卷八《赠韩雪篷》："平生未信简斋诗，一见韩君更不疑。六月掀篷问溪雪，眼明开遍两三枝。"诗有赞其画梅之意，孟坚所指或即此人，与苏泂同时。

㉕"所恨"，《赵氏铁网珊瑚》卷一一作"所谓"。二王无臣法：语出《南史》卷三二《张融传》："（张）融善草书，常自美其能，帝曰：'卿书殊有骨力，但恨无二王法。'答曰：'非恨臣无二王法，亦恨二王无臣法。'"二王，王羲之、王献之父子，东晋著名书法家。此句借用此典，连同下句是说当时人自以为是，实际并不尊重扬补之、汤正仲二人墨梅的意趣和画法。

㉖"拟"，美国大都会艺术博物馆藏卷同，《赵氏铁网珊瑚》卷一一、《珊瑚木难》作"效"。

㉗西子：西施。此句是说当时人学扬补之、汤叔雅，也是东施效颦，只得皮毛。

㉘"是中有趣"，《赵氏铁网珊瑚》卷一一作"此中有秘"。

㉙"踢须止七"，《赵氏铁网珊瑚》卷一一作"须分七出"。踢须，画梅术语，指画梅花花须，花须即梅蕊的花柱和蕊条。止七，画花须不超过七根。

㉚"萼"，《赵氏铁网珊瑚》卷一一作"蒂"。指环列花朵外面的叶状薄片。一般花萼多五片，而侧面所见仅三片。

㉛点眼名椒：椒，此处指花椒内的黑子。墨梅画法中有"椒眼"一目，是梅花蓓蕾画法中的一种，以墨点蕾如椒子一般。

㉜梢鼠尾：是说画梅梢如鼠尾。

㉝此句是画梅发枝方法，是说梅枝应有曲折，一般可分为三次转折或三个层次，墨色也相应有浓淡变化。

㉞此句是花头的画法，花有正面和背面之分，而花蕊也因花的姿势不同而有多种变化。"枝分"二句与"踢须"二句，《赵氏铁网珊瑚》卷一一颠

倒先后。

㉟夫：发语词，无意义。君：称呼诗题中所说康节庵。

㊱筌蹄：比喻为达到某种目的的手段和工具。筌，捕鱼的笼子。蹄，捕兔的工具，用以系住兔脚，故称蹄。

㊲"重说"，《赵氏铁网珊瑚》卷一一作"曾说"。偈言：佛经中的颂词，四句为一偈。此指上面梳理、介绍的扬补之等人这些画法常识，也像口诀一样。

㊳赘：累赘，啰唆。这是一种自谦的说法。

㊴"疏"，《赵氏铁网珊瑚》卷一一同，《癸辛杂识》前集、《槜李诗系》作"跋"。疏，疏通、解释其义。这里是说，以自己的这首诗，附在画后，作为扬补之等人画法的一种解说，以便于人们了解。同时也包含这样的谦意——以此诗作为康节庵这幅画的一个注脚或跋语。

康不①领此诗，又有许梅谷②者仍求，又赋长律③

浓写花枝淡写梢，鳞皴老干墨微焦④。笔分三踢攒成瓣⑤，珠晕一团工点椒⑥。糁缀蜂须凝笑靥⑦，稳拖鼠尾施长条⑧。尽吹花侧风初急⑨，犹把枝埋雪半消⑩。松竹衬时明掩映⑪，水波浮处见飘飖⑫。黄昏时候胧明月⑬，清浅溪山长短桥⑭。闹里相挨如有意，静中背立见无聊⑮。笔端的历还成戏，轴上纵横不是描⑯。顿觉坐成春盎盎，因思行过雨潇潇⑰。从头总是扬汤法，拚下工夫岂一朝⑱。

[注释]

①"不"，美国大都会艺术博物馆藏卷同，《珊瑚木难》作"子"。

②许梅谷：人名，生平不详，梅谷或为别号，当为一画家。

③长律：排律，因为超过八句，而称长律。

④此句是说老树树干的画法。鳞皴，鱼鳞一样密布的皴皮或裂痕。

⑤此句是花瓣的画法，是说三笔画成一瓣。画谱传言，扬无咎三笔画一瓣，元人王冕两笔画一瓣，而清金农等人则一笔圈一瓣。

⑥此句是说花蕾的画法。椒眼是较小的花蕾，而珠晕应指较大的花蕾。

⑦此句是花头的画法。花冠如笑脸，上缀花须和蕊珠。糁（sǎn）：饭粒，也指散粒状的东西或纷散的状态，此形容花须上的花粉。靥：脸上的酒窝，也指脸上妆饰。

⑧此句是说枝梢的画法。鼠尾，形容其细长的形状。

⑨此句是说梅花的姿态。花朵若多为侧面，则表明有风。"花"，原作"心"，《珊瑚木难》、美国大都会艺术博物馆藏卷同，此据《槜李诗系》卷三改。

⑩此句是说树枝的姿态。雪犹未消时枝应略显被埋之势。"把"，《珊瑚木难》、美国大都会艺术博物馆藏卷同，《槜李诗系》卷三作"带"。

⑪此句是说松竹掩映烘托的取景。

⑫此句是说水边飘零的取景。飘飖，同飘摇。

⑬此句是说黄昏之月烘托梅花或明或暗的取景，林逋诗句"暗香浮动月黄昏"即属其中一种。"胧明月"，美国大都会艺术博物馆藏卷同，《癸辛杂识》、《珊瑚木难》作"朦胧月"。

⑭此句是说以溪山、小桥衬托梅花的取景。

⑮此两句是说画中两梅枝的不同构图，会有不同的效果，或者还包括人与梅枝之间不同组合，也有不同的含义（有意、无聊）。

⑯这两句意思大致相同，是说画家画梅并不描绘形似，画家甚至并不是在画梅，而是梅花自身托迹显现。的历，同的皪，光亮、鲜明的样子。"历"，美国大都会艺术博物馆藏卷作"沥"，《珊瑚木难》作"皪"。"还成戏"，有注"一作明非画"，《癸辛杂识》、《珊瑚木难》、美国大都会艺术博物馆藏卷作"明非画"，或是。

⑰这两句紧承上两句，是说所画梅意境生动，总给人一种如坐春风、如沐春雨的感觉。"潇潇"，美国大都会艺术博物馆藏卷、《槜李诗系》同，朱存理本作"萧萧"。

⑱这两句是说，以上所说都是扬补之、汤正仲的正宗画法，要着力追求，功夫并不只在一天两天。"扬"，美国大都会艺术博物馆藏卷同，《珊瑚木难》作"杨"。

全芳备祖（选录）

[宋] 陈景沂 编

解　题

　　《全芳备祖》是南宋末年编辑、印行的植物（"花果卉木"）专题大型类书，全称《天台陈先生类编花果卉木全芳备祖》，由陈景沂编辑，祝穆订正，福建建阳一带书坊刻印。

　　编者陈景沂，台州天台县（今属浙江）人，号江淮肥遯子、愚一子，生平不详。据《全芳备祖》自序："余束发习雕虫，弱冠游方外，初馆西浙，继寓京庠，暨姑苏、金陵、两淮诸乡校，晨窗夜灯，不倦披阅。记事而提其要，纂言而钩其玄，独于花果草木尤全且备，所集凡四百余门，非全芳乎？凡事实、赋咏、乐府，必稽其始，非备祖乎？"是说童年习诗赋辞章之学，二十岁离乡出游，始寓浙西①，后寓国子监，继而流寓苏州、建康（今江苏南京）及两淮（今苏、皖两省的江淮之间）等地府学，后又至江西、湖南等地漫游。其中以在两淮②的时间最长，《全芳备祖》主要编成于此间。晚年回到浙东，对全书做了一些增补、修订。《全芳备祖》自序所署时间为宋理宗宝祐四年（1256），书当刊印于是年之后、宋亡之前。

　　《全芳备祖》是专题类书。所谓类书，是采集群书，分类编辑的资料性书籍。该书所辑以植物为主，据编者序言所说"独于花果草木尤全且备"，"所集凡四百余门"，故称"全芳"；而于每一植物，所辑有关"事实"、"赋咏"、"乐府"，"必稽其始"，故称"备祖"。虽然实际所辑远不足"四百"门，而各类亦未必着力考源稽始，但由此命名大意亦可见全书的内容梗概。

　　全书分前、后二集，前集 27 卷，后集 31 卷，合计 58 卷。所辑资料分部、分类编列，一种物种为一类，编者称为"门"。前集为花部，列名著录 114 种植物，附录 7 种。后集为果、卉、草、木、农桑、蔬、药等部，合计列名著录 269 种，附录 30 多种，其中植物 274 种。每一门下，分"事实祖"、"赋咏祖"、"乐府祖"三大类。"事实祖"主要辑录各类训释、记载、辞赋等条文，下分"碎录"、"纪要"、"杂著"三子目。"碎录"主要辑录有关该物名称、品种、性状等方面的记载和说明材料；"纪要"主要辑录相关史实、遗闻轶事等记叙性材料；"杂著"则主要辑录辞赋、杂文等作品。"赋咏祖"辑录有关诗歌韵语，下设"五言散句"、"七言散句"、"五言古诗"、"五言绝句"、"五言律诗"、"七言古诗"、"七言绝句"、"七言律诗"等子目，按类辑录诗歌作品。"乐府祖"辑录有关词作，分别以词牌标目，所辑与诗歌不同，均为完篇。上述大、小类目，视其资料多寡，列类或有或无，所辑或多或少，并无定制。所辑条目末尾多有小字略注作者或出处，可资参考或索引。

全书27.5万多字，共辑各类资料7394条，其中"事实祖"1982条，"赋咏祖"4953条，包括完整诗篇2146首，"乐府祖"共辑词作459首，合计完整诗词作品2605首。显然，这是一部文学作品占绝对分量的类书。所辑数据，尤其是"赋咏祖"、"乐府祖"两部分，绝大多数都是宋人作品，称作宋代文学之渊薮，洵不为过。所辑资料中有不少他书不载、原书已佚、传本失收、今本讹误的现象，因而对古籍尤其是宋籍的辑佚、校勘有很大的参考价值，受到文史研究者的盛赞。同时，由于辑录如此丰富而系统的内容，该书被植物学界、农学界誉为"世界最早的植物学辞典"[③]，备受人们重视。宋以后各类圃艺类著述和各类类书中的花卉植物部分大多取材乃至直接抄录该书的内容，产生了很大的影响。

我们这里选取该书与梅有关的部分。该书第一卷为梅花，"花王"牡丹居第二，第四卷为红梅、蜡梅。梅与红梅为一种植物，不同品种而已。蜡梅与梅不同类，前者是蜡梅科蜡梅属植物，后者属蔷薇科李属植物，差别较大，但因花期相同，花香相似，古人多视作一类。从植物学角度说，不是一类，从文化角度而言，则是一物。第一卷即梅花卷在全书各卷中篇幅最大，共辑各类材料371条，其中完整作品201首，第四卷中红梅门共辑39条、蜡梅61条，后集第四卷梅（果）门辑39条。三卷合计510条，占了全书总条目的近7％。其中完整诗词作品259首，占全书完整诗词作品的近 10%，可见梅花（含红梅、蜡梅）在全书中的分量。这些丰富的内容，反映了六朝至宋代尤其是两宋时期咏梅创作的繁盛，其中不少作品和散句仅见于此书，值得我们重视。这些内容成了元以来各类梅花著述最常用的材料，成了人们关于梅、梅花、红梅、蜡梅等最基本的知识来源、资料信息和作品集锦。

《全芳备祖》海内仅见抄本流传，存世刻本仅有日本宫内厅书陵部所藏残本，存前集第 14 ~ 27 卷，后集第 1 ~ 13 卷、第 18 ~ 31 卷。我们这里所选内容据浙江古籍出版社 2014 年 11 月版程杰、王三毛点校本《全芳备祖》。该本以日藏刻本为底本，残缺部分以南京图书馆所藏原八千卷楼藏抄本《天台陈先生类编花果卉木全芳备祖》配补，与日藏刻本全貌最为接近。《全芳备祖》以资料价值为主，为节省篇幅，此处只就所辑资料的作者或文献出处略作说明，方便读者据以检索，对条目内容不作解释。

[注释]

①宋代的两浙西路，约当今浙江杭州市、嘉兴市、湖州市，江苏省苏州市、无锡市、常州市、镇江市及上海市辖境。南宋时浙西主要官署驻平江府，即今苏州市，所谓"西浙"，主要指苏州一带。

②两淮：指宋淮南东路、淮南西路，包括今江苏省、安徽省和湖北省东部江淮之间的广大地区。

③吴德铎《〈全芳备祖〉跋》，陈景沂《全芳备祖》（农业出版社 1982 年版）卷末。

天台陈先生类编花果卉木全芳备祖 (选录)

天台陈先生类编花果卉木全芳备祖卷之一 （花部·梅花）

江淮肥遁愚一子　陈景沂　编辑

建　　安　祝　穆　订正

事实祖

碎　录

上林苑有朱梅、同心梅、紫蒂梅。（《西京杂记》）

大庾岭上梅花南枝落，北枝开。（《六帖》）[1]

梅花本笛中曲。（宋·鲍照）[2]

[注释]

①《六帖》：六帖本是唐进士、明经科考试科目。相传白居易按类编录各类常用典故知识，名《六帖》，宋人孔传增补，合称《白孔六帖》。

②：鲍照（？～466）：字明远，祖籍东海（治今山东郯城），南朝宋著名诗人。古籍亦有不少写作"鲍昭"，《全芳备祖》诸本多作"鲍昭"，下文一并依通行作"鲍照"，不再一一说明。

纪　要

梁何逊在扬州法曹，廨舍有梅花一株，逊吟咏其下。后居洛思梅化，再请其任，从之。抵扬州，花方盛，逊对花彷徨。（杜诗注）[1]

宋武帝女寿阳公主人日卧于含章檐下，梅花落于公主额上，自

后有梅花妆。今安丰军有花靥镇，即其地也。(《杂五行书》)②

隋开皇中，赵师雄迁罗浮。一日天寒日暮，于松林间酒肆旁舍，见美人淡妆素服出迎。时昏黑，残雪未消，月色微明。师雄与语，言极清丽，芳香袭人，因与扣酒家门共饮。少顷，一绿衣童子笑歌戏舞，师雄醉寝，但觉风寒相袭。久之东方已白，起视在大梅花林下，有翠羽刺嘈相顾，月落参横，惆怅而已。(《龙城录》)③

宋广平为相，其端资劲质，刚态毅状，疑其铁石心肠，不解吐婉媚词，然观其文，而有《梅花赋》，清新富艳似南朝徐庾体，殊不类其为人也。(皮日休《桃花赋序》)

李白游慈恩寺，僧献绿英梅。(《六帖》)

元稹为翰林承旨，朝退行至廊下，初日映九英梅，隙光射稹，有气勃勃然。百僚望之曰，岂肠胃文章，映日可见乎？(《常朝录》)④

袁丰之宅后有梅六株，开时曾为邻屋烟气所烁，乃围泥塞灶，张幕闭风，久而又拆其屋，曰冰姿玉骨，世外佳人，但恨无倾城之笑耳。(《桂林记》)⑤

[注释]

①杜诗注：杜甫诗歌的注释。

②《杂五行书》：北魏《齐民要术》已见引用，当是两汉、魏晋之际阴阳五行家著作，宋武帝公主之事见于该书，有些不可思议。梅花妆之事不见于初唐《艺文类聚》、《北堂书钞》及盛唐《初学记》等大型类书。《太平御览》卷三〇时序部、卷九七〇果部两载此事，出处分别作《杂五行书》、《宋书》，后世关于此事出处两说即本于此，均不可靠。唐韩鄂《岁华纪丽》卷一"人日"辑录此事，未明出处，然是书为明人伪托，不足取信。

③《龙城录》：传为唐柳宗元撰，今人考证，多认为是北宋后期人托名编纂。

④《常朝录》：著者、内容俱不明，传晚唐冯贽《云仙杂记》、宋《锦绣万花谷》引用。

⑤《桂林记》：未详何著，此条也见《云仙杂记》、《锦绣万花谷》引

用，注称出《桂林记》。

杂　著

欧阳文忠公极赏"疏影暗香"之句，而不知和靖别有一联"雪后园林才半树，水边篱落忽横枝"，胜彼二句。不知欧阳公何缘弃此而赏彼耶。（苕溪渔隐评）[①]

王直方又爱和靖"池水倒窥疏影动，屋檐斜入一枝低"，谓此二句与前联相为伯仲，而今渔隐独不喜"池水、屋檐"二句，以谓略无佳处，而一蟹不如一蟹。（山谷[②]诗话）

王晋卿谓林和靖"疏影、暗香"之句，若杏与桃李皆可用也，东坡以为不然，杏与桃李安敢承当。（《东坡志林》)[③]

梅，天下尤物，无问智贤、愚不肖，莫敢有异议。学圃之士必先种梅，且不厌多，他花有无、多少，皆不系轻重。余于石湖玉雪坡既有梅数百本，比年又于舍南买王氏僦舍七十楹，尽拆除之，治为范村，以其地三分之一与梅。吴下栽梅特盛，其品不一，今始尽得之。随所得为之谱，以遗好事者。

江梅，遗核野生，不经栽接者。又名直脚梅。凡山间水滨、荒寒迥绝之处，皆此本也。花稍小，而疏瘦有韵，香最清，实小而硬。

早梅，花至前已开，故得早名，要非风土之正，杜子美云"梅蕊腊前破，梅花年后多"，惟冬春之交，正是花时尔。

消梅，其实圆脆，多液无滓，多液则不耐日干，故不入煎造，亦不宜熟，惟堪青唊。

古梅，其枝樛曲万状，苍藓鳞皴，封满花身。又有苔须垂于枝间，或长数寸，微风扬绿，能飘可玩。成都三十里有卧梅，偃寒十余丈，相传唐物也。清江酒家有大梅，如数间屋，可罗坐数十人。余平生见梅奇古，惟此两处。

重叶梅，花头甚丰，叶重数层，盛开如小白莲，梅中之奇品。

花房独出，而结实多双，尤为瑰异。

绿萼梅，凡梅花跗蒂皆绛紫色，惟此绝绿，枝梗亦青，好事者比之仙人萼绿华。京师艮岳有萼绿华堂，其下专植此本。

百叶缃梅，一名千叶香梅，花小而密。

鸳鸯梅，多叶红梅也。凡双果必并蒂，惟此一蒂而结双梅。

杏梅，花比红梅色微淡，结实甚匾，有烂斑，色全似杏，味不及红梅。

梅以韵胜，以格高，故以横斜疏影与老枝奇怪者为贵。其新接稚木，一岁抽嫩枝直上，或三四尺，如酴醾、蔷薇者，吴下谓之气条。此直取实规利，无所谓韵与格矣。又有一种粪壤力胜者，于条上茁短横枝，状如棘针，花密缀之，亦非高品。近世始画墨梅，江西有扬补之④者，尤有名，其徒仿之者实繁。观扬氏画，大略皆气条耳，虽笔法奇峭，去梅实远。惟廉宣仲⑤所作，差有风致，世鲜有评之者，余故附之谱后。（并石湖范至能⑥《梅谱》）

梅之肇于炎帝之经，著于《说命》之书、《召南》之诗，然以滋不以象，以实不以华也。岂古之人皆质而不尚其华欤？然华如桃李，颜如舜华，不尚华哉？而独遗梅之华，何也？至楚之骚人，饮芳而食菲，佩芳馨而服蕝藻，尽掇天下之香草嘉木，以苾芬其四体，而金玉其言语文章，尽远取江蓠、杜若，而近舍梅，岂偶遗之欤，抑亦梅之未遭欤？南北诸子如阴铿、何逊、苏子卿，诗人之风流至此极矣，梅于是时，始以花闻天下，及唐之李杜、本朝之苏黄，崛起千载之下，而蹒藉千载之上，遂主风月花草之夏盟，而于其间首出桃李、兰蕙而居客之左，盖梅之有遭，未有盛于此时者也。然色弥彰，用弥晦，花弥利，实弥钝也。梅之初服，岂其端使之然哉，前之遗、今之遭信然欤？吾友洮湖陈希颜，盖造次必于梅，颠沛必于梅者也。嘉爱之不足，而吟咏之，吟咏之不足，则尽取古人赋梅之作，而赓和之。寄一编以遗予曰，从古此诗已八百篇矣，不盈千篇吾未止也。予读之而惊曰，抑何丰耶，丰而不奇则亦长耳，亦何奇耶。余尝爱阴铿诗云"花舒雪尚飘，照日不俱销"，苏子卿云"只言花是雪，不悟有香来"，唐人崔道融诗云"香中别有韵，清极不知寒"，是三家者岂畏"疏影横斜"之句哉？希颜之诗同梅而清，清在梅前，同梅而馨，馨在梅后，其于三家，所谓未闻以千里畏人者也。或谓物蠹则妖兴，梅亦有妖，希颜此诗，非希颜语也，梅之妖凭希颜而语也。或曰非彼凭乎此尔，系此即彼乎尔。夫语怪圣门所讳，予又乌知二说之然不然哉，因并书之。（诚斋杨廷秀[7]《洮湖和梅诗序》）

[注释]

①苕溪渔隐评：此指南宋胡仔《苕溪渔隐丛话》中胡仔的评论。

②山谷：北宋诗人黄庭坚，号山谷。

③《东坡志林》：苏轼所撰笔记集。苏轼号东坡。

④扬补之：名无咎，字补之，号逃禅老人、清夷长者，江西清江（今江西樟树市西）人，以墨梅著名于时。"扬"，原作"杨"，以下并改，不一一说明。

⑤"廉宣仲"，八千卷楼本、碧琳琅馆本、汲古阁本、四库本均作"广宣"，此据谢维新《事类备要》别集卷二二、范成大《范村梅谱》后序改。廉宣仲，名布，字宣仲，号射泽老农，楚州山阳（今江苏淮安）人，宣和三年（1121）进士，善画枯木古梅。

⑥石湖范至能：南宋诗人范成大，字至能，号石湖居士。

⑦诚斋杨廷秀：南宋诗人杨万里，字廷秀，号诚斋。

赋咏祖

五言散句

雪岸丛丛梅。（杜甫）

雪篱梅可折。

江路野梅香。

梅花南岭头。（李白）

林香雨落梅。

露梅飘暗香。（元稹）

梅往误寻香。

只言花是雪，不信有香来。（子卿）①

花舒雪尚飘，照日不俱销。（阴铿）

人怀前岁别，花发去年枝。（梁元帝）

香中别有韵，清极不知寒。（崔道融）

冻白雪为伴，寒香风是媒。（唐求）

梅蕊腊前破，梅花年后多。（杜甫）

偏惊万里客，已复一年来。（张说）

不随妖艳开，独媚元冥节。（韦庄）

朔风飘夜香，繁露滋晓白。（柳宗元）

素艳雪凝树，清香风满枝。（许浑）

独攀南国树，遥寄北风诗。（张九龄）

行客凄凉过，村篱冷落开。（钱起）

芳意何能蚤，孤荣亦自危。（张九龄）

江南寒意薄，未腊见梅芳。（宋景文）②

傍风斜夕脸，呵雪噤晨妆。

泪尽羌人笛，魂消越使乡。

争持白玉萼，共插翠云鬟。（晏元献）③

清香侵研水，寒影伴书灯。（张文潜）④

色轻花更艳，体弱香自永。（陈无己）⑤

朵露寻开处，香闻瞥过时。（文与可）⑥

何曾逢寄驿，空自听吹笛。（梅圣俞）⑦

似畏群芳妒，先春发故林。

枝南已零落，羌笛寄余音。

蚕烟笼玉暖，冻雨浴时凝。

侠骨香经浴，冰肤冷照邻。（刘原父）[8]

色如虚室白，香似主人清。（温公）[9]

冷香疑到骨，琼艳几堪餐。（王岐公）[10]

影寒垂积雪，枝薄带春冰。（晁具茨）[11]

洗我碧铜壶，荐此白玉枝。（张于湖）[12]

阳萌知独复，岁寒见孤洁。（赵庸斋）[13]

[注释]

①子卿：苏子卿，南朝陈诗人。

②此条出宋祁《南方未腊梅花已开，北土虽春未有秀者，因怀昔时赏玩，成忆梅咏》，见《景文集》卷二〇。宋景文：北宋文学家、史学家宋祁，字子京，谥景文。

③晏元献：北宋词人晏殊，字同叔，谥元献。

④张文潜：北宋诗人张耒，字文潜，"苏门四学士"之一。

⑤陈无己：北宋诗人陈师道，字无己，"苏门六君子"之一。

⑥文与可：北宋画家、诗人文同，字与可。

⑦梅圣俞：北宋诗人梅尧臣，字圣俞。

⑧刘原父：北宋诗人刘敞，字原父。

⑨温公：北宋史学家司马光，封温国公。

⑩王岐公：北宋政治家王珪，封岐国公。

⑪晁具茨：北宋诗人晁冲之，号具茨。

⑫张于湖：南宋诗人张孝祥，号于湖居士，有《于湖集》。

⑬赵庸斋：南宋诗人赵汝腾，字茂实，号庸斋，有《庸斋集》。然此句又见于宋陈棣《蒙隐集》卷一五《先春赋梅一首》诗中，或为陈棣诗句。南宋诗人赵葵，字南仲，号信庵，也号庸斋。此处非指赵葵。

七言散句

山意冲寒欲放梅。（杜甫）

未将梅蕊惊愁眼。

庾岭梅花落歌管。（李白）

唤醒千林黄落时。（徐玉汉）①

相思一夜梅花发，忽到窗前疑是君。（韩退之）②

巡檐索共梅花笑，冷蕊疏枝半不禁。（杜甫）

安得健步移远梅，乱插繁花向晴昊。

强半瘦因前夜雪，数枝愁向晚来天。（崔橹）

雪中未问和羹事，且向百花头上开。（王曾）

风清月落无人见，洗妆自趁霜钟早。（东坡）

江南无雪春瘴生，为散冰花除热恼。

为君栽向南堂下，记取他年著子时。

额黄映日明飞燕，肌粉含风冷太真。（王荆公）③

雪中林卉皆相似，认得清香寄一枝。（宋景文）

卷帘初认云犹冻，逆鼻浑疑雪欲香。（张文潜）

我爱梅花不忍折，清香却解逐人来。

平生常恨逢梅少，及对江梅无好诗。

谁知檀萼香须里，已有调羹一点酸。

正如隐者居幽谷，鹤陇征书未到家。（张芸叟）④

甘心结子待君来，洗雨梳风为谁好。（秦少游）⑤

淡泊自能知我意，幽闲元不为人奇。（山谷）

凡花俗草败人意，晚见琼蕤不恨迟。

及取江南来一醉，明朝花作玉尘飞。

探得东皇第一机，水边风月笑横枝。

未开素质夜先明，半落清香春更好。（苏颍滨）⑥

不与牡丹争地望，后堂深院暂时春。（丁晋公）⑦

薄薄远香来涧谷，疏疏寒影近房栊。（梅圣俞）

常是腊前欺雪色，却惊春半见琼姿。

水边攀折此中女，马上嗔寻何处郎。

驿使前时走马回，北人初识越人梅。

台前日暖分三色，林下风清共一香。（温公）

独有小梅香漠漠，陆行随马水随舟。（陶弼）

姑射神人冰作体，广寒仙女玉为容。（石曼卿）⑧

月中欲与人争瘦，雪后偷凭笛诉寒。

尤怜心事凄凉甚，结子青青亦带酸。

美人与月正同色，客子折梅空断肠。（孙何）

北风号夜天雨霜，屋头梅花晨洗妆。（王元之）⑨

风月精神珠玉骨，冰雪簪珥琼瑶珰。

天意自怜群木妒，尽教枯卉作琼林。（李观）

落去能无怨羌笛，折来端是乱乡愁。（刘原父）

幽香粉艳谁人见，时有山禽入树来。（蔡君谟）⑩

只应王母专轻巧，剪碎天边乱白云。（康节）⑪

角中飘去凄于骨，笛里拈来妙入神。

愁眼不供千树雪，醉头犹奈一枝春。（陈子高）⑫

饮罢流连未归去，更来花下捧茶瓯。（曾文昭）⑬

一萼故应先腊破，百花浑未觉春来。（晁无咎）⑭

一树轻明侵晓岸，数枝清瘦映疏篱。（参寥）⑮

因知东阁一般兴，不减扬州千载人。（韩子苍）⑯

梢横波面月摇影，花落樽前酒带香。（洪觉范）⑰

老夫只学龟藏六，未羡梢头首面新。（周益公）⑱

春风略不扶人醉，月到梅花最末梢。（杨廷秀）

虚过一冬妨底事，不曾款曲是梅花。

琪树横枝吹脑子，玉妃乘月上瑶台。

竹映梅花花映竹，翠毛障子玉妃图。

两树相挨前后发，老夫一月不烧香。

孤竹之管求孙枝，汝盎早定归山期。（陈止斋）⑲

轿窗冻损孤吟客，瘦石棱棱见一枝。（陈古涧）⑳

檐端疏竹前生瘦，瓶里寒梅到死香。（巩栗斋）㉑

夜深更拥寒衾坐，明月梅花共一窗。（楼梅麓）㉒

落尽梅花心事恶，独搔蓬鬓绕残枝。（刘后村）㉓

至白世间为玉雪，不如伊处为无香。

世间尤物难调护，寒怕开迟暖怕飞。

故园芳事无人管，到处梅花动客情。（吴履斋）㉔

不忍骤开还骤落，殷勤含蕊待君来。（江古心）㉕

才有数花香便远，更无一叶影方奇。（赵山台）㉖

月香试看犹清绝，一在枝头一在窗。（王腥轩）㉗

有客骑驴过桥去，不因觅句定寻梅。（崔稼谷）㉘

评题合去数竿竹，要放梅花出一分。（刘招山）㉙

劝君莫把《离骚》读，见说梅花恨未平。（郑上村）㉚

玻璃盘捧玉卮稳，翡翠钿沾粉面香。（惠寓庵）㉛

半树昂藏多友竹，数枝消瘦只依苔。（陈省斋）㉜

徐妃半面粉包萼，荀令一炉香袅枝。（秦敏）

已消残雪豆秸灰，斜压疏篱一半开。（卢襄）

冷香渐欲熏诗梦，落片犹能覆砌苔。（陈如心）㉝

小窗细嚼梅花蕊，吐出新诗字字香。（刘翰）

短笛楼头三弄夜，前村雪里一枝春。（舒信道）㉞

暗吐幽香穿别院，半敧斜影入寒塘。（田元邈）㉟

明朝有约谁先到，手掐花梢记月痕。（李碧山）㊱

古驿路边烟雨暮，孤庄篱畔水云寒。（王性之）㊲

乘淡月时和雪看，斫苍苔地带花移。（陈省斋）㊳

月暮瘦影横窗淡，雨沐疏花照水明。（周海陵）㊴

仙客风中飘素袂，玉妃月下试新妆。（王梅溪）㊵

梅花竹里无人见，一夜吹香过石桥。（姜白石）^㊶

禽翻竹叶霜初下，人立梅花月正高。（赵紫芝）^㊷

石畔长来枝易老，竹间瘦得萼全清。（徐致中）^㊸

槎牙老树得春早，摘索好枝和雪攀。（戴石屏）^㊹

水池照影何须月，雪岸闻香不见花。

每遇花时人竞取，只愁斫尽春风枝。

四海知心是明月，一生结客是梅花。（徐抱独）^㊺

暮云春雪江南北，回首人生叹路岐。（厉小山）^㊻

起倚梅花读《周易》，一窗明月四檐声。（魏鹤山）^㊼

丁宁童子休教扫，留取窗前当雪看。（船窗僧）^㊽

何消百万西湖宅，遇有梅花便可居。（赵竹所）^㊾

近来行辈无和靖，见说梅花不要诗。（高菊涧）^㊿

蜂黄涂额半含蕊，鹤膝翘空疏带花。（戴石屏）

[注释]

① "徐玉汉"，一本作"徐玉溪"，名字未详。

② "韩退之"，误。此条出卢仝《有所思》，见其《玉川子诗集》卷二。韩退之，唐代文学家韩愈，字退之。

③ 王荆公：北宋政治家、文学家、思想家王安石，曾封荆国公。

④ 张芸叟：北宋诗人张舜民，字芸叟。

⑤ 秦少游：北宋诗人秦观，字少游，"苏门四学士"之一。

⑥ 苏颍滨：苏辙（1039～1112），苏轼弟，北宋著名文学家，古文"唐宋八大家"之一，字子由，晚年号颍滨遗老。

⑦ 丁晋公：北宋真宗朝宰相丁谓，曾封晋国公。

⑧ 石曼卿：北宋诗人石延年，字曼卿。

⑨ 王元之：北宋文学家、政治家王禹偁，字元之。此条及下一条均出张耒《观梅》诗，见《张右史文集》卷一一。

⑩ 蔡君谟：北宋文学家、书法家蔡襄，字君谟。

⑪ 康节：北宋理学家邵雍，谥康节。

⑫陈子高：南北宋之交诗人陈克，字子高。

⑬曾文昭：北宋文学家曾肇，谥文昭，曾巩弟。

⑭此条出晁补之《次韵李秬梅花》，见《鸡肋集》卷一八。晁补之（1053～1110），字无咎，宋济州巨野（今属山东）人，与黄庭坚、秦观、张耒并称"苏门四学士"。

⑮参寥：北宋著名僧人、诗人释道潜，号参寥子，与苏轼交善。

⑯韩子苍：北宋诗人韩驹，字子苍。

⑰洪觉范：北宋著名僧人释德洪，一名惠洪，俗姓喻，号觉范。

⑱周益公：南宋政治家、文学家周必大，封益国公。

⑲陈止斋：南宋思想家、诗人陈傅良，晚年榜其居室为止斋，人称止斋先生。

⑳陈古涧：姓陈，号古涧，当为南宋后期或与陈景沂同时诗人，存世作品唯见《全芳备祖》所收。

㉑巩栗斋：南宋诗人巩丰，号栗斋。

㉒楼梅麓：南宋诗人楼扶，号梅麓。

㉓刘后村：南宋著名诗人刘克庄，号后村。

㉔吴履斋：南宋政治家、文学家吴潜，号履斋。

㉕江古心：南宋诗人江万里，号古心。

㉖赵山台：南宋诗人赵汝绩，字庶可，号山台。

㉗王臞轩：南宋诗人王迈，字实之，号臞轩。

㉘崔稼谷：生平不详，姓崔，字或号稼谷。此句仅见于《全芳备祖》。

㉙刘招山：生平不详，姓刘，字或号招山。此句仅见于《全芳备祖》。

㉚郑上村：生平不详，姓郑，字或号上村。此句又见于《诗渊》第4册第3259页《梅氏梅楼》诗，原四句。

㉛惠寓庵：生平不详，当姓惠，号寓庵。此句仅见于《全芳备祖》。

㉜陈省斋：生平不详，姓陈，号省斋。此句仅见于《全芳备祖》。

㉝陈如心：生平不详，此句又见《锦绣万花谷》卷七卢襄咏梅七律腹联，作"冷香渐欲熏诗梦，落叶尤能韵砌台"。

㉞舒信道：北宋诗人舒亶，字信道，号懒堂。

㉟田元邈：北宋诗人田亘，字元邈。

㊱李碧山：南宋诗人李楫，字商卿，号碧山。

㊲王性之：北宋诗人王铚，字性之，号汝阴老民。

㊳此句见于陆游《山亭观梅》诗。

㊴周海陵：南宋诗人周麟之，祖籍郓县，移居海陵（今江苏泰州），有《海陵集》。此为其《观梅》诗句。"沐"，本集作"浴"。

㊵王梅溪：南宋诗人王十朋，绍兴二十七年（1157）进士第一，号梅溪。

㊶姜白石：南宋词人姜夔，号白石道人。

㊷赵紫芝：南宋诗人赵师秀，字紫芝。

㊸徐致中：南宋诗人徐玑，字文渊，一字致中。

㊹戴石屏：南宋诗人戴复古，号石屏。

㊺徐抱独：南宋诗人徐逸，号竹溪，又号抱独子。

㊻厉小山：厉文翁，字圣锡，号小山，宋婺州（今浙江金华）人，曾知绍兴府、庆元府、临安府，景定元年（1260）为两浙制置使，咸淳三年（1267）致仕。

㊼魏鹤山：南宋理学家魏了翁，号鹤山。

㊽船窗僧：也作船窗、僧船窗，《永乐大典》引作释辉，或船窗名释辉。

㊾赵竹所：宋末诗人赵孟淳，字子真，赵孟坚弟，号竹所。此句见其《题梅》诗，见清沈季友《檇李诗系》卷一三。宋代另有赵崇滋，字泽民，号竹所，永嘉人，宁宗嘉定十年（1217）进士。

㊿高菊涧：南宋诗人高翥，字九万，号菊涧。

五言古诗

兔园标物序，惊时最是梅。冲霜当路发，映雪拟寒开。枝横却月观，花绕凌风台。朝洒长门泣，夕驻临邛杯。应知早飘落，故逐上春来。（何逊）

梅将雪共春，彩艳不相因。逐次能争密，排枝巧妒新。谁令香满坐，独使净无尘。芳意饶呈瑞，寒光助照人。玲珑今已遍，点缀坐来频。那是俱疑似，须知两逼真。荧煌初乱眼，浩荡忽迷神。未许琼华比，将从玉树亲。先期迎献岁，更伴占兹辰。愿得长辉映，轻微敢自珍。（昌黎）①

早梅发高树，迥映楚天碧。朔风飘夜香，繁霜滋晓白。欲为万里赠，杳杳山水隔。寒英坐销落，何用慰远客。（柳子厚）②

风雪集岁莫，江梅开不迟。朝来幽窗底，明珰缀青枝。上天播淑气，百卉分四时。寒村直西子，是以昌吾诗。（陈简斋）③

野梅空山中，正为照人开。如何绿窗底，疏影带苍苔。颇似古君子，无人自不谐。竹径酒初醒，一信清香来。（林雪巢）④

[注释]

①昌黎：唐代文学家韩愈，字退之，祖籍昌黎，有《昌黎先生集》。

②柳子厚：唐代文学家柳宗元，字子厚。

③陈简斋：南北宋之交诗人陈与义，号简斋。

④林雪巢：南宋诗人林宪，字景思，号雪巢。

五言古诗散联

空山有佳人，寒林弄孤芳。晓分天女白，夜夺嫦娥光。（韩子苍）

轻盈照溪水，掩敛下瑶台。如雪聊相比，欺春不逐来。（杜牧之）①

梅将雪共春，彩艳不相因。逐吹能争密，排枝巧妒新。（韩退之）

蒂是团青蜡，花非刻素纨。直言南雪少，犹自北枝寒。（韩子苍）

桃李艳阳态，笑我不入时。松竹贫贱交，却是同襟期。（曾求

父）②

梅清不受尘，日净本无垢。微风更解事，排遣香入牖。（谢溪堂）③

前有水边横，后有竹外斜。但作如是观，桃李亦可夸。（陈止斋）

[注释]

①杜牧之：唐代诗人杜牧，字牧之。

②"求父"，一本作"裘父"，或是。曾求父、曾裘父，均未见他处有载。

③谢溪堂：北宋诗人谢逸，字无逸，号溪堂居士。

五言绝句

折梅逢驿使，寄与陇头人。江南无所有，聊赠一枝春。（晋·陆凯）

绝讶梅花晚，争来雪里窥。下枝低可见，高处远难知。（梁·简文帝）

不愁风袅袅，正奈雪垂垂。暖热惟凭酒，平章却要诗。（庾信）①

迎春故早发，独自不疑寒。畏落众花后，无人别意看。（陈·谢燮）②

茅舍竹篱短，梅花吐未齐。晚来溪径侧，雪压小桥低。（杜甫）③

曾把早梅枝，思君在别离。虽云有万里，万里有还期。（蔡君谟）

墙角数枝梅，凌寒独自开。遥知不是雪，惟有暗香来。（王荆公）

十月冻墙隈，英英见早梅。应从九地底，先领一阳来。（文与

可)

独自不争春，初无一点尘。忍将冰雪面，所至媚幽人。（吕居仁）④

客行满山雪，香处是梅花。丁宁明月夜，认取影横斜。（陈简斋）

晓天青脉脉，玉面立疏枝。山中尔许树，独汝负人诗。

南山如佳人，迥立不可亲。而况得道者，其间梅子真。（赵介庵）⑤

昨夜雪初霁，寒梅破蕾新。满头虽白发，聊插一枝春。（蒋之奇）

溪岸有残雪，江梅开瘦枝。徘徊不忍折，只作看花诗。（张于湖）

雾质云为屋，琼肤玉作囊。花明不是月，夜静偶闻香。（杨廷秀）

雪已都销去，梅能小住无。雀争飞落片，蜂猎未蔫须。

酒力欺寒浅，心清睡较迟。梅花擎雪影，和月度疏篱。（赵信庵）⑥

[注释]

①此条出朱熹《清江道中见梅》诗，见其《晦庵集》卷五。《锦绣万花谷》后集卷三八也作朱熹诗，然前条出处注释"出庾信"，《全芳备祖》此条或抄此而误书。

②此指南朝陈诗人谢燮。

③此条实出俞清老《冬日》诗，见吴师道《敬乡录》卷二。俞清老，北宋诗人俞澹，字清老，兄俞紫芝，字秀老，与王安石有交往。

④吕居仁：南北宋之交诗人吕本中，字居仁。

⑤赵介庵：南宋诗人赵彦端，字德庄，号介庵。

⑥赵信庵：南宋诗人赵葵，字南仲，号信庵，一号庸斋。

五言八句

万木冻欲折，孤根暖独回。前村深雪里，昨夜一枝开。风递幽香去，禽窥素艳来。明年还应律，先发应春台。（齐己）

梅蕊腊前破，梅花年后多。绝知春意早，最奈客愁何。雪树元同色，江风亦自波。故园不可见，巫峡郁嵯峨。（杜甫）

江梅且缓飞，前辈有歌词。莫惜黄金缕，难忘白雪枝。吟看归不得，醉嗅立如痴。和雨和烟折，含情寄所思。（郑谷）

玉骨绝纤尘，前生清净身。无花能伯仲，得雪愈精神。冷淡溪桥晓，殷勤江路春。寒郊瘦岛外，同气更何人。（蒋荆溪）①

疏枝横玉瘦，小萼点珠光。一朵忽先变，百花皆后香。欲传春信息，不怕雪埋藏。玉笛休三弄，东君正主张。（陈同父）②

几度寻春信，空归及暮鸦。试摇枝上雪，恐有夜来花。望月穿深坞，迎风立浅沙。若同桃李发，谁肯到山家。（左经臣）③

[注释]

①蒋荆溪：北宋诗人蒋之奇，字颖叔，常州宜兴人，有《荆溪集》。

②陈同父：南宋文学家陈亮，字同甫，也写作同父，号龙川。

③左经臣：北宋诗人左纬，字经臣，号委羽居士。

七言古诗

西湖处士骨应槁，只有此诗君压倒。东坡先生心已灰，为爱君诗被花恼。多情立马待黄昏，残雪销迟月出早。江头千树春欲暗，竹外一枝斜更好。孤山山下醉眠处，点缀裙腰纷不扫。万里春随逐客来，十年花送佳人老。去年花开我已病，今年对花浑草草。不知风雨卷春归，收拾馀香还畀昊。（东坡）

春风岭上淮南村，昔年梅花曾断魂。岂知流落复相见，蛮烟蜒雨愁黄昏。长条半落荔枝浦，卧树独秀桃榔园。岂惟幽光留夜色，直恐冷艳排冬温。松风亭下荆棘里,两株玉蕊明朝暾。海南仙云娇坠砌,月下缟衣来扣门。酒醒梦觉起绕树,妙意有在终无言。先生独饮勿叹息,幸有落月窥清樽。(东坡)

罗浮山下梅花村,玉雪为骨冰为魂。纷纷初疑月挂树,耿耿独与参横昏。先生索居江海上,悄如病鹤栖荒园。天香国艳肯相顾,知我酒熟诗清温。蓬莱宫中花鸟使,绿衣倒挂扶桑暾。抱丛窥我方醉卧,故遣啄木先敲门。麻姑过君急洒扫,鸟能歌舞花能言。酒醒人散山寂寂,惟有落蕊黏空樽。(又)

玉妃谪堕烟雨村,先生作诗与招魂。人间草木非我对,奔月偶桂成幽昏。暗香入户寻短梦,青子缀枝留小园。披衣连夜唤客饮,雪肤满地聊相温。松明照坐愁不睡,井花入腹清而暾。先生年来六十化,道眼已入不二门。多情好事馀习气,惜花未忍终无言。留连一物吾过矣,笑领百罚空罍樽。(又)

北风日日霾江村,归梦正尔劳营魂。忽闻梅蕊腊前破,楚客不爱兰佩昏。寻幽旧识此堂古,曳杖偶集仙家园。岚阴春物未全到,邂逅只有南枝温。冷光自照眼色界,雪艳未怯扶桑暾。遥知云台溪上路,玉树十里藏山门。自怜尘羁不得去,坐想佳处知难言。但对君诗慰岑寂,已似共倒花前樽。(朱文公)[①]

罗浮山下黄家村,苏仙仙去馀诗魂。梅花自入三叠曲,至今不受蛮烟昏。佳名一但异凡木,绝艳千古高名园。却怜冰质不自暖,虽有步障难为温。羞同桃李媚春色,敢与葵藿争朝暾。归来只有修竹伴,寂历自掩疏篱门。方知真意还有在,未觉浩气终难言。一杯劝汝吾不浅,要汝共保山林樽。(又)

江梅欲破江南村,无人解与招芳魂。朔云为断蜂蝶信,冻雨一洗烟尘昏。天怜绝艳世无匹,故遣寂寞依山园。自吹羌笛娱夜永,未要邹律回春温。连娟窥水堕残月,的皪泣露晞晨暾。海山清游记上界,衰病此日空柴门。相逢不敢话畴昔,能赋岂必皆成言。雕镌

肝肾竟何益，况复制酒哦空樽。（又）

桃花能红李能白，春深无处无春色。不应尚有数枝梅，可是东君苦留客。向来开处当严冬，李花未白桃未红。即今已是丈人行，勿与年少争春风。（唐子西）

梅花耿耿冰玉姿，杏花淡淡注胭脂。两花相娇不相下，各向春风同索价。折来双插一铜瓶，旋汲井花浇使醒。红红白白看不足，更遣山童烧蜡烛。（杨诚斋）

去年看梅南溪北，月作主人梅作客。今年看梅荆溪西，冰为风骨玉为衣。腊前欲雪竟未雪，梅花不惯人间热。横枝憔悴浣晴埃，端令羞面不肯开。缟裙夜诉玉皇殿，乞得天花来作伴。三更滕六驾海神，先遣东风吹玉尘。梅仙晓沐银浦水，冰肤别放瑶林春。诗人莫作雪前看，雪后精神添一半。（又）

春脚移从何处来，未到百花先到梅。南枝初著三两蕊，北枝沍寒犹未开。昨夜东风破寒腊，南枝北枝尽披拂。不须羯鼓喧春雷，一点阳和香自发。（易寓言）

山前山后雪成堆，朔风撼地声如雷。孤根受死忍寒冻，直向百花头上开。寻春游子不爱惜，马蹄踩践花狼籍。芳姿不肯被消磨，饱尽炎凉方结实。（王瞿轩）②

[注释]

①朱文公：南宋著名理学家、文学家朱熹，字元晦，号晦庵，谥文。

②此条出王迈《梅花吟》诗，见《瞿轩集》卷一三。

七言古诗散句

惊嗟怪怪文人行，缟衣蓝缕冰斫肌。莓苔雪片冻不飞，玉饰其末玑衡欹。貌姑之仙下缥缈，苍虬为架羽葆希。

海边憔悴多情客，想见一枝寒玉色。愿君攀折赠馀香，勿使随风自狼籍。（曾文肃）①

东风知君将出游，玉人迥立林之幽。欹墙数苞乃尔瘦，中有万斛江南愁。（陈简斋）

碧桃丹杏何自妍，嚼蕊嗅香无此好。东溪不见谪仙人，江路还逢少陵老。（参寥子）

忽逢绿衣鬟如云，歌舞醉人睡昏昏。觉来但有风相袭，梦断初无香返魂。（周益公）

青帝宫中第一妃，宝香熏彻素罗衣。定知谪堕不容久，万斛玉尘来聘归。（陆放翁）[2]

月淡碧云笼野水，棱棱瘦耸吟肩起。一天寒气湿衣裳，人在石桥香影里。（王梅窗）[3]

[注释]

①曾文肃：宋徽宗朝宰相曾布，字子宣，曾巩弟，谥文肃。

②陆放翁：陆游，字务观，号放翁。

③王梅窗：生平不详，当姓王，号梅窗，元郭豫亨《梅花字字香》曾集其诗句。此诗又作王镃《访梅》，见清光绪十三年（1887）刊《月洞诗集》卷下。王镃，字介翁，平昌（今浙江遂昌）人，宋亡隐居为道士，梅窗或为其号。

七言绝句

一树寒梅白玉条，迥临村路傍溪桥。不知近水花先发，疑是惊春雪未消。（戎昱）

白玉堂前一树梅，今朝忽见数枝开。儿家门户重重闭，春色何缘得入来。（薛维翰）

凤楼高映绿阴阴，凝重多含雨露深。莫谓一枝柔软力，几曾牵破别离心。（齐己）

经雨不随山鸟散，倚风疑共路人言。愁怜粉艳飘歌席，静爱梅香扑酒樽。（罗隐）

忆得前时君寄诗，海边三唱蜡梅词。与君犹是海边客，又见蜡梅花发时。（崔道融）

竹与梅花相并枝，梅花正发竹枝垂。风吹总向竹枝上，真似王家雪下时。（刘言史）

萧条腊后复春前，雪压霜欺未放妍。昨日倚栏枝上看，似留芳意入新年。（范文正）①

昔官西陵江峡间，野花红紫多斓斑。惟有寒梅旧相识，异乡每见必依然。（欧阳公）②

梅花开尽百花开，过尽行人君不来。不趁青梅尝煮酒，要看烟雨熟黄梅。（东坡十二首）

春来幽谷到潺潺，的皪梅花草棘间。一夜东风吹石裂，半随飞雪渡关山。

梅梢春色弄微和，作意南枝剪刻多。月黑林间逢缟袂，霸陵醉尉误谁何。

月地云阶漫一尊，玉奴终不负东昏。临春结绮荒荆棘，谁信幽香是返魂。

冰盘未荐寒酸子，雪岭先开耐冻枝。应笑春风木芍药，丰肌弱骨要人医。

鲛绡剪碎玉簪轻，檀晕妆成雪月明。肯伴老人春一醉，悬知欲落更多情。

缟裙练帨玉川家，肝胆清新冷不邪。秾李争春犹辨此，更教踏雪看梅花。

天教桃李作舆台，故遣寒梅第一开。凭仗幽人收艾纳，国香和雨入苍苔。

春入西湖到处花，裙腰芳草傍山斜。盈盈解佩临湘浦，脉脉当炉傍酒家。

洗尽铅华见雪肌，要将真色斗生枝。檀心已作龙涎吐，玉颊何劳獭髓医。

莫向霜晨怨未开，白头朝夕自相催。斩新一朵含风露，恰似西厢待月来。

相逢月下是瑶台，藉草清樽连夜开。明日酒醒应满地，空令饥鹤啄苍苔。

艤船结缆北风嗔，霜落千林憔悴人。欲问江南近消息，喜君贻我一枝春。（山谷）

探请东皇第一机，水边风日笑横枝。鸳鸯浮弄婵娟影，白鹭窥鱼疑不知。

折得寒香不露机，小窗斜雨两三枝。罗帏翠幕深调护，已被游蜂圣^③得知。（又）

天工戏剪百花房，夺尽天工更有香。埋玉地中成故物，折枝镜里忆新妆。（又）

巧画无盐丑不除，此花风韵更清殊^④。从教变白能为黑，桃李依然是仆奴。（陈简斋《墨梅》六首）^⑤

病见昏花已数年，只应梅蕊故依然。谁教色作陈玄面，眼乱初逢未敢怜。

粲粲江南万玉妃，别来几度见春归。相逢京洛浑依旧，唯恨缁尘染素衣。

含章檐下春风面，造化工成秋兔毫。意足不求颜色似，前身相马九方皋。

自读西湖处士诗，年年临水看幽姿。晴窗画出横斜影，绝胜前村夜雪时。

窗间光景晚来新，半幅溪藤万里春。从此不贪江路好，猛拚心力唤真真。

姑射仙人冰雪容，尘心已共彩云空。年年一笑相逢处，长在愁烟苦雾中。（朱文公）

溪上梅花应已开，故人不寄一枝来。天涯岂是无芳物，为尔无心向酒杯。（又）

幽壑潺潺小水通，茅茨烟雨竹篱空。梅花乱发篱边树，似倚寒枝恨朔风。（又）

带雪虽奇只粉妆，酣晴别是好风光。却缘白日青天里，照得花开暖得香。（杨诚斋）

瓮澄雪水酿春寒，蜜点梅花带露餐。句里略无烟火气，更教谁上少陵坛。（又）

湘妃危立冻鲛背，海月冷挂珊瑚枝。丑怪惊人能妩媚，断魂只有晓寒知。（萧东之）[6]

百千年树著枯藓，一两点春供老枝。绝壁笛声那得到，直愁斜日冻蜂知。（又）

幽香淡淡影疏疏，雪虐风威亦自如。正是花中巢许辈，人间富贵不关渠。（朱行中）[7]

闻说风篁岭下梅，疏枝冷蕊未全开。繁英待得浑如雪，霜晚无人我独来。（参寥）

香英粲粲笑相重，结子能参鼎鼐功。茜杏夭桃缘格俗，含芳不得与君同。

咸平处士风流远，招得梅花枝上魂。疏影暗香如昨日，不知人世几黄昏。（徐抱独）

茉莉山矾亦可人，圣之和与圣之清。由来风物须弹压，放遣孤芳集大成。（北涧僧）[8]

半窗图画梅花月，一枕波涛松树风。不是客愁眠不得，此山诗在此香中。（赵中庵）[9]

夜深梅印横窗月，纸帐魂清梦亦香。莫谓道人无一事，也随疏影伴寒光。（赵信庵）

糁地纷纷著树稀，岁华摇落惨将归。世间尤物难调护，寒怕开

迟暖怕飞。（刘后村三首）

篱边屋角立多时，试为骚人拾弃遗。不信西湖高士死，梅花寂寞便无诗。

梦得因桃数左迁，长源为柳忤当权。幸然不识桃并李，却被梅花累十年。

黯淡江天雪欲飞，竹篱数掩傍苔矶。清愁满眼无人说，折得梅花作伴归。（陆苍三）⑩

小园风月不多宽，一树梅花开未残。剥啄敲门嫌特地，缓拖藤杖隔篱看。

一点不杂桃李春，一水隔断车马尘。恨不来为清夜饮，月中香露湿乌巾。

江郊车马满斜晖，争赴城南未掩扉。要识梅花无尽藏，人人襟袖带香归。（陈六梅）⑪

一联半句致魁台，前有沂公后简斋。自是君诗无警策，梅花穷杀几人来。（刘后村）

荒苔野蔓上篱笆，客至多疑不在家。病眼看人殊草草，隔林迢递见梅花。

扶筇挂月过前溪，问信江南第一枝。驿使不来羌管歇，等闲开落只春知。（张槃）

寒夜客来茶当酒，竹炉汤沸火初红。寻常一样窗前月，才有梅花便不同。（杜子野）⑫

我见庭梅六十春，当时初见已轮囷。人老只道梅花老，不道梅花笑老人。（船窗僧）

朔风吹面正尘埃，忽见江梅驿使来。忆着家山石桥畔，一枝冷落为谁开。（贾秋壑⑬三首）

山北山南雪半消，村村店店酒旗招。春风过处人行少，一树疏花傍小桥。

尘外冰姿世外心，宜晴宜雨更宜阴。收回疏影月初坠，约住寒香雪正深。

螭首轮囷蚪尾蟠，云霓点缀玉鳞寒。直须快觅鹅溪绢，写取精神久远看。（赵正泓）⑭

支颐半睡月明中，仿佛仙人薄雾笼。唤起梦魂帘幕悄，天香自到不因风。（杨平州）⑮

通宵雨滴急催梅，枝北枝南晓尽开。多谢花神好看客，随车十里雪香来。（李文溪）⑯

香梅烂熳见红梅，白白朱朱取次开。料得故园春色满，有人花下正徘徊。（徐介轩）⑰

草际春回残雪消，强扶衰病傍溪桥。东风不管梅月落，自酿新黄染柳条。（江古心）⑱

床头《周易》用心来，旧卷经年病不开。到得初冬梦颜子，欠伸俄健起寻梅。（又）

梅雪争春未肯降，骚人阁笔费平章。梅须逊雪三分白，雪亦输梅一段香。（卢梅坡）⑲

冻云垂垂雪欲落，雨涩风悭如此寒。分付南枝与君看，老夫自要北枝看。（刘龙川）⑳

舍南舍北雪犹存，山外斜阳不到门。一夜冷香清入梦，野梅千树月明村。（高疏寮）㉑

江梅欲雪树槎牙，雪片飘零梅片斜。半夜和风到窗纸，不知是雪是梅花。（郑亦山）㉒

搜诗索笑傍檐梅，冷蕊疏花带雪开。莫把枯梢容易折，留看瘦影上窗来。（易涉趣）㉓

香熏江雪情偏韵，影墨窗蟾梦半回。耐冻有何标可述，雅交还喜淡相陪。（陈肥遯㉔五首）

从来造化有何私，自是梅花南北枝。只为北枝太寒苦，东君消息故应迟。

行人立马闳烟梢，为底寒香尚寂寥。是则孤根未回暖，已应春意到溪桥。

重冈复岭万千程，霜褪红曦步恰轻。瞥有暗香松下过，不知何处隐梅兄。

平生足迹遍天下，止一东嘉却弗来。行到刘山无所记，谩留冷句伴江梅。

[注释]

①范文正：北宋政治家、文学家范仲淹，谥文正。

②欧阳公：此指北宋著名文学家欧阳修。

③"圣"，四库本作"预"。

④"殊"，碧琳琅馆本作"姝"。

⑤"陈简斋《墨梅》六首"，八千卷楼本原无，而在此六首后注出处为"陈简斋《墨梅》"，此据碧琳琅馆本移注于此。

⑥萧东之：南宋诗人萧德藻，字东夫，号千岩老人。祝穆《事文类聚》后集卷二八引此诗也作萧东之，或者东夫也作东之。

⑦朱行中：北宋诗人朱服，字行中。此首为陆游《雪中寻梅》其二，见《放翁诗稿》卷一二，《锦绣万花谷》后集卷三八又作朱熹诗，当以陆游为是。

⑧北涧僧：南宋著名僧人释居简，字敬叟，号北涧，有《北涧诗集》。

⑨赵中庵：南宋将领、诗人赵范，号中庵。

⑩"陆苍三"，误。碧琳琅馆本作"陆游三首"，缪荃孙本承上并作陆游诗，是，当据改。此下三条分别为陆游《城南寻梅得》、《江上散步寻梅偶得》、《看梅归马上戏作》诗，见《剑南诗稿》卷九。八千卷楼本作"陆苍三"，应为《全芳备祖》原貌，指"陆苍"诗三首。《锦绣万花谷》后集卷三八载此三首即然，先后次序亦然，《全芳备祖》当取材于此而沿误。

⑪陈六梅：生平不详。厉鹗《宋诗纪事》卷六九作陈亦梅，当是误识。此诗实为陆游《看梅归马上戏作》其五，见《放翁诗稿》卷九。

⑫杜子野：南宋诗人杜耒，字子野，号小山。

⑬贾秋壑：南宋宰相贾似道，字师宪，号秋壑。

⑭赵正泓：生平不详，当为南宋后期文人。

⑮杨平州：生平不详。

⑯李文溪：南宋文人李昴英，字俊明，号文溪。

⑰徐介轩：不详何人，当姓徐，号介轩。《全芳备祖》辑录徐介轩多首作品。

⑱江古心：南宋文人江万里，字子远，号古心。

⑲卢梅坡：生平不详，姓卢，号梅坡，当是南宋后期人。宋末陈著《本堂集》卷四四《跋徐子苍徽池行程历》，记其与卢梅坡有交往。徐子苍或名琦，字子苍。元蒋正子《山房随笔》载其吴门赠别诗，当在苏州一带生活过。

⑳刘龙川：当为刘龙洲之误抄。刘龙洲，南宋著名文学家刘过，字改之，号龙洲道人。此诗为其《梅花》其三，见《龙洲集》卷九。

㉑高疏寮：南宋诗人高似孙，字续古，号疏寮。

㉒郑亦山：南宋理学之士，字文谦，一字有极，号亦山。

㉓易涉趣：据《诗渊》，名士达，别署寓言、涉趣、幼学等，其诗见《全芳备祖》、《永乐大典》、《诗渊》。

㉔陈肥遯：即《全芳备祖》编者陈景沂，号江淮肥遯子。

七言八句

东阁官梅动诗兴，还如何逊在扬州。此时对雪遥相忆，送客逢春可自由。幸不折来伤岁暮，若为看去乱乡愁。江边一树垂垂发，朝夕催人自白头。（杜甫）

含情含态一枝枝，斜压渔家短短篱。惹袖尚怜香半日，向人如诉雨多时。初开偏称雕梁画，未落先愁玉笛吹。行客见来无去意，解帆烟浦为题诗。（崔橹）

梅花不肯傍春光，自向深冬看艳阳。龙笛远吹胡地月，燕钗初

试汉宫妆。风虽狂暴翻添思，雪欲侵陵更助香。应笑暂时桃李树，盗天和气作年芳。（韩偓）

吟怀长恨负芳时，为见梅花暂入诗。雪后园林才半树，水边篱落忽横枝。人怜红艳多因俗，天与清香自有私。堪笑胡雏亦风味，解将声调角中吹。（林和靖[①]八首）

众芳摇落独暄妍，占尽风情向小园。疏影横斜水清浅，暗香浮动月黄昏。霜禽欲下先偷眼，粉蝶如知亦断魂。幸有微吟可相狎，不须檀板共金樽。

小园烟景正凄迷，阵阵寒香压麝脐。池水倒窥疏影动，屋檐斜入一枝低。画名空向闲时看，诗俗休征故事题。惭愧黄鹂与蝴蝶，只知春色在桃溪。

宿雾相粘冻雪残，一枝深映竹丛寒。不辞日日旁边立，长愿年年末上看。蕊讶粉绡裁大碎，蒂疑红蜡缀初干。香匀独酌聊为寿，从此群芳兴亦阑。

孤根何事在柴荆，村色仍将腊候并。横隔片烟争向静，半粘残雪不胜清。等闲题咏谁为愧，子细相看似有情。搔首寿阳千载后，可堪青草杂芳英。

剪绡零碎点酥干，向背稀稠画亦难。日薄纵甘春至晚，霜深应怯夜来寒。澄鲜只共邻僧惜，冷落尤嫌俗客看。忆着江南旧行路，酒旗斜拂堕吟鞍。

数年闲作园林主，未有新诗到小梅。摘索又开三两蕊，团栾空绕万千回。荒邻独映山初静，晚景相禁雪欲来。寄语清香小愁结，为君吟罢一衔杯。

几回山脚又江头，绕着瑶芳看不休。一味清新无我爱，十分幽静与伊愁。任教月老须微见，却为春寒得少留。终共公言数来者，海棠端的免包羞。

蕙死兰枯菊亦摧，返魂香入岭头梅。数枝残绿风吹尽，一点芳

心雀啅开。野店初尝竹叶酒，江云欲落豆稭灰。行当更向钗头见，病起乌云正作堆。（东坡）

汉宫娇额半涂黄，粉色凌寒透薄装。好借月魂来映烛，恐随春梦去飞扬。风亭把盏谢孤艳，香径回舆认暗香。不为调羹应结子，直须留此占年芳。（王荆公三首）

结子非贪鼎鼐尝，偶先红杏占年芳。从教腊雪埋藏得，却恐春风漏泄香。不御铅华知国色，只裁云缕想仙装。少陵为尔牵诗兴，可是无心赋海棠。

浅浅池塘短短墙，年年为尔惜流芳。向人自有无言意，倾国天教抵死香。须袅黄金危欲堕，蒂团红蜡巧能装。婵娟一种如冰雪，依倚春风笑海棠。

玉骨绡裳韵太孤，天教飞雪伴清癯。林寒疏蕊半开落，野迥暗香疑有无。庾岭风光仍似旧，汉宫铅粉莫相污。惊心不必伤空树，一白流空春便徂。（刘屏山）②

拚为梅花倒玉卮，故山幽梦忆疏篱。写真妙绝横窗影，彻骨清香透水枝。苦节雪中迷汉使，高标泽畔见湘累。诗成亦为花拈出，万斛尘襟我自知。（陆苍山）③

松号大夫交可绝，梅为清客志相同。英英风实卑余子，楚楚龙孙过乃翁。晚际一弓囊素月，暑中千斛溉清风。小轩止欲供晨坐，付与遮栏晓日东。（郑安晚）④

穿林傍水几平章，合有春风到草堂。自入冬来多是暖，无寻花处忽闻香。枝南枝北一痕月，山后山前两缕霜。直看过年开未了，醉吟且放老夫狂。（方秋崖）⑤

一片能教一断肠，可堪平砌更堆墙。飘如迁客来过岭，堕似骚人去赴湘。乱点莓苔多莫数，偶粘衣袖久闻香。东风谬掌花权柄，却忌孤高不主张。（刘后村三首）

瀑映梅花何所似，蚌胎蟾影浴寒江。梦回东阁频牵兴，吟到西湖始树降。雪屋恋香开纸帐，月窗怜影掩书缸。若将晋汉间人比，不是渊明即老庞。

手选千株高下种，似行庾岭立湘江。只消一朵南枝折，尽受群花北面降。自爱空山吹缟袂，绝羞华屋照银缸。主林神禁人残毁，深夜应无斫树庞。

[注释]

①林和靖：北宋隐士林逋，谥和靖。

②刘屏山：南宋学者、诗人刘子翚，字彦冲，号病翁，晚年因病退居故乡屏山，人称屏山先生，有《屏山集》。

③此条实为陆游《涟漪亭赏梅》诗，见《剑南诗稿》卷九，当据改。

④郑安晚：南宋宰相、诗人郑清之，字德源，晚年一度退居，治小圃称安晚，有《安晚堂集》。

⑤方秋崖：南宋诗人方岳，字巨山，号秋崖。

七言律诗散联

调鼎自期终有实，论花天下更无香。月娥服御无非素，玉女精神不尚妆。（张文潜）

绿梢红萼虽能画，素艳清香不易吟。乱土无人逢驿信，江城有笛任君吹。（张芸叟）

艳萼自将同鹄羽，粉香曾不逐蜂须。桃根有约犹含冻，杏树为邻尚带枯。（梅圣俞）

梅爱山傍水际栽，非同弱柳近章台。重重叶叶花依旧，岁岁年年客又来。

姑射仙人冰作体，汉家宫主粉为身。素娥自已称佳丽，更作广寒宫里人。（郑獬）

移来春晓二三月，羞落枝头千万花。日暮溪边数竿竹，月明茅舍半窗纱。（陆苍三）①

春回积雪层冰里，香动荒山野水滨。带月一枝斜弄影，背风千片远随人。（王元之）[2]

画图省识惊春早，玉笛孤吹怨夜残。淡冷合教闲处著，清癯难遣俗人看。（石敏若）[3]

寒入玉衣灯下薄，春撩雪骨酒边香。却于老树半枯处，忽走一枝如许长。（杨诚斋）

[注释]

①《全芳备祖》所收"陆苍三"诗均出《锦绣万花谷》后集卷三八，作者为"陆苍"。所谓"陆苍三"，本指陆苍诗三首，而误录为人名。《锦绣万花谷》所载"陆苍"诗共七律一首、七言四句五条，均为陆游诗，唯此"移来春晓二三月"四句未见《剑南诗稿》，亦未见他处有载，或为所谓"陆苍"所作。陆苍，生平不详，洪迈《夷坚支志》景卷三有"三山陆苍"条。

②此条实出陆游《浣花学赏梅》诗，见《剑南诗稿》卷九。

③石敏若：北宋诗人石懋，字敏若，号橘林。此条实出陆游《梅花》诗，见《剑南诗稿》卷三。

乐府祖

菩萨蛮

湿云不动溪桥冷，嫩寒初透东风影。桥下水声长，一枝和月香。　　人怜花似旧，花比人应瘦。莫凭小栏干，夜深花正寒。（东坡）[1]

雪花飞暖融香颊，颊香融暖飞花雪。欺雪任单衣，衣单任雪欺。　　别时梅子结，结子梅时别。归不恨开迟，迟开恨不归。（东坡）

①此未见于东坡词集，而见于朱淑真《断肠词》，题《菩萨蛮·咏梅》。

西江月

玉骨那愁瘴雾，冰肌自有仙风。海仙时遣探芳丛，倒挂绿毛幺凤。　　素面常嫌粉涴，洗妆不褪唇红。高情已逐晓云空，不与梨花同梦。（东坡）

南乡子

寒雀满疏篱，争抱寒枝看玉蕤。忽见客来花下坐，惊飞，踏破芳英落酒卮。　　痛饮又能诗，坐客无毡醉不知。花谢酒阑春到也，离离，一点微酸已著枝。

阮郎归

暗香浮动月黄昏，堂前一树春。东风何事入西邻，儿家常闭门。　　雪肌冷，玉容真，香腮粉未匀。折花欲寄陇头人，江南日欲曛。

虞美人

天涯也有江南信，梅破知春近。夜阑风细得香迟，不道晓来开遍、向前枝。　　玉台弄粉花应妒，飘到眉心住。平生个里饮杯深，去国十年老尽、少年心。（山谷）

江头若被梅花恼，一夜霜须老。谁将冰玉比精神，除是凌风却月、见天真。　　情高意远仍多思，只有人相似。满城桃李不能春，独向雪花深处、露花身。（向子谖）

冰肤玉面孤山裔，肯到人间世。天然不与百花同，却恨无情轻付、与东风。　　丽谯三弄江楼晓，立马溪桥小。只应明月最相

思，曾见幽香一点、未开时。（魏杞）

减字木兰花

簪花照镜，客鬓萧萧都不整。拟倩东君，化作尊前入梦云。
风香月影，信是瑶台清夜永。深闭重门，牵绊刘郎别后魂。（贺
方回）①

[注释]

①贺方回：北宋词人贺铸，字方回。

江城梅花引

年年江上探寒梅。为谁开，暗香来。疑是月宫、仙子下瑶台。
冷艳一枝春在手，故人远，相思切，寄与谁。　　恨极怨极嗅香
蕊。念此情，家万里。暮霞散绮，楚天碧、数片轻飞。为我多情，
特地点征衣。花易飘零人易老，正心碎，那堪塞管吹。（柳耆卿）①

[注释]

①柳耆卿：北宋词人柳永，字耆卿。

早梅芳

雪初消，顿觉寒将变。已报梅梢暖。日边霜外，迤逦枝条自柔
软。嫩苞匀点缀，绿萼轻裁剪。隐深心，未许清香散。　　渐融
和，开欲遍，密处疑无间。天然标韵，不与群花斗深浅。夕阳波似
动，曲水风犹懒。最销魂，弄影无人见。（李端叔）①

[注释]

①李端叔：北宋词人李之仪，字端叔。

水龙吟

夜来深雪前村路，应是早梅初绽。故人赠我，江头春信，南枝

向暖。疏影横斜，暗香浮动，月明清浅。向亭前驿畔，行人立马，频回首、空断肠。　　别有玉溪仙馆，寿阳人初匀粉面。天教占了，百花头上，和羹未晚。最是关情处，高楼上一声羌管。仗何人说与东君，留取倚栏干看。（晁次膺）①

买庄为贮梅花，玉妃一万森庭户。古来词客，比方不类，可怜毫楮。谁扫尘凡，独超物表，神仙中取。是昆丘标致，射山风骨，除此外吾谁与。　　九酝醍醐雪乳，和金盘月边清露。寿阳娇骏，单于疏贱，不堪充数。弄玉排箫，许琼飞拍，胎禽飞舞。待先生披着羊裘鹤氅，作园林主。（马古洲）②

[注释]

①晁次膺：北宋诗人晁端礼，字次膺。

②马古洲：南宋诗人马子严，字庄父，一说名庄父，字子严，号古洲居士。

花　犯

粉墙低，梅花照眼，依然旧风味。露痕轻缀，净洗铅华，无限清丽。去年胜赏曾孤倚，冰盘同燕喜。更可惜，雪中高树，香篝熏素被。　　今年对花太匆匆，相逢似有恨，依依愁悴。凝望久，苍苔上旋看飞坠。相将脆丸荐酒，人正在空江烟浪里。但梦想一枝潇洒，黄昏斜照水。（周美成）①

[注释]

①周美成：北宋著名词人周邦彦，字美成。

采桑子

肌肤绰约真仙子，来伴冰霜。洗尽铅黄，素面初无一点妆。
寻花不用持银烛，暗里闻香。零落池塘，分付余妍与寿阳。（又）

洞仙歌

何人不爱，是江梅初绽。雪野寒空冻云晚。清溪绰约，粉艳春风，包绛萼、姑射冰肌自暖。　　上林花万品，都借风流，国色天香任歆羡。共素娥青女，一笑相逢，人不见、悄悄霜宫月殿。想乘云、长往玉皇前，粲蕊佩鸣珰，侍清都宴。（朱希真）①

[注释]

①朱希真：南北宋之交词人朱敦儒，字希真。

蓦山溪

玉真姊妹，只这梅花是。乘醉下瑶台，粉燕脂何曾梳洗。冰姿素艳，无意压群芳，独自笑，有时愁，一点心谁寄。　　云添蕊佩，霜护盈盈泪。尘世悔重来，梦凄凉，玉楼十二。教些香去，说与惜花人，云黯淡，月朦胧，今夕谁同睡。（又）

洗妆真态，不假铅华御。竹外一枝斜，想佳人天寒日暮。黄昏院落，无处著清香，风细细，雪垂垂，何况江头路。　　月边疏影，梦到销魂处。结子欲黄时，又须作，廉纤微雨。孤芳一世，供断有情愁，消瘦损，东阳也，试问花知否。（曹元宠①，一作白石）②

[注释]

①曹元宠：北宋词人曹组，字元宠。

②白石：姜白石，南宋词人姜夔，号白石道人。

壶中天

见梅惊笑，问经年何处，收香藏白。似语如愁还笑我，何苦红尘久客。观里栽桃，仙家种杏，到处成疏隔。千林无伴，淡然独傲霜雪。　　且与管领春回，孤标争肯，逐雄蜂雌蝶。岂是无情，知

他受了多少凄凉风月。寄陇程遥，和羹心在，忍使芳尘歇。东风寂寞，可怜谁为攀折。（朱希真）

晓来窗外，正南枝初放，两花三蕊。千古春风头上立，羞退秾桃繁李。姑射神游，寿阳妆褪，色界尘都洗。竹扉松户，平生所寄聊尔。　堪笑强说和羹，此君心事，指高山流水。陇驿凄凉，却怕被哀角城头吹起。此处关情，为他凝伫，淡月清霜里。巡檐何事，岁寒相誓而已。（吴履斋）

江邮湘驿，问暮年何事，暮冬行役。马首摇摇经历处，多少山南溪北。冷著烟扉，孤芳云掩，瞥见如相识。相逢相劳，如痴如诉如忆。　最是近晓霜浓，初弦月挂，傅粉金鸾侧。冷淡生涯忧乐忘，不管冰檐雪壁。魁榜虚夸，调羹浪语，那里求真的。暗香来历，自家还要知得。（陈肥遯）

忆秦娥

霜风急，江南路上梅花白。梅花白。寒溪残月，冷村深雪。
洛阳醉里曾同摘，水西竹外常相忆。常相忆。宝钗双凤，鬓边春色。（朱希真）

梅花发，寒梢挂在瑶台月。瑶台月。和羹心事，履霜时节。
断桥流水声呜咽，行人立马空愁绝。空愁绝。为谁凝伫，为谁攀折。（张于湖）

卜算子

竹里一枝梅，映带林逾静。雨后清奇画不成，浅水横斜影。
吹彻小单于，心事重思省。拂拂风前度暗香，月色侵花冷。（朱淑真）

竹里一枝梅，雨洗娟娟静。疑是佳人日暮来，绰约风前影。
新恨有谁知，往事那能省。梦绕阳台寂寞回，沾袖余香冷。（向

子谭)

醉蓬莱

向蓬莱云渺。姑射山深,有春长好。香满枝南,笑人间惊早。试问寒柯,镂冰裁玉,费化工多少。东阁诗成,西湖梦觉,几番清晓。 好是罗帏,麝温屏暖,却恨烟村,雨愁风恼。一一清芬,为东君倾倒。待得明年,绿阴青子,荫凤凰池沼。更把阳和,从头付与,繁花芳草。(赵德庄)[1]

[注释]

[1]赵德庄:南宋诗人赵彦端,字德庄,号介庵。

江城子

一分雪意却成霜,暮云黄,月微茫。只有梅花,依旧吐幽芳。还喜无边春信漏,疏影下,觅浮香。 才清端是紫微郎,别鸳行,忆宫墙。夜半胡为,人与月交相。君合召归吾老矣,月随去,照回廊。(刘德修)[1]

[注释]

[1]刘德修:南宋词人刘光祖,字德修,号后溪。

最高楼

花知否,花一似何郎。又似沈东阳。瘦棱棱地天然白,冷清清地多许香。笑东君,还又向,北枝忙。 著一阵、霎时间底雪。更一个、缺些儿底月。山下路,水边墙。清香怕有人知处,影儿守定竹傍厢。且饶他,桃李趁,少年场。(辛稼轩)[1]

[注释]

[1]辛稼轩:南宋词人辛弃疾,字幼安,号稼轩。

临江仙

老去惜花心已懒，爱梅犹绕江村。一枝先破玉溪春。更无花态度，全是雪精神。　　剩向空山餐秀色，为渠著句清新。竹根流水带溪云。醉中浑不记，归路月黄昏。（又）

瑞鹤仙

雁霜寒透幕。正护月云轻，嫩冰犹薄。溪奁照梳掠。想含章弄粉，艳妆谁学。玉肌瘦弱。更重重、龙绡衬著。倚东风，一笑嫣然，转盼万花羞落。　　寂寞。家山何在，雪后园林，水边楼阁。瑶池旧约。鳞鸿更仗谁托。粉蝶儿只解，寻花觅柳，开遍南枝未觉。但伤心，冷落黄昏，数声画角。（辛稼轩）

湿云粘雁影。望征路愁迷，离绪难整。千金买光景。但疏钟催晓，乱鸦啼暝。花惊暗省。许多情、相逢梦境。便行云、都不归来，也合寄将音信。　　孤迥。盟鸾心在，跨鹤程高，后期无准。青丝待剪。翻惹得，旧时恨。怕天教何处，参差双燕，还染残朱剩粉。对梅花、与说相思，看谁瘦损。（陆云西）[1]

[注释]

①陆云西：南宋诗人陆睿，字景思，号云西。

沁园春

斗酒彘肩，风雨渡江，岂不快哉。被香山居士，与林和靖，约坡仙等，勒驾余回。坡谓西湖，有如西子，淡妆浓抹临妆台。二公者，皆掉头不顾，只恁衔杯。　　白云天竺去来。看金壁、崔嵬楼观开。况一涧萦迂，东西水绕，两山南北，高下云堆。逋曰不然，暗香疏影，只合孤山先探梅。须晴去，访稼轩未晚，且此徘徊。（刘改之）[1]

十月江南，一番春信，怕凭玉栏。正地连边塞，角声三弄，人思乡国，愁绪千般。草草村墟，疏疏篱落，犹记花间曾卓庵。茶瓯罢，问几回吟绕，冷淡相看。　　堪怜。影落溪南。又月午无人更漏三。虽虚林幽壑，数枝偏瘦，已存鼎鼐，一点微酸。松竹交盟，雪霜心事，断是平生不肯寒。林逋在，倩诗人此去，为向湖山。（吴退庵）②

有美人兮，铁石心肠，寄春一枝。喜薜生龙甲，那因雪瘦，月横鹤膝，不受寒欺。云卧空山，梦回孤驿，生怕渠嗔未敢诗。江头路，问销魂几许，索笑何时。　　赋成字字明玑。君莫倚，家山旧解题。叹水曹安在，飘然欲去，逋仙已矣，其与谁归。烟雨愁予，江山老我，毕竟岁寒然后知。微酸在，尽危谯斜倚，残角孤吹。（方秋崖）

霜剥枯崖，何处邮亭，玉龙夜呼。唤经年幽梦，悠然独觉，参横璇汉，漏彻铜壶。漠漠风烟，昏昏水月，醉耸诗肩骑瘦驴。孤吟处，更寻香吊影，搔首踟蹰。　　古心落落如予。悄独立、高寒凌万夫。对荒烟野草，浅溪沙路，班荆三嗅，此意谁如。高卧南阳，归来彭泽，借问风光还似无。难穷处，待凭将妙手，作岁寒图。（陈草阁）③

[注释]

①刘改之：南宋词人刘过，字改之。

②吴退庵：南宋文人吴渊，吴潜兄，字道甫，号退庵。

③陈草阁：生平不详，当姓陈，号草阁。

柳梢青

玉骨冰肌。为谁偏好，特地相宜。一味风流，广平休赋，和靖无诗。　　倚窗睡起春迟。困无力、菱花笑窥。嚼蕊嗅香，眉心点处，鬓畔簪时。（朱淑真）①

①此词作者，八千卷楼本、碧琳琅馆本、汲古阁本并作朱淑真。然此词扬补之《逃禅词》、朱淑真《断肠词》互见，明赵琦美《赵氏铁网珊瑚》卷一一、清张照等《石渠宝笈》卷四四等载扬补之墨梅题款有此词，待考。

好事近

春色为谁来，枝上半留残雪。恰近小园香径，对霜林寒月。

危栏凄断笛声长，吹到偏鸣咽。最好短亭归路，有行人先折。
（朱雍）

玉楼春

佳人无对甘幽独。竹雨松风相澡浴。山深翠袖自生寒，夜久玉肌元不粟。　　却寻千树烟江曲。道骨仙风终绝俗。绛裙缟袂各朝元，只有散香名萼绿。（范石湖）

南枝又觉芳心动。慰我相思情味重。陇头何处寄将书，香发有时疑是梦。　　谁家横笛成三弄。吹到幽香和梦送。觉来知不是梅花，落莫岁寒谁与共。（马古洲）

朝中措

幽姿不入少年场。无语只凄凉。一个飘零身世，十分冷淡心肠。　　江头月底，新诗旧梦，孤恨清香。任是春风不管，也曾先识东皇。（陆放翁）

汉宫春

潇洒江梅，向竹梢疏处，横两三枝。东君也不爱惜，雪压风欺。无情燕子，怕春寒、轻失花期。惟是有南来寒雁，年年长见开时。　　清浅小溪如练，问玉堂何似，茅舍疏篱。关心故人去后，

冷落新诗。微云淡月，对欲芳、分付它谁。空自倚，清香未减，风流岂在人知。（李汉老）[1]

雪月相投，看一枝才爆，惊动香浮。微阳未放线路，说甚来由。先天一著，待辟开多少旬头。却引取春工入脚，争教消息停留。　　官不容针时节，做一般孤瘦，无限清幽。随缘柳绿柳白，费尽雕锼。疏林外野水任横斜，谁与妆终，猛认得，些儿合处，不堪持献君侯。（陈龙川）[2]

[注释]

①李汉老：南北宋之交词人李邴，字汉老。

②陈龙川：南宋词人陈亮，字同甫，号龙川。

念奴娇

临风一笑，问群芳谁是，真香纯白。独立无朋，算只有、姑射山头仙客。绝艳谁怜，贞心自保，遐与尘缘隔。天然殊胜，不关风露冰雪。　　应笑俗李粗桃，无言翻引得，狂蜂飞蝶。争似黄昏闲弄影，清浅一溪霜月。画角初残，瑶台梦断，直下成休歇。绿阴青子，莫教容易扳折。（朱文公）

满江红

赤日黄埃，梦不到、清溪翠麓。空健羡、君家别墅，几株幽独。骨冷肌清偏要月，天寒日暮尤宜竹。想主人、杖履绕千回，山南北。　　宁委涧，嫌金屋。宁傲雪，羞银烛。叹出尘风韵，背时妆束，竞爱东邻姬傅粉，谁怜空谷人如玉。笑林逋、何逊谩成诗，无人读。（刘后村）

点绛唇

流水泠泠，断桥横路梅枝亚。雪花飞下。全胜江南画。　　白

璧青钱，欲买春无价。归来也。风吹平野。一点香随马。（张仲和）[1]

雪径深深，北枝贪睡南枝醒。暗香疏影。孤压群芳顶。　　玉艳冰姿，妆点园林景。凭栏咏。月明溪静。忆昔林和靖。（王梅溪）

[注释]

[1]"张仲和"：八千卷楼本、碧琳琅馆本、汲古阁本并同。此词作者，曾慥《乐府雅词》拾遗上、黄昇《唐宋诸贤绝妙词选》卷九作释惠洪。胡仔《苕溪渔隐丛话》前集卷五九辨曾慥所说之误，认为是孙和仲所作。陈鹄《耆旧续闻》卷一又辨诸家之误，称朱翌年轻时所作。朱翌，字新仲，舒州人，号灊山居士。徽宗政和间进士，南渡后寓家桐庐，为中书舍人。朱翌《灊山集》补遗收载此词。

清平乐

吹香嚼蕊。独立东风里。雪冻云娇天似水。羞杀夭桃秾李。
如今见说阑干。不禁月冷风寒。岭上驿程人远，城头戍角声干。
（张于湖）

一剪梅

竹里疏枝总是梅。月白霜清，犹未全开。相逢聊与著诗催。要趁金波，满泛金杯。　　多病惭非作赋才。醉倒花前，探得春回。明朝公已在鸾台。看取东风，丹诏前来。（韩南涧）[1]

[注释]

[1]韩南涧：南宋词人韩元吉，字无咎，号南涧。

滴滴金

断桥雪霁闻啼鸟。对林花、弄晴晓。画角吹香客愁醒，见梢头红小。　　团酥剪蜡知多少。向风前、压春倒。江嶂人烟画图中，有短篷香绕。（陈龙川）

长相思

寒相催。暖相催。催了开时催谢时。叮咛花放迟。　　角声吹。笛声吹。吹了南枝又北枝。明朝成雪飞。(刘后村)

贺新郎

鹊报千林喜。还猛省、谢家池馆，早寒天气。要与瑶姬叙离索，草草杯盘藉地。怅减尽、何郎才思。不愿玉堂并金屋，愿年年、岁岁花间醉。餐秀色，挹高致。　　西园飞盖东山妓。问何如、半山雪里，孤山烟外。管甚夜深风露冷，人与长瓶共睡。任翠羽、枝头多事。老子平生无他过，为梅花、受取风流罪。簪向发，莫教坠。(又)

梦里骖鸾鹤。觉三山不远，依然被海风吹落。浮到五湖烟水上，刚被梅花醉着。粲玉树、轻明疏薄。十万琼琚天女队，捧冰壶、玉液琉璃杓。来伴我，荐清酌。　　恍然梦断殊非昨。问溪边竹外，新来为谁开却。无限冰壶招不得，拟把离骚唤觉。待抖擞、红尘双脚。万里瑶台终一到，想玉奴、不负东风约。留此恨，寄残角。(俞国宝)

乔木生云气。访中兴、英雄陈迹，暗追前事。战舰东风悭借便，梦断神州故里。旋小筑、吴宫闲地。华表月明归夜鹤，叹当时、花草今如此。枝上露，溅清泪。　　遨头山簇行春队。步苍苔、寻幽别坞，看梅开未。重唱梅边新度曲，催发寒梢冻蕊。此意如、东君同意。后不如今今非昔，两无言、相对沧浪水。怀此恨，寄残醉。(吴梦窗)[1]

[注释]

[1]吴梦窗：南宋著名词人吴文英，字君特，号梦窗。

孤鸾

江南春早。问江上寒梅,占春多少。几点寒星细,万里春风到。幽香不知甚处,但迢迢、满汀烟草。回首谁家竹外,有一枝斜好。　　记当年、曾共花前笑。念玉雪襟期,有谁知道。唤起罗浮梦,正参横月小。凄凉更吹塞管,谩相思、鬓华惊老。待觅西湖半曲,对霜天清晓。(赵虚斋)[①]

[注释]

①赵虚斋:南宋词人赵以夫,字用父,号虚斋。

声声慢

挨晴拶暖,载酒招朋,夷犹东圃西园。绿萼枝头,两三初破轻寒。平生自甘寂寞,占冷妆、不为人妍。林逋去,问影疏香暗,谁赋其间。　　空想故山奇事,正烟横岭曲,月浸溪湾。杏错桃讹,那时青子都圆。惟饶梦窗知处,对翠禽、依约神仙。休引角,怕征人、泪落塞边。(吴履斋)

木兰花慢

试晨妆淡伫,正疏雨、过含章。早巧额回春,岭云护雪,十里清香。何人剪冰缀玉,仗化工、施巧付东皇。瘦尽绮窗寒魄,凄凉画角斜阳。　　孤山西畔水云乡。篱落亚疏篁。问多少幽姿,半归图画,半入诗囊。如今梦回帝国,尚迟迟、依约带湖光。多谢胆瓶重见,不堪三弄横羌。(岳东几)[①]

[注释]

①岳东几:南宋文人岳珂,字肃之,号亦斋、倦翁、东几,岳飞孙。

霜天晓角

冰清霜洁。昨夜梅花发。甚处玉龙三弄,声摇动、枝头月。

梦绝。金兽爇。晓寒兰烬灭。要卷珠帘清赏，且莫扫、阶前雪。（林和靖）

晚晴风歇。一夜春堪折。脉脉花疏天淡，云来去、数枝月。

胜绝。愁更绝。此情谁与说。惟有两行低雁，知人倚、阑干雪。（范石湖）

疏明瘦直。不受东皇识。留取伴春应肯，万红里、怎著得。

夜色。何处笛。晓寒无奈力。若在寿阳宫殿，一点点、有人惜。（王澡）

昭君怨

道是花来春未。道是雪来香异。竹外一枝斜。野人家。　　冷落竹篱茅舍。富贵玉堂琼树。两地不同栽，一般开。（郑松窗）[1]

[注释]

[1]郑松窗：南宋词人郑域，字中卿，号松窗。南宋后期词人郑斗焕，字丙文，号松窗。《全芳备祖》辑有郑松窗多首作品，应属郑域。

蝶恋花

碧瓦笼晴烟雾绕。水殿西偏，少立闻啼鸟。风动女墙吹语笑。南枝破腊应开早。　　道骨不凡江瘴晓。春色通灵，医得花年少。曝暖酿寒空杳杳。江城画角催残照。（洪觉范）

唐多令

解缆蓼花湾。好风吹去帆。二十年、重过新滩。洛浦凌波人去后，空梦绕、翠屏间。　　雾湿征衫。苍苍烟树寒。望星河、低处长安。绮陌红楼应笑我，为梅事、过江南。（刘改之）

浣溪沙

水北烟寒雪似梅。水南梅阑雪千堆。月明南北两瑶台。　　云近恰如天上坐，魂清疑向斗边来。梅花多处载春回。

桃源忆故人

几年闲作园林主。未向梅花著语。雪后又开半树。风递幽香去。　　断魂不为花间女。枝上青禽休诉。我是西湖处士。长恨芳时误。（马古洲）

暗香

旧时月色。算几番照我，梅边吹笛。唤起玉人，不管春寒与轻折。何逊而今渐老，都忘却、春风诗笔。但怪得、竹外疏枝暗，香冷入瑶席。　　江国。正寂寂。恨寄与路遥，夜雪初积。翠尊易竭。红萼无言耿相忆。长记曾携手处，千树压、西湖寒碧。又片片、吹尽也，甚时见得。（姜白石）

疏影

苔枝缀玉。有翠禽小小。枝上同宿。客里相逢，篱角黄昏，无言自倚修竹。昭君不惯胡沙远，但暗忆、江南江北。想佩环、月夜归来，化作此花幽独。　　长记深宫旧事，那人正睡里，飞近蛾绿。莫似春风，不管盈盈，早与安排金屋。从教几片随风去，又却怨、玉龙哀曲。待恁时、重觅幽香，已入小窗横幅。（姜白石）

天台陈先生类编花果卉木全芳备祖卷之四（花部·红梅、蜡梅）

江淮肥遯愚一子　陈景沂　编辑

建　　　安祝　穆　订正

红　梅

事实祖

纪　要

南唐苑中有红罗亭，四面专植红梅。（《杂志》）①

蜀中有红梅数本，郡侯建阁扃钥，游人莫得而见。一日，有两妇人，高髻大袖，凭栏大笑。郡侯启钥，阒不见人，惟东壁有诗，云："南枝向暖北枝寒，一种春风有两般。凭仗高楼莫吹笛，大家留取倚阑干。"（《摭遗》）②

[注释]

①《杂志》：此当指北宋江休复《江邻几杂志》。

②《摭遗》：宋胡仔《苕溪渔隐丛话》后集卷三〇、施宿《施注苏诗》卷一七引此条均称《摭遗》，所指或为宋人刘斧《青琐摭遗》。

杂　著

东坡评石曼卿红梅诗"认桃无绿叶，辨杏有青枝"，此至浅陋，乃村学堂中语也。（《志林》）①

红梅粉红，标格犹是梅，而繁密则如杏，香亦类杏。诗人有"北人初不识，浑作杏花看"之句。与江梅同开，红白相间，园林初春绝景也。梅圣俞诗云："认桃无绿叶，辨杏有青枝。"当时以为著题。东坡诗云："诗老不知梅格在，更看绿叶与青枝。"盖谓其不类，为红梅解嘲云。承平时，此花独盛于姑苏，晏元献公始移植西岗圃中。一日，贵客赂园吏，得一枝分接，自是都下有二本。尝与客饮花下，赋诗云："若更开迟二三月，北人应作杏花看。"客曰："公诗固佳，待北俗何浅耶？"晏笑曰："伧父安得不然？"王琪君玉时守吴郡，闻盗花种事，以诗遗公曰："馆娃宫北发精神，粉瘦寒琼露叶新。园吏无端偷折去，凤城从此有双身。"当年罕得如此，比年不可胜数矣。世传吴下红梅诗甚多，惟方子适②一篇绝唱，有"紫府与丹来换骨，春风吹酒上凝脂"之句。

鸳鸯梅，多叶红梅也。花轻盈，重叶数层。凡双果必并蒂，惟此一蒂而结双梅，亦尤物。

杏梅，花比红梅色微淡，结实甚匾，有烂斑，色全似杏，味不及红梅。（并范石湖《梅谱》）

[注释]

①《志林》：指苏轼《东坡志林》。

②"适"，范成大《梅谱》作"通"，是。

赋咏祖

五言散句

学妆如少女，聚笑发丹唇。（梅圣俞）
笑杏少清香，鄙桃多俗趣。（同）

七言散句

沙村白雪仍含冻，江县红梅已放春。（杜甫）
桃花已满秦人洞，杏树犹存董奉祠。（梅圣俞）
小园寂寞锁春风，初见梅花一抹红。（张芸叟）
若更开迟二三月，北人应作杏花看。（晏元献）

月浸繁枝香冉冉，露浮红萼晓团团。（参寥）

坚白雅占南枝先，浅红犹待北人识。（郑安晚）

梅花精神杏花色，春入莲洲初破萼。（王梅溪）

要知此花清绝处，端如醉面读《离骚》。（徐月溪）[1]

胭脂桃梅梨花粉，共作寒梅一面妆[2]。（卢中）

初疑樊素樱初熟，却讶真妃酒半酣。（《百氏集》）[3]

[注释]

①徐月溪：生平不详，当姓徐，号月溪。

②此条《全唐诗》卷六七九作崔涂《初识梅花》诗，宋洪迈《万首唐人绝句诗》卷三八作卢中《初识梅花》，当以洪迈所说为是。卢中，不详何人。

③《百氏集》：编者不明，唯《全芳备祖》辑有大量该书中五七言诗句，多作者未明之作。作者可考时代较晚者有郑松窗，即郑域，字中卿，号松窗，闽县人，孝宗淳熙十一年（1184）进士，宁宗嘉定七年（1214）为武康军判官。该书当属一诗歌选集，编于宋宁宗朝或稍后。

五言四句

春半花才发，多应不耐寒。北人初未识，浑作杏花看。（王荆公）

五言八句

闻说梅花尽，寻芳去已迟。冷香无宿蕊，秾艳有繁枝。正复非同调，何妨读旧诗。广平偏妩媚，铁石误心期。（朱文公）

七言古诗

红罗亭深宫漏迟，宫花四面谁得知。初疑太真欲起舞，霓裳拂拭天然姿。（周益公）

冰容戏作桃花色，醉脸雅与神仙宜。江兄腊友已前辈，王生后

出非同时。丹心直与劲节侣，疏影共浸清涟漪。（王梅溪）

似桃非桃杏非杏，独与江梅相蚤晚。天姿约略带春醒，便觉花容太柔婉。霞觞潋滟玉妃醉，应误刘郎来阆苑。会须参作比红诗，莫学墙头等闲见。

七言绝句

年来芳信负红梅，江畔垂垂又欲开。珍重多情关令尹，直和根拨送春来。（东坡）

为君栽向南堂下，记取它年结子时。酸酽不堪调众口，使君风味好攒眉。（又）

何处曾临阿母池，深将绛雪点寒枝。东墙羞颊逢谁笑，南国酡颜强自持。（毛东堂）[1]

紫府移来姹早芳，玉容寂寞试红妆。花含晓雨胭脂湿，枝绕春风绛雪凉。（《桂水集》)[2]

寒香冷艳缀轻枝，误认夭桃未放时。盛饰霓裳陪越女，不施粉黛抹胭脂。（徐介轩）

轻盈弄月醉霞觞，娇软酡颜褪晓妆。缟素丛中红一点，好花终是不寻常。

谁将醉里春风面，换却平生玉雪身。赖得月明留瘦景，苦心香骨见天真。（杨平洲）[3]

才是胭脂半点侵，更无人信岁寒心。自来不得东风力，又被东风误得深。（沈蒙斋）[4]

色异名同失主张，厌寒附暖逐群芳。当知不改冰霜操，戏学陶家艳冶妆。（陈景沂）

[注释]

①毛东堂：北宋词人毛滂，字泽民，号东堂。

②《桂水集》：编著者不明。明黄佐《广州人物传》卷七《曾槐传》

记曾槐有《桂水续集》，或者另有《桂水集》失载。曾槐，字仲卿，番禺人，与周必大、杨万里有交往。

③杨平洲：生平不详，当姓杨，平洲或为其号。

④沈蒙斋：生平不详，当姓沈，号蒙斋。

七言八句

怕愁贪睡独开迟，自恐冰姿不入时。故作小红桃杏色，尚馀孤瘦雪霜姿。寒心未肯随春态，酒晕无端上玉肌。诗老不知梅格在，更看绿叶与青枝。（东坡）

雪里开花却是迟，何如独占小春时。已知造物含深意，故与施朱发妙姿。细雨裛残千颗泪，轻寒瘦损一分肌。不应便杂夭桃杏，半点微酸已著枝。（二）

山人自恨探春迟，不见檀心未吐时。丹鼎夺胎那是宝，玉人频颊更多姿。抱丛暗蕊初含子，落尽浓香已透肌。乞与徐熙画新样，竹间璀璨出斜枝。（三）

娇来浅浅透烟光，瘦倚疏篁出半墙。雅有风情胜桃杏，巧含春思避冰霜。融明醉脸笼轻晕，敛掩仙裙蹙嫩黄。日暮风英堕行袂，依稀如著领中香。（琏不器）[1]

[注释]

[1]刘克庄《千家诗选》卷七收此诗，作者琏不器。史铸《百菊集谱》卷六称"僧琏不器"，当是位僧人，名琏，字不器。

乐府祖

蝶恋花

两岸月桥花半吐。红透肌香，暗把游人误。尽道武陵溪上路。不知迷入江南去。　　先自冰霜真态度。何事枝头，点点胭脂污。莫是东君嫌淡素。问花花又娇无语。(真西山)[1]

[注释]

[1]真西山：南宋理学家真德秀，字景元，更字希元，人称西山先生，有《西山集》等。

留春令

玉妃春醉，夜寒吹堕，江南风月。一自情留馆娃宫，在竹外、尤清绝。　　贪睡开迟风韵别。向杏花休说。角冷黄昏艳歌残，怕惊落、胭脂雪。(高竹屋)[1]

[注释]

[1]高竹屋：南宋词人高观国，字宾王，号竹屋。

木兰花

当日岭头相见处。玉骨冰肌元淡伫。近来因甚要浓妆，不管满城桃杏妒。　　酒晕晚霞春态度。认是东皇偏管顾。生罗衣褪为谁羞，香冷熏炉都不觑。(毛东堂)

定风波

好睡慵开莫厌迟，自怜冰脸不时宜。偶作小红桃杏色，闲雅，尚余孤瘦雪霜姿。　　休把闲心随物态，何事，酒生微晕沁瑶肌。诗老不知梅格在，吟咏，更看绿叶与青枝。(东坡)

菩萨蛮

峤南江浅红梅小。小梅红浅江南峤。窥我向疏篱。篱疏向我窥。　　老人行即到。到即行人老。离别惜残枝。枝残惜别离。（东坡）

花心动

雨洗胭脂，被年时、桃花杏花占了。独惜野梅，风骨非凡，品格胜如多少。探春常恨无颜色，试浓抹、当场索笑。趁时节，千般冶艳，是谁偏好。　　直与岁寒共保。问单于、如今几分娇小。莫怪山人，不识南枝，横玉自来同调。岂须摘叶分明认，又何必、枯枝比较。恐桃李、开时妒他太早。（马古洲）

折江梅

喜轻澌初绽，渐入微和、郊原时节。春消息，夜来陡觉，红梅数枝争发。玉溪珍馆，不似个、寻常标格。化工别与、一种风情，似匀点胭脂，染成香雪。　　重吟细阅。比繁杏夭桃，品流终别。可惜彩云易散，冷落谢池风月。凭谁向说。三弄处龙吟休咽。大家觅取，时倚阑干，闻有花堪折，劝君须折。（杜寿域安世）[1]

[注释]

　①杜寿域安世：北宋词人杜安世，字寿域。该词应为吴感词，见龚明之《中吴纪闻》卷一，词牌当为《折红梅》。

蜡　梅

事实祖

纪　要

京洛间有一种花，香气似梅花，亦五出，而不能品明，类女工
撚蜡所成，京洛人因谓蜡梅。本身与叶乃类蒴藋，窦高州家有灌
丛，香一园也。(山谷诗序)[①]

蜡梅，山谷初见之，戏作二绝，缘此盛于京师。(王元之诗话)[②]

[注释]

①山谷诗序：此指黄庭坚《戏咏蜡梅二首》诗自序。

②王元之诗话：当作王立之诗话。北宋王直方，字立之，有《王直方
诗话》。

杂　著

蜡梅，本非梅类，以其与梅同，香又相近，色酷似蜜脾，故名
蜡梅。以子种出，不经接，花小香淡，其品最下，俗谓之狗蝇梅。
经接花疏，虽盛开，花常半含，名磬口梅，言似僧磬之口也。最先
开，色深黄，如紫檀，花密香浓，名檀香梅，此品最佳。蜡梅香极
清芳，殆过梅香。初不以形状贵也，故虽题咏，山谷、简斋但作五
言小诗而已。此花多宿叶，结实如垂铃，尖长寸余，又如大桃奴，
子在其中。(范石湖《梅谱》)

赋咏祖

五言散句

不施千点白，别是一家春。（陈简斋）

七言散句

蜡梅迟见二年花。（杜牧之）
花须酝蜜共称美，蜜脾剪花喷沉水。（苏伯业）[1]
底处娇黄蜡样梅，幽香解向晚寒开。（李方叔）[2]
紫蒂黄苞破腊寒，清香旋逐角声残。（曾文昭）

[注释]

①苏伯业：南北宋之交诗人苏简，字伯业，苏辙孙。

②李方叔：北宋诗人李廌，字方叔，号太华逸民。

五言古诗

金蓓领春寒，恼人香未展。虽无桃李颜，风味极不浅。（山谷）
体熏山麝脐，色染蔷薇露。披拂不满襟，时有暗香度。
朱朱与白白，着意待春开。那知洞房里，已傍额黄来。（陈简斋八首）
韵胜谁能舍，色庄那得亲。朝阳映一树，到骨不留尘。
黄罗作广袂，绛帐作中单。人间谁敢著，留得护春寒。
一花香十里，更值满枝开。承恩不在貌，谁敢斗春来。
花房小如许，铜砌黄金涂。中有万斛香，与君细细输。
来从底处所，黄露满衣湿。绿态翻得怜，亭亭倚风立。
奕奕金仙面，排行立晓晴。殷勤夜来雪，小住作珠缨。
亭亭金步摇，朝日明汉宫。当时好光景，一似此园中。

寒里一枝春，白间千点黄。道人不好色，行处若为香。（陈后山七首）

异色深宜晚，生香故触人。不施千点白，别作一家春。

旧鬓千丝白，新梅百叶黄。留花如有待，迷国更烦香。

冉冉稍头绿，婷婷花下人。欲传千里信，暗折一枝春。

黄里含真意，春容带薄寒。欲知谁称面，偏插一枝看。

花里重重叶，钗头点点黄。只应报春信，故作著人香。

色轻花更艳，体弱香自永。玉质金作裳，山明风弄影。

蝶采花成蜡，还将蜡染花。一经坡谷眼，名字压群葩。（王梅溪）

五言八句

风雪催残腊，南枝一夜空。谁知芳草里，却有暗香同。质莹轻黄外，芳腾浅绛中。不遭岑寂侣，何以媚芳丛。（朱文公）

栗玉圆雕蕾，金钟细著行。来从真蜡国，自号小黄香。夕吹撩寒馥，晨曦透暖光。南枝本同姓，唤我作他杨。（杨诚斋）

七言古诗

天公点酥作梅花，此有蜡梅禅老家。蜜蜂采花作黄蜡，取蜡为花亦其物。天公变化谁得知，我亦儿戏作小诗。君不见万松岭上黄千叶，玉蕊檀心两奇绝。醉中不觉度千山，夜闻梅香失醉眠。归来却梦寻花去，梦里花仙觅奇句。此间风物属诗人，我老不欲当付君。君行适吴我适越，笑指西湖作衣钵。（东坡）

化人巧作缃样花，何年落子空王家。羽衣霓裳涴香蜡，从此人间识尤物。青琐诸郎却未知，天公下取仙翁诗。乌丸鸡距写玉叶，却怪寒光未清绝。北风驱雪度关山，把烛看花夜不眠。明朝诗成公亦去，长使梅仙诵佳句。湖山信美更须人，已觉西湖属此君。坐想

明年吴与越，行酒赋诗听击钵。（陈后山）

梅花已自不是花，冰魂谪堕玉皇家。不餐烟火更餐蜡，化作黄姑瞒造物。后山未觉坡先知，东坡勾引后山诗。金花劝饮金荷叶，两公醉吟许孤绝。人间姚魏谩如山，令人眼暗只欲眠。此花寒香来又去，恼损诗人难觅句。月兼花影却三人，欠个文同作墨君。吾诗无复古清越，万水千山一瓶钵。（杨诚斋）

智琼额黄且乱夸，回眼视此风前葩。家家融作蜡杏蒂，岁岁逢梅是蜡花。世间真伪非两法，映日细看真是蜡。我今嚼蜡已甘腴，况此有韵蜡不如。只愁繁香欺定力，熏我欲醉须人扶。不辞花前醉经月，是酒是香君试别。（陈简斋）

七言古诗散联

化工未约荼蘼菊，先放细梅伴群玉。幽姿着意慕铅黄，正色何心轻萼绿。（周益公）

色含天苑鹅儿黄，影蘸瀛波鸭头绿。日烘喜气光烛须，雨洗道妆鲜映肉。（王梅溪）

七言绝句

闻君寺后野梅发，香蜜染成官样黄。不拟折来遮老眼，欲知春色到池塘。（山谷三首）

天工戏剪百花房，夺尽人工更有香。埋玉地中成故物，折枝镜里忆新妆。

卧云庄上残花发，香似早梅开不迟。浅色春衫弄风日，遗来当为作新诗。

未教落叶混冰池，且著轻黄缀雪衣。越使可因千里致，春风元自不曾知。（晁无咎）

恐是酴醿染得黄，月中清露滴来香。定知何逊牵诗兴，借与穿

帘一点光。（又）

茅檐竹坞两幽奇，岸帻寻花醉亦知。崖蜜已成蜂去尽，夜寒惟有露房垂。（晁具茨三首）

荼蘼架倒花尽发，薜荔墙摧石亦移。此地与君凡几醉，年年同赋蜡梅诗。

步屧穿花醉晚风，翻枝摘叶兴何穷。他年上苑求佳种，越白江红扫地空。

刘郎不独种桃花，蜡蕊柔香更可嘉。臭味相同林下友，从今花木亦通家。（王梅溪）

路入君家百步香，隔帘初试汉宫妆。只疑梦到昭阳殿，一簇轻红绕淡黄。（韩子苍）

香蜜裁葩分外工，疏枝数点缀雏蜂。娇黄染就宫妆样，香暖尤宜爱日烘。（杨巽斋）[1]

满面宫妆淡淡黄，绛纱封蜡贮幽香。遥怜未识花消息，乞与一枝教断肠。（张于湖）

花簇柔枝疑蜜窝，蒂含新蕊似蜂房。外无梅粉铅华饰，中有兰心紫晕香。（姚西岩）[2]

茧黄织就费天机，付与园林晚出枝。诗老品题犹误在，红梅未是独开迟。（周益公）

江梅珍重雪衣裳，薄相红梅学杏妆。渠独小参黄面老，额间艳艳发金光。（杨诚斋）

蜜蜂底物是生涯，花作糇粮蜡作家。岁晚略无花可采，却将香蜡吐成花。

天向梅梢独出奇，国香未许世人知。殷勤滴蜡缄封却，偷被霜风折一枝。

惹得西湖处士疑，如何颜色到鹅儿。清香全与江梅似，只欠横斜照水枝。（吴永斋）[3]

①杨巽斋：生平不详，当姓杨，号巽斋。此一作宋徽宗《题画册花草四首·蜡梅》诗，或是。

②姚西岩：生平不详，当姓姚，号西岩。

③吴永斋：南宋诗人吴泳，字叔永，号鹤林，永斋或为其又一别号，此为其《鹤林集》卷四《蜡梅》诗。

七言八句

二姝巧笑出兰房，玉质檀姿各自芳。品格雅称仙子态，精神宜著道家黄。宓妃谩诧凌波步，汉殿徒翻半额妆。一味真香清且绝，明窗相对古冠裳。（楼攻愧）①

[注释]

①楼攻愧：南宋著名诗人楼钥，字大防，自号攻愧主人，有《攻愧集》。

乐府祖

十八香

蜡换梅姿，天然香韵初非俗。蝶驰蜂逐。蜜在花梢熟。　　岩壑深藏，几载甘幽独。因坡谷。一标题目。高价掀兰菊。（王梅溪）

好事近

一种负前春，谁辨额黄腮白。风意只吟群木，与此花全别。

此花佳处似佳人，高情带诗格。君与岁寒相许，有芳心难结。（赵介庵）

踏莎行

粟玉玲珑，瓮酥浮动。芳趺染得胭脂重。风前兰麝作香寒，枝

头烟雪和春冻。　　蜂翅初开，蜜房香弄。佳人寒睡愁如梦。鹅黄衫子茜罗裙，风流不与江梅共。（毛东堂）

菩萨蛮

江南雪里花如玉，风流越样新妆束。恰恰缕金裳，浓熏百和香。　　分明篱菊艳，却作梅妆面。无处奈君何，一枝春已多。（韩南涧）

十拍子

点缀莫窥天巧，名称却道人为。香酝蜜脾分几点，色映乌云倚一枝。遥看倒透迟。　　映水不嫌疏影，娇春也自同时。红树落残风乍暖，塞管声长晓更催。此时知不知。（马古洲）

浪淘沙

娇额尚涂黄，不入时妆。十分轻脆奈风霜。几度细腰寻得蜜，错认蜂房。　　东阁久凄凉，江路悠长。休将颜色较芬芳。无奈世间真若伪，赖有幽香。（又）

天　香

蝉叶粘霜，蝇苞缀冻，生香远带风峭。岭上寒多，溪头月冷，北枝瘦、南枝小。玉奴有姊，先占立、墙阴春蚤。初试宫黄淡泊，偷分寿阳纤巧。　　银烛泪珠未晓。酒钟悭、贮愁多少。记得短亭归马，暮衔蜂闹。豆蔻钗头恨袅。但怅望、天涯岁华老。远信难封，吴云雁杳。（吴梦窗）

千秋岁

晓烟溪畔，曾记东风面。化工更与重裁剪。额黄明艳粉，不共妖红软。凝露脸，多情正似当时见。　　谁向沧波岸，持花移闲馆。情一缕，愁千点。烦君搜妙语，为我催清燕。须细看，纷纷乱蕊空凡艳。（叶石林）[1]

[注释]

①叶石林：南北宋之交诗人叶梦得，字少蕴，号石林居士。

卜算子

蜜叶蜡蜂房，花下频来往。不知辛苦为谁甜，山月梅花上。

玉质紫金衣，香雪随风荡。人间唤作返魂梅，仍是蜂儿样。（李方舟）[1]

[注释]

①李方舟：南宋诗人李石，字知几，号方舟子。

江淮肥遯愚一子　陈景沂 编辑

建　　安 祝　穆 订正

事实祖

碎　录

梅，杏类，树及叶皆如杏，而实同。（《诗》疏）

摽有梅，男女及时也。（《诗》）

墓门有梅。（《诗》）

侯栗侯梅。（《诗》）

五月煮梅为豆实。（《大戴礼》）

笾人馈食之笾，其实干藔（音老）。注："梅干也。"（《周礼》）

纪　要

高宗命傅说曰："若作和羹，尔惟盐梅。"（《说命》）

东方朔与门生三人行，见一鸠。一生曰："当得酒。"一生曰："其酒必酸。"一生曰："虽得酒，不及饮。"三生皆到。须臾，主人出酒，安樽于地而覆之，不得酒。问其故。曰："出门见鸠饮水，故知得酒。鸠飞集梅，故知酒酸。飞鸠去集，枝折，故知不得饮也。"（《外传》）①

孙亮方食生梅，使黄门以银碗并盖，就藏吏取甘蔗饧。黄门着鼠屎于饧中。（《吴志》）②

魏武帝以行兵失道，三军皆渴。帝曰："前有大梅林，结子甘酸，可以解渴。"士卒闻之，口皆出水。③

吴人谓梅子为曹公，又谓鹅为右军。有士人遗醋梅与焐鹅，作书云："醋浸曹公一瓶，汤焐右军两只。"（《笔谈》）④

范任能啖梅，人尝致一斛㪷，留任食之，须臾而罄。（《语林》）

五代赵康凝、杨偓方宴，食青梅，康凝顾偓曰："勿多食，发小儿热。"诸将以为慢。偓迁康凝海陵。⑤

夏至前雨，名黄梅，沾衣裳皆败黦。又《埤雅》载云："今江湘二浙，四五月间，梅欲黄落，则水润土溽，柱础皆汗，蒸郁成雨，谓之梅雨。故自江以南，三月雨谓之迎梅，五月雨谓之送梅。"（黦，于勿、于月二反，黑有文也。周处《风土记》）

江淮有梅雨，号为梅霖，沾衣皆黦。又有落梅风，以为信风。（《风俗记》）⑥

[注释]

①此条出《东方朔别传》。

②《太平御览》卷一一八辑此条出处作《吴历》。

③四库本注出处为《三国志》。此条出《世说新语·假谲》。

④《笔谈》：指沈括《梦溪笔谈》。

⑤四库本注出处为《五代史》。此条出欧阳修撰《新五代史》卷四一。

⑥"《风俗记》"，八千卷楼本、碧琳琅馆本作"《风土记》"。此条有学者视为《风俗通义》佚文，见汉应劭撰、王利器校注《风俗通义校注》第612页。

杂　著

魏无林而止渴，范留信以前尝。（陈照《食梅赋》）

亦果中之嘉实。（吴淑赋）

天子置公卿、大夫、士，欲水土相济、盐梅相仍，不得独是独非也。（王义方疏）①

①王义方疏：唐臣王义方的奏疏，见《旧唐书》本传。

赋咏祖

五言散句

红绽雨肥梅。

四月熟黄梅。

梅杏半传黄。（并杜）

齿软越梅酸。（韩偓）

好折待宾侣，金盘荐红裙。（周·庾信）

七言散句

梅熟许同朱老吃。（杜）

冰盘未荐含酸子。（坡）

冰盘青子渴争尝。（朱韦斋）①

江南树树黄垂密。（竹坡）

[注释]

①朱韦斋：朱松，南北宋之交人，字乔年，号韦斋，理学家朱熹之父。

五言古诗

江梅有佳实，结根桃李场。桃李终不言，朝露借恩光。孤芳已皎洁，冰雪空自香。古来和鼎实，此物升庙廊。岁月坐成晚，烟雨青已黄。得升桃李盘，以远初见尝。终焉不可口，掷置官道傍。但使本根在，弃捐果何伤。（山谷）①

[注释]

①此条出黄庭坚《古风二首上苏子瞻》其一，见《山谷集》卷二。

七言绝句

天赐胭脂一抹腮，盘中磊落笛中哀。虽然未得和羹便，曾与将军止渴来。（罗隐）

青莎径里香未干，黄鸟阴中实已团。蒸豆作乌盐作白，属同丹杏荐牙盘。（山谷《消梅》二首）

北客未尝眉自颦，南人夸说口生津。磨钱和蜜谁能许，去蒂供盐亦可人。

带叶连枝摘未残，依依茶坞竹篱间。相如病渴应须此，莫与文君蹙远山。（黄山谷二首）

渴梦吞江起解颜，诗成有味齿牙间。前年邺下刘公干，今日江南庾子山。

久雨令人不出门，新晴唤我到西园。要知春事深和浅，试看青梅大几分。①

红雨斑斑竹外蹊，黄金袅袅水边丝。举头拣遍低阴处，带叶青梅摘一枝。（杨诚斋）

[注释]

①此条出杨万里《新晴西园散步》其一，见《诚斋集》卷一六。

七言古诗散联

实成上简人主知，进登玉陛调鼎腻。那得滋味甘如饴，无忘风雨摧挫时。（王朣轩）

乐府祖

阮郎归

南园春早踏青时，风和闻马嘶。青梅如豆柳如眉，日长蝴蝶

飞。　　　花露重，草烟低。人家帘幕垂秋千。慵困解罗衣，画梁双燕栖。（欧公）

菩萨蛮

一声羌管吹呜咽，玉溪半夜梅翻雪。江月正茫茫，断桥流水香。　　含章春欲暮，落日千山雨。一点着枝酸，吴姬先齿寒。（孙济师）①

[注释]

①孙济师：北宋词人孙舣，字济师。

永遇乐

风褪柔英，雨肥繁实，又还如豆。玉核初成，红腮尚浅，齿软酸微透。粉墙低亚，佳人惊见，不管露沾襟袖。折一枝、钗子未插，应把手挼频嗅。　　相如病酒，只因思此，免使文君眉皱。入鼎调羹，攀林止渴，功业还依旧。看看飞燕，衔将春去，又是欲黄昏时候。争如向、金盘满捧，共君对酒。（王冠卿）①

[注释]

①"王冠卿"，碧琳琅馆本、汲古阁本、四库本同，八千卷楼本作"王冠军"。此词又见扬无咎撰《逃禅词》。

松斋梅谱

[元] 吴太素 编

解 题

　　元吴太素《松斋梅谱》在我国失传已久，罕有人知，却是一部体系全面、内容丰富、非常重要的画梅谱著，值得我们特别重视。

一、编 者

　　吴太素，字季章，号松斋，余姚人。清康熙四十四年（1705）敕编《佩文斋书画谱》误作"吴大素"①，后世如童翼驹《墨梅人名录》等均沿其误。关于其籍贯，多认为是会稽，《松斋梅谱自序》也署"会稽吴太素"，然会稽是古郡名，如王冕是诸暨人，画上自署多称"会稽王元章"，吴太素之称会稽亦然，实是余姚人。同时余姚人宋禧《重过倪氏深秀楼十首》其五："风流吴老子，作画爱梅花。醉看西窗影，更阑候月华。"深秀楼在浙江上虞，诗有注语："吴老子，吾邑季章先生也。"② 吴太素出身在一个富裕乡绅之家，自南宋乾道以来，其祖先"三世埋铭，尽钜公笔

---

　　① 《佩文斋书画谱》卷五四，注称出于《书画史》，显然有误。考吴太素存世梅画，有文肃世家、吴太素、季章三印，足证其名太素字季章不误。该谱所引《书画史》有三种，一是刘璋《书画史》，二是《皇明书画史》，另一未署编者。其中有一处写作"刘璋《皇明书画史》"，所指均应为刘璋所编《皇明书画史》。黄虞稷《千顷堂书目》卷一五："刘璋《明书画史》三卷。字圭甫，嘉定人。末一卷，璋同邑童时补正，时字尚中。"《四库全书总目》提要称："是书成于正德乙亥，载洪武以来善书画者得三百七十余人，而释子六人并缀于末。又附元代名家及五季、宋、金之姓氏隐僻者九人，别为一卷。每人寥寥数言，不备本末，粗具梗概而已。"刘璋原书不存，是其本误，还是四库馆臣误抄，无从考证。
　　② 宋禧《重过倪氏深秀楼十首》其五，《庸庵集》卷八。

叙"，其惠民济众之事闻名乡里，然未见有仕宦功名①。吴太素早年曾在四明山结庐隐居，慈溪黄玠有《余姚吴季章松斋图》诗②，描写其山中生活，时间大约在顺帝至元间（1335～1340）或稍早。诗称"之子秀骨须眉苍，与松为游三十霜"，是说吴太素山居遨游30载，而身体极为强健，其号松斋，当出于此。设若吴太素20岁始山居遨游，至此应50岁左右。这与《松斋梅谱自序》所说年龄信息大致吻合。自序作于至正九年至十一年间（1349～1351），序称"漫浪湖海"，"迨今四十余年"，此时吴太素应在60岁上下，其出生当在前至元二十八年（1291）前后。由此可见，吴太素比王冕（1303？～1359)③ 年长大约十岁左右。而其去世，尚在王冕后，因为明洪武年间入仕的两位浙东后生乌斯道、郑真的文集中都有与吴太素交往的诗歌，有可能其生活到元末甚至明初。

---

① 顾存仁修，杨抚等纂《（嘉靖）余姚县志》卷一四吴自然传。吴自然是南宋末年人，其行实见陈著《吴谊甫墓志铭》，《本堂集》卷九一。吴自然，字谊甫，曾祖松年，子玹、埏、孙镛、鑰，曾孙洧、灏、濬。关于吴太素与吴自然的关系见杨维桢《跋姚江吴氏三叶墓志文》（载汪砢玉《珊瑚网》卷一二《元名公翰墨卷》)："余读姚江吴氏三叶墓志文，而因知世运之有高下也。始铭南堂老人者，唐公震也，其言虽涩，而犹清狷可喜，时盖去乾道中兴未远也。中铭雁峰隐人者，陈公著也，其言萎茎，盖宋就衰矣。及观铭天台赏官者，臧公梦解也，其言约以则，蔚乎有古章，时则圣元一统已五十年矣……季章父为三叶后也，隐居行谊，无忝其先，其能光远而有耀者哉。至正丁亥秋一日铁崖山人杨维桢书。"杨氏跋文作于至正七年（1347）。吴太素应是吴自然的后裔。

② 黄玠《余姚吴季章松斋图》，《弁山小隐吟录》卷二。

③ 王冕生年原有后至元元年（1335）、至元二十四年（1287）两说，均由其子王周的生卒年误属或据其年龄逆推，已为学界否定。其生年无确切记载，只能大致推测。王冕现存作品中最早的年代信息是至元二年（1342）两首诗：《结交行送武之文》"今年丙子旱太苦，江南万里皆焦土"，《喜雨歌赠姚炼师》"今年大旱值丙子，赤土不止一万里"。王冕儿子王周的生卒年有吕升《山樵王先生行状》明文记载，生于至元（误作至正）乙亥即至元元年（1335），卒于明永乐五年（1707）。一般多以为王冕二十五岁左右生王周，是王冕当生于至大三年（1310）左右。我们认为王冕出生应该更早些，王冕三十岁所作《自感》长诗，回顾自己"蹭蹬三十秋，靡靡如蠹鱼。归耕无寸田，归牧无尺刍。羁逆泛萍梗，望云空叹吁。世俗鄙我微，故旧嗤我愚。赖有父母慈，倚门复倚闾"，提到的只是父母，感慨的只是上对父母，无以"反哺"，深怀愧疚，却无一句下对妻儿之意，可见其三十岁时尚未成家立业，全赖父母供养。也就是说，王冕结婚生子应在三十岁之后，我们设若此后即积极张罗结婚生子，他应比王周大三十二岁左右，则其生年当在大德七年（1303）前后，比友人刘基（1311～1375）稍大些。

吴太素生活态度与王冕大致相近，一生"自甘岩壑"①，"漫浪湖海"②四十余年。除四明山松斋隐居外，大约至正初年，曾寓居绍兴城南③。至正八年（1348），王冕南归隐居绍兴城南九里，诗中称吴太素"东邻吴季子"④，说明此时吴太素也居住绍兴城南。大约在生命的最后，他又回到四明山旧居⑤。

吴太素善画，长于山水、松竹等，尤工写梅，自称"予生僻好梅，每于溪桥山驿、江路野亭之间，见其花必裹回谛观，有得于心，辄应之于手"⑥。画法师承扬无咎一派，现存《雪梅图》、《墨梅》、《松梅图》，均藏于日本⑦，另传有至正元年（1341）《群仙拱寿图》⑧。其孙吴孟文能传家法，也擅画梅，闻名于洪武间⑨。

二、编刊时间

《松斋梅谱自序》称作者潜心画梅40余年，老来笔力非曩日比，可见此谱作于晚年。其内容并非完全自撰，序称"悉取诸家手诀及旧藏画卷"，"以己意删繁补略"，显然多有取材他人撰述。明确可考者至少有宋伯仁《梅花喜神谱》、范成大《梅谱》、张淏《（宝庆）会稽续志》、邓椿《画继》、陈景沂《全芳备祖》。第一、二两卷的理论、技法条目也是内

---

① 郑真《题吴季璋松斋》，《荥阳外史集》卷九一。
② 吴太素《松斋梅谱自序》，《松斋梅谱》卷首。
③ 王冕《寄太素高士》："我昔扁舟上耶溪，寻君直过丹井西。"《竹斋集》卷下，《文渊阁四库全书》本。
④ 王冕《山中杂兴》其五："东邻吴季子，潇洒亦堪怜。"《竹斋集》卷下。
⑤ 乌斯道（慈溪人）《春草斋集》诗集卷五《吴季章松斋》："江海归来雪满颠，青松老大屋平安。日长宴坐清阴底，松子俄然打竹冠。"
⑥ 《松斋梅谱自序》，《松斋梅谱》卷首。
⑦ 吴太素《雪梅图》，绢本，挂轴，水墨，现藏日本新潟市永田町，私人收藏；《墨梅》，纸本，挂轴，水墨，见于日本兵库县尼崎薮本浩三集；《松梅图》，绢本，挂轴，水墨，现藏日本山梨县大山寺。关于吴太素的作品，请见美毕嘉珍《墨梅》第371～373页，此处信息均源于该书。
⑧ 上海人民美术出版社1981年版俞剑华《中国美术家人名辞典》第276页"吴大素"传所引，不知所据。
⑨ 凌云翰《吴孟文墨梅》："吴生妙绝宫墙画，不向冰纨寄墨痕。怪得炎天见梅蕊，姚江知有季章孙。"《柘轩集》卷一。

容、形式乃至风格口吻各不一样，显然并非出于一人之手。

序又称"乃锓诸梓，以广其传"，是当时正式刊行过。第四卷辑录宋伯仁《梅花喜神谱》，卷末有吴太素自跋，称"因予所缉《梅谱》成，乃复列之第四卷"，所署时间是"至正辛卯重阳日"，是至正十一年（1351）。据此，吴太素先完成前三卷，是年补辑第四卷。后面各卷如出其手，应在是年以后。今日本藏抄本第十五卷末有至正九年（1349）张雨（1283～1350）跋文。既然此跋时间在卷四吴太素跋文的两年前，应属前三卷完成时，可见前三卷完成于至正九年夏或以前。鉴于第五卷以下各卷规模与前四卷变化悬殊，可能未必尽出吴太素之手，或者第五卷以下均由书商组织他人根据吴太素部分遗稿补编，具体编辑和最终成书时间不明。但张雨跋中所言墨梅发展史的情况与第十四卷所收墨梅画家的情况又有一定的对应性，也有可能全书均由吴太素完成，第四卷为最后插入，则全书完成时间在至正十一年。不管实属哪种情况，考虑到至正十九年（1359）起浙东时局变化，干戈动荡，全书的编撰、刊行工作最迟应在此前完成，才为合理。

三、版本

《松斋梅谱》的所见最早著录为明嘉靖间晁瑮《晁氏宝文堂书目》："《松斋梅谱》，元刻，不全。"[1] 明确称作元刻，可见元末正式付刊过，但未载明编者和卷数。明万历间，王思义《香雪林集》卷二五、卷二六辑录此谱，称吴太素《画梅全谱》，可见此时《松斋梅谱》在中土尚不难见。清初黄虞稷《千顷堂书目》卷一五载有"《松斋梅谱》十五卷"，但未署撰者姓名。《明史·艺文志》同出黄氏之见，也不载编者。可见，入清后人们对此书已不甚了解，编者和卷数都较模糊。厉鹗《南宋院画录》曾引用此书三条，称"吴太素《画梅全谱》"，或是从明万历间王思义《香雪林集》间接所得。据说晚清陆氏丽宋楼曾入藏一部，后流入日本，

---

① 晁瑮《晁氏宝文堂书目》卷下。

为静嘉堂所藏①。但陆心源《皕宋楼藏书志》、日人河田罴《静嘉堂秘籍志》、静嘉堂文库诸桥辙次《静嘉堂文库汉籍分类目录》均未见著录。日本岛田修二郎对《松斋梅谱》版本有过专门研究，所著《解题松斋梅谱》一文也未提及静嘉堂藏本。上海书画出版社 1993 年版卢辅圣主编《中国书画全书》第 2 册收录《松斋梅谱》，有文无图，称"以日本静嘉堂文库本断句排印"，不知所说何据②。

该书在我国已经失传，据岛田修二郎介绍，日本有四个手抄本：一是近卫本，阳明文库藏本；二是浅野本，广岛市立浅野图书馆藏本；三是妙智院本，天龙寺妙智禅院藏本；四是富冈本，富冈益太郎藏本（大东急记念文库）。上述四种抄本中，近卫、浅野、富冈本属于同一系统，妙智院本文字稍异。四本中都缺原十五卷中的卷七、八、九、一〇、一五共 5 卷，其他文字脱讹也大同小异，所谓静嘉堂文库本也是如此，都应属同一个祖本传抄而成。最初的抄本可能出于五山僧人之手，所据刻本应是元末明初的来华僧人带回的，或已有残缺。

笔者近年辗转了解到，《松斋梅谱》传入日本的时间，日本文献有明确的记载。日人瑞溪周凤（1391～1473）《脞说补遗》："刻楮子（引者按：瑞溪自号，瑞溪有《刻楮集》）谓，《松斋梅谱》永亨甲寅岁始自大明来。予谒双桂肖翁（引者按：惟肖得岩，一号双桂，1360～1437），翁指座隅素屏风曰：'七十年来欲见而未得者，忽焉在此！'予就而见之，宋广平《梅花赋》也，盖以《梅谱》张于屏面也。"《松斋梅谱》卷一二收有宋璟《梅花赋》全文。永亨当为永享之误，永享甲寅当明宣德九年（1434），这去《松斋梅谱》第四卷自跋所署的至正十一年（1351），已过去 80 多年。③ 只是所说传本是刻本还是抄本，内容完整还是残缺，都未

---

① 谢巍《中国画学著作考录》第 254 页。

② 该本多数衍脱讹误处与浅野本相同，但也有少量文字优于抄本，可资订补。似乎在岛田修二郎所说四种抄本外，日本确有另一种抄本或浅野本等抄本的抄校本存在。笔者此稿成于仓促，未及查寻，待考。

③ 近年笔者审阅南京大学学位论文，两见引证其事，引起注意。明确论述请见董舒心《论日本苏诗注本〈四河入海〉的学术价值》，《古典文学知识》2012 年第 3 期。

交代。

据日本学者岛田修二郎推测，现存四种抄本出现在 15 世纪到 19 世纪。四个抄本中，近卫本出现最早，大约出现于 15 世纪末期。浅野本质量最优，观其书写风格应属 16 世纪早期的抄本。富冈本出现时间最晚，大约出于 19 世纪早期。岛田修二郎据浅野本解题、校定的《松斋梅谱》，与影印浅野本合订，由广岛市立中央图书馆 1988 印行①。

就浅野本等抄本现存全书内容可见，第一卷至第四卷每卷篇幅都较大，相互间也较平衡，而第五卷以后，每卷规模变小。浅野本第五卷只有 14 目图谱，也许正是原书的实际规模。第六卷稍大，包括现在我们辑补的条目，应该有部分属于第七至第十卷散失的内容，合计尚存 46 目。如果按浅野本第五卷 14 目的分卷规模，则第六卷至第十卷共 5 卷，大概应有图 70 幅，目前的 46 目，加上第三卷中《叠玉》以下 8 幅，可能属于第六卷以下的内容。累计 54 目，占了 77%。而所谓第十五卷，则应承上为《画梅人谱》，我们从《香雪林集》中仍能发现一些浅野本删节的内容。汇集日藏《松斋梅谱》抄本、王冕《梅谱》、《华光梅谱》、《香雪林集》诸书可资补佚的内容，最终结果可能是，全书的条目实际缺失并不太多，只是原书的分卷信息严重模糊了，编排次序也不免错乱。

抄本卷七以下缺失的内容主要出于三种情况：一是由于图谱临摹的困难，抄者不善绘事，未能忠实原本，卷六以下图谱或节而不抄，或录文弃图，而导致目前这种卷七以下数卷连缺、一些图目有文无图的现象。二是抄者作为禅僧自身的兴趣，对原书僧人野逸之流的内容严守不误，而其他内容多有删节。比如岛田修二郎即认为卷一四、一五的《画梅人谱》详录僧人传记，其他人士的记载多较简略，而画院画家更是一人不存，就典型反映了禅僧的主观喜好。三是有意无意的精简删节、脱漏错简，这种现象在全书各卷都程度不等地存在着，卷六以下为甚。对这样一部体系周备

---

① 笔者所见为日本早稻田大学教授内山精也先生赐赠之该书复印件，谨此志谢。内山精也先生曾留学复旦大学，师从王水照先生，主治宋代文学，著述颇丰，乃东瀛该领域之佼佼者，为中、日同仁所重视。

的重要梅谱来说，在刻本失传的情况下，抄本的这些缺失是极为可惜的，但综合王冕《梅谱》、《华光梅谱》、《香雪林集》诸书散见资料以及抄本最后附录的汉字假名混交文三十多条补说，进行参证辑校，可以有所弥补，这是我们这里着力进行的。

四、内容补订

今所见抄本《松斋梅谱》不仅缺漏明显，而且各卷误书、衍脱、窜乱、删节所在多有。岛田修二郎解题和校定本就四种抄本做了细致的比勘校对工作，指出了许多错误。但其意仅止于此，我们这里致力全书的补辑，尽可能恢复全书内容。

对《松斋梅谱》补辑作用最大的莫过于元王冕《梅谱》、明人《华光梅谱》和明王思义《香雪林集》三书。王冕《梅谱》、《华光梅谱》，尤其是后者，备受美术界重视。前者见于明《永乐大典》，应该属于《松斋梅谱》刊行后不久的托名改编本。对王冕《梅谱》的编撰者，学术界有不同的看法。日人岛田氏疑其为元末明初人托名节取《松斋梅谱》而成，台湾张光宾的看法则完全相反，他认为《松斋梅谱》的"主要资料来源，是以王冕梅谱为基础，又辑录编者自藏前代画梅谱诀而成"①。笔者以为，王冕有可能编过梅谱，元末鄞县定水寺僧来复（1319～1391）《胡侍郎所藏会稽王冕梅花图》诗："会稽王冕双颊颧，爱梅自号梅花仙。兴来写遍罗浮雪千树，脱巾大叫成花颠。有时百金闲买东山屐，有时一壶独酌西湖船。暮校梅花谱，朝诵梅花篇。水边篱落见孤韵，恍然悟得华光禅。我昔识公蓬莱古城下，卧云草阁秋潇洒。短衣迎客懒梳头，只把梅花索高价。不数杨补之，每评汤叔雅。"② 同时会稽钱宰《题画梅和王山农韵》："自从上苑成尘土，无复当年旧歌舞。源上桃花不记秦，九畹芳兰已忘楚。不如山人卧云松，破屋长在梅花东。传家别有花作谱，放手直欲先春风。见

---

① 张光宾《元吴太素松斋梅谱及相关问题的探讨》，严文郁等《蒋慰堂先生九秩荣庆论文集》第 443～446 页。
② 僧来复《胡侍郎所藏会稽王冕梅花图》，《御定历代题画诗类》卷八四。

花如见山人面，谁道人间亡是公。"① 两人均与王冕有交往，两人所言不约而同，似非泛泛称颂，应实有所指。但两人所说均为回忆王冕至正八年（1348）南归绍兴隐居后的生活，而《松斋梅谱》末尾张雨跋署至正九年、吴太素自跋时间为至正十一年。张雨为吴太素《松斋梅谱》所作跋文盛赞王冕画梅成就，建议吴太素谱中应添上王冕，并未说王冕自有《梅谱》之编。张雨、王冕、吴太素三人相互熟识，如果王冕有梅谱之作，想必张雨或吴太素都会言及。这表明王冕没有梅谱之作，至少到吴太素编成《松斋梅谱》前四卷的至正十一年，未有梅谱问世。如王冕最终确有《梅谱》撰成，时间也当在《松斋梅谱》之后，或者实际并未完成，更未及印行。王冕《梅谱》今仅见于《永乐大典》卷二八一二墨梅条下，后世未见明确著录，所有条目均出于《松斋梅谱》卷一、卷二，最大的可能是好事者节取《松斋梅谱》而成，而附在当时画梅声名鼎沸的王冕名下。

所谓《华光梅谱》应属同一性质，现存《华光梅谱》主要有两种，一为明万历十八年（1590）詹景凤补辑《王氏画苑补益》卷二所载《华光梅谱》，二是清顺治间宛委山堂本《说郛》所收《画梅谱》。编者署"元华光和尚"（或道人），显然都误书时代，华光道人是宋人，而非元人。此两种实出一源，文字内容与版式基本相同。所收内容基本出于《松斋梅谱》，也属吴谱的简编本，当为明中叶永乐之后、万历之前人所为。与王冕《梅谱》不同，所选内容以技法口诀为主。其中有些片断不见于《松斋梅谱》，或者融入了编者及同时人的画梅经验。

两书实际都由《松斋梅谱》第一、二两卷的内容精简而成，正可用以校补《松斋梅谱》。两书中多出部分不免有少量后人新添或细节改易，但孰是孰非难于具体判别，一并补入相应位置，详明所属，以备参考。一般说来，出于王冕《梅谱》者，因与《松斋梅谱》时间相近，相对可靠些，而仅见于《华光梅谱》者当多属后出，读者自请注意。

尤其值得注意的是，明万历间刻本王思义《香雪林集》卷二五、二

---

① 钱宰《临安集》卷一，《文渊阁四库全书》本。

六收辑《松斋梅谱》，较日本四种抄本相关内容都更为完整，且图文多配套齐全。该书第二十五卷称吴太素《画梅全谱》（清厉鹗《南宋院画录》所引吴太素梅谱内容当出此），主要辑录《松斋梅谱》第一、二卷的条目。其中《扬补之写梅论》、《汤叔雅写梅论》、《论形》、《论骨情性》等，都是很重要的论说，而抄本未见。该卷《画梅人谱》则应是《松斋梅谱》卷一四、一五中的内容，但多有删简，不过也有一些条目不见于抄本，如马远、毛益、陈宗训等，都是画院画家，想必《松斋梅谱》之《画梅人谱》原本有画院画师一类，但都被抄本删节了。该书第二十六卷称《画梅图诀》，题下称"华光图诀四十八、范补之图诀一百、宋器之图诀五十六"三类，所谓范补之当是扬补之之误，实际所收为 48 幅花头图，继而 100 幅为宋伯仁《梅花喜神谱》的图谱（起首《麦眼》、《柳眼》2图与七言诗《麦眼》、《椒眼》互换位置），再接 56 幅枝干图，另有《麦眼》、《椒眼》2 幅花蕾图（附七言句），共 206 目图谱，较卷首所说三种204 幅多出 2 幅。这些内容对应抄本《松斋梅谱》卷三至卷六的图谱，与抄本相较，不仅数目超出不少，而且诗、图对应俱全。这些不仅可以弥补抄本的缺失，对我们了解《松斋梅谱》全貌也大有帮助。

我们这里的整理，以日本广岛市立中央图书馆的影印浅野本为底本，以《永乐大典》本王冕《梅谱》、明詹景凤《王氏画苑补益》本《华光梅谱》、《四库全书存目丛书》影印万历刻本《香雪林集》、上海书画出版社 1993 年版《中国书画全书》所收标点日本静嘉堂本《松斋梅谱》以及岛田修二郎校本提供的日本其他三种抄本信息汇辑参校，补阙订讹，尽可能恢复原书规模，核定原书内容。凡底本所无、参校诸书补辑的条目和段落以仿宋字显示，谱文中原有的注解以楷体字显示。我们所作的校勘、补辑说明以注释显示，补辑的图像出处也在该图图目的注释中说明。对谱中所涉重要的人名、地名、专业术语等，就我们所知，一并在注中略作解释和说明，以方便阅读。

五、全书内容

现据我们整理后的结果，介绍全书内容：

1. 卷首：吴太素自序，叙编辑、出版缘起。

2. 卷一、卷二：画梅的基本理论和技法口诀。共53条，每条都有简短标题，论说、口诀、诗歌、名录等形式兼而有之。内容包括墨梅的起源、梅花的形象特性、画梅的取景品目、构图原则、技法要领、初学指南等方面。少数条目属于一般原理，多数是具体技法，有较强的实用性、指导性。这些材料的编排顺序并无规律，形式多样，风格不一，来源复杂。其中有些当为吴太素自撰，但多数则属辑录他人所说，或略施整理。卷一《取象》条下，有九段称"三昧"所说口诀，《华光梅谱》存其七条，所谓三昧，可能是元朝一位墨梅画家的别号。除这一署名信息外，其他条目均无作者、出处的任何迹象。应该说这些内容都应出于吴太素、三昧这样名不见经传的底层画家之手。从时间上说，这些内容多出于南宋后期，尤其是元朝。对此可举出一些内证，如卷二《论理》以阴阳之道阐发梅花特性，引用《朱子语类》卷七四、卷七六中的两段话，这应是元中叶朱熹学说盛行后的观点。又如卷二《胶纸法则》中提到"今市货中名为灰纸者"，灰纸是元代比较常见的一种纸张。这些都透露了这些条文的时代信息。

3. 卷三至卷六：画法图谱。

卷三、卷四是花头图谱。卷三抄本40目，我们由《香雪林集》补8目，每条一幅图象，配有标题和诗。标题如孩儿头、丫环头、莺爪等，都是比喻花头形状。诗诀为七言四句，对图形和画法加以解释。卷四为转录宋伯仁《梅花喜神谱》内容，但抄本仅82条，可能是抄者疏漏或节略，此据《香雪林集》补齐。与景定重刊本《梅花喜神谱》相比，图像差别明显，花朵、枝梢和走向多有增加和变异，当非严格临摹，而是据目重绘。与《香雪林集》相比，除个别次序不同，构图基本相同，说明《香雪林集》的图谱应全取诸《松斋梅谱》。卷末有吴太素跋文。

卷五、卷六是枝干图谱。卷五20目，均有图，标题如鹤膝、鹿角、铁戟、桑条、女梢、弓势等，形容枝干，极其形象，所配诗诀也是七言四句。卷六共辑46目，应该包括卷六至卷一〇的内容。其中前36条图文俱全，所配图解七言绝句和骚体文兼而有之。后8条有文无图，诗文七言、六言、三言皆有，也只两句，似抄录未全。另从浅野本末尾日文说明补得两目，诗图并无。这 46 目，揣其名目和诗文品诀，多数与卷五同类，属于枝干画法。《深雪漏春》以下无图名目，多属取景构图之法，是否还有些其他写意名目，合有四卷的分量，不得而知。在画梅技法中这已非基础内容，构图复杂，《香雪林集》或因此而不取。

值得注意的是，卷六中多数诗歌、韵语与卷三、卷五之重在画法解说不同，与《梅花喜神谱》的题诗比较接近，多就名目泛泛题赞，很少涉及具体画法。而偏偏这些图目，大多又与卷一、卷二中技法条文和口诀中所说技法术语相对应，卷五、六两尤其是卷六中，不少图目可能即根据开头两卷中的技法要领绘制的，但对应的文字口诀中却很少技术指导的内容，与卷三的写法差别明显。这也进一步说明，卷五至卷十的图诀，未必全出吴太素本人，有可能是书坊据吴太素遗稿增编而成。特别提请读者注意，抄本绘图笔法稚拙，较《香雪林集》差甚，如欲观图学法，请取后者为宜①。

4. 卷一一：梅花品种谱。抄缀范成大《梅谱》，有删节，缺官城梅、蜡梅条，所见条目中也多有删节、误置和改动。如：消梅条下增引一首七律诗。古梅条下删去会稽、湖州等地品种的描述，增添了僧德珪诗一首，此人似为吴太素同时人。而绿萼梅条下"干或奇古，而又绿藓封枝……"至所引俞亨宗古梅诗，应属古梅条下"会稽余姚皆有之"后，这段文字辑自《（宝庆）会稽续志》卷四"物产·古梅"条。又千叶黄梅条下"剡中为多"云云，也取自该书。《逃禅别法》一条当由卷一、卷二误置。而卷末《江路野梅》条又与卷六末尾内容相近。对此，我们一一进行了调整。

5. 卷一二、一三：梅花诗赋杂抄。卷一二列宋璟、朱熹、杨万里三人梅花赋各一篇与五言四句诗。卷一三是七言四句诗与七言古诗。两卷中诗歌部分主要摘抄《全芳备祖》前集卷一、卷四的梅花门与红梅门、蜡

---

① 日本抄本的绘图笔法十分拙劣，显属非能画者所作，花枝之间多是机械涂写，结构多不切实际，图中内容与诗中所述也多难对应，而《香雪林集》的图式则出于专业画手，笔法简洁，图像生动，图形与图目、诗文所说多较吻合。但为了尽可能保留底本的面貌，除补辑之目外，我们这里底本原有之图悉数采用。《香雪林集》今有《四库全书存目丛书》影印明万历刊本，较为易得。读者如有兴趣，可取《香雪林集》卷二六图诀观赏揣摩。

梅门的作品，次序及作者、文字等方面的错误也一仍原书。细考所取条目，有详前略后的现象，即开头部分照抄，而后面选抄。这种情况的出现，原书编者和抄本抄者两方面的因素都不能排除。另有少量诗句如七言四句中的李尧夫、谢无逸诗，未见于今本《全芳备祖》，后者或有脱简，或者吴太素又兼取其他资料。值得注意的是，在《全芳备祖》中词作占有很大的分量，而今本《松斋梅谱》一首未见。联系宋人多有画梅题词的现象，而元人类似情况极其少见，《松斋梅谱》这种重诗轻词的现象应属编者态度的反映，并不是抄者删节的结果。

6. 卷一四：画梅人谱。前有小序。共著录33条35人小传，分"前代帝王"、"王公宗戚"、"达官逸士"、"方外缁黄"四类。从《香雪林集》所收画家小传可知，另应有"画院画师"一类。这种分类受宋人邓椿《画继》的影响。就时代而言，宋金31人，元朝4人。从小传内容看，大部分条目可能主要抄缀某一画竹谱，如魏彦蹙传中提到的高氏《竹略》之类著作中的"画竹人谱"写成，因为多数画家的传记总以画竹方面的事迹为重点，而画梅的内容似乎只是随文添上去的。即便如扬无咎、汤叔雅这样在开头两卷推为墨梅至圣、宗师的人物，传记中关于画梅的记载都极为简淡①。这些都令人怀疑，这类内容可能是书坊人士抄缀而成的。小传中写得最详细的是"方外缁黄"中的僧人以及元朝的"达官逸士"，对他们的人品经历、画艺尤其是画梅的成就介绍比较具体，这固然有抄者的因素，但也反映了编者的态度。金人赵秉文的传记中称其"扶持吾道几卅年"，赵秉文喜爱道教，这段材料可能出于一位道教人士的著作。

7. 卷尾：张雨跋。张雨（1283～1350），字伯雨，号贞居、句曲外史，钱塘（今浙江杭州）人。茅山派著名道士，早年居茅山，晚年居杭

---

① 岛田修二郎《松斋梅谱解题》，见广岛市中央图书馆编印之吴太素《松斋梅谱》。岛田修二郎认为，梢后《图绘宝鉴》相关的人物传记可能取材于《松斋梅谱》。但《图绘宝鉴》中同样的传记内容中一般没有生硬地添加"写梅"方面的细节，这表明后者并非转录《松斋梅谱》，而是从当时所见竹谱一类书中直接取资。是否《松斋梅谱》的续编者取材《图绘宝鉴》呢？显然也不可能，因为《松斋梅谱》的传记内容多比《图绘宝鉴》详细，而不是反过来。

州开元宫。博学多闻，诗文、书法、绘画俱工，有《句曲外史集》、书迹《台仙阁记》等传世。该文作于全书前三卷完成之至正九年（1349），原应置于卷三或卷四之末，大约在全书十五卷编成后被移到卷尾。张雨跋中主要叙述了赵孟坚《梅谱》诗及其跋文所述逃禅一系墨梅流派的传承情况。《松斋梅谱》前两卷虽然汇辑了近50多条画梅的理论和技法资料，偏偏未收赵孟坚的《梅谱》诗及相关论说。张雨对此深感遗憾："季章为梅写真一世，类谱以传，宁有不知其派系者哉。予故录于前而续于后，此谱中不可无者，季章其知予言。"① 遗憾的是后续各卷并未吸收这一建议，今本所见《墨梅人谱》未见对赵孟坚所述僧定、扬季衡、刘梦良、毕公济、鲍夫人、徐禹功、谭季萧等人进行增补。接着赵孟坚诗歌开列的名单，张雨又增加了赵孟坚父子、赵孟頫夫妇以及王冕，视为墨梅正统的延续，可以说反映了他对墨梅发展史的认识。而吴谱《墨梅人谱》中除赵孟坚、赵孟頫外，对王冕并未提及。全书提到的元人，主要属于元朝中前期文人，并未延续到王冕生活的元朝后期。如果《画梅人谱》出于吴太素之手，以他与王冕的交谊、当时王冕画梅的实际影响以及张雨的建议，他应该为王冕立传作些介绍的，而偏偏没有。这些情况都使我们进一步怀疑，卷五之后的内容有可能并不出于吴太素。

六、价值地位

《松斋梅谱》15 卷，是一部规模较大、内容丰富、体制周备的专题画学著作，包括了画梅理论和技法、花头和枝干图式、生物品种谱、画梅人谱、梅花诗赋等几大方面，可以说涵盖了梅花专题最主要的知识体系。全书的体例可能受到早前竹谱一类编著的启发。画竹是整个文人花鸟画中出现较早的题材，更是文人画中独立较早的一个重要类型，无论在创作理论还是实践经验上都有先驱的意义。元大德三年（1299）李衎《竹谱》20卷，包括画竹谱、墨竹谱、竹态谱、竹品谱四大方面，体系完备而详赡。

---

① 至正九年张雨为赵孟坚《梅谱》及手迹所作的题词中，也特别强调了"逃禅正派"的地位，见《式古堂书画汇考》卷四五。

《松斋梅谱》与之相比，不重自述己见，而是以汇辑资料、编类知识为主，材料来源也不如其广博，但除大量技法口诀与品目图谱之外别立画家传记和文学作品，兼有画谱与画史、画学与类书之多重性质，可以说也不乏创意，是一部视野更为开阔、体制更为周备的墨梅文化全书，代表了墨梅艺术成熟与繁荣时期的文化视野和理论成就。

《松斋梅谱》最值得关注的还是墨梅技法的丰富内容。此前宋伯仁的《梅花喜神谱》虽称图谱，但意在图说梅花各阶段形态，不以画法为意。赵孟坚的《梅谱》虽称梅谱，其实只是两首叙述之诗，而《松斋梅谱》有两卷理论资料与技法口诀，有四卷乃至八卷图谱，相互呼应，图文配合，充分展示了墨梅绘画的思想观念、技法源流、取象构图、姿态形体、圈花剔须、发枝写干、运笔用墨、初学入门、技法宜忌、花头枝干图式等系统内容，汇集了12世纪中期至14世纪中期尤其是南宋后期至元朝广大墨梅画家的理论思考和经验总结，是宋元时期墨梅技法的一个资料集成。

在画谱的条目中，所有技法要领和主张，多打着"华光（仲仁）、逃禅（扬无咎，字补之，号逃禅老人）、闲庵（汤正仲，字叔雅，号闲庵）"的名号①，属于赵孟坚所推举的"逃禅宗派"、"扬汤之法"的画法体系。而具体的形式以通俗诗歌、口诀和图谱为主，无论是花枝构图还是笔法技巧都形成了一整套形象化的技法术语，有着鲜明的基础性和实用性，极便于初学者理解、掌握和传诵。这些内容在其他文人写作中，包括文人画家的题咏、记录中都很少涉及。笔者曾利用《中国基本古籍库》、《四库全书》等电子信息系统，就《松斋梅谱》开头两卷的内容逐条检索，最终只发现三条资料与《松斋梅谱》内容相近：一是赵孟坚的两首梅谱诗。二是元中叶真州人龚璛《题赵子固画岁寒三友图次韵》"借问僧窗梅几梢，从来只合谷芽焦。孤芳未辨切磋玉，细萼深藏繁衍椒。宣仲韵高春破点，补之豪迈气抽条"②云云。三是《永乐大典》梅卷"墨梅"下所载一条："赵宗英《堕甑扫梅》有云：'枝不对生，花不并发。一偃一仰，

---

① 吴太素《松斋梅谱自序》，《松斋梅谱》卷首。
② 龚璛《存悔斋稿》。

枝梢向上。'《写竹》有云：'剔一，迸二，攒三，聚四。'虽造妙不以言传，少资初学。"其中最后一条与《松斋梅谱》的说法最为接近，所谓赵宗英，或非人名，而是指赵宋宗室英俊，实际是当时的无名之流，堕甑或其室号。这位宋室遗少应该也是一位写梅能手，《松斋梅谱》中的技法口诀和姿形图式应该就主要出于宋元时期这类无名或底层画家、画师之手。这类画艺的总结和指导很少出现在中上流士大夫文人的著作之中，《松斋梅谱》以资料汇集的方式，集中保存了他们丰富的技法秘诀和创作经验，这是《松斋梅谱》最可宝贵的内容。

以华光仲仁为开山，以扬无咎（逃禅）、汤叔雅（闲庵）为代表的技法系统是我国文人水墨写梅技法的核心体系，奠定了我国古代墨梅这一重要文人画类的基本传统。这一传统经过近 250 年的发展，到元代后期吴太素、王冕这个时代已完全成熟①。《松斋梅谱》作为这一绘画流派基本艺术理念和绘画技法的文献集成，可以说正是这一成熟阶段来临之际的产物，是这一绘画传统进入成熟阶段的标志。虽然由于编者吴太素声名不彰，又值元明易代之际的干戈动荡，《松斋梅谱》的流传都受到明显限制，后世获睹其书者寥寥无几，但它却通过王冕《梅谱》、《华光梅谱》两部托名文献简编的特殊方式相继传播。其丰富的技法内容和创作理念，经过后世反复的精简和提炼，成了墨梅写作中最基本、最流行的经典信条，产生了深远的影响②。

---

① 王冕的画法在此基础上有了很多新的灵感和创造，比如他所擅用的大"S"构图法，虽然在《松斋梅谱》的图谱中有类似构图，如《树挂蟠龙》、《金鸾展羽》，但只是偶然一见，并未得到特别强调。就《松斋梅谱》所收图谱而言，其画法仍主要指示初学者最基本的技法要领，因而构图多属扬无咎、汤叔雅、赵孟坚这个时代嫩枝气条为主、清秀婉雅的风格。

② 对《松斋梅谱》的研究，除日本岛田修二郎、美国毕嘉珍外，杭州中国美院孙红博士论文《天工梅心——宋元时期画梅艺术研究》、台湾学者张光宾《元吴太素松斋梅谱及相关问题的探讨》都有涉及。

松斋梅谱

松斋梅谱自序

士大夫游戏翰墨，妙在意足①，不求形似。虽然，舍形而意足，亦难矣，此谱之所由作也。凡摸写②之，非谱何所取则③，及习久纯熟，笔意融会，自能品入神品④，则视谱犹筌蹄⑤尔。予生僻好梅，每于溪桥山驿、江路野亭之间，见其花必裴回⑥谛观⑦，有得于心，辄应之于手。方是时，物我两忘，心境俱畅，孰能较谱之有无也哉。华光⑧、逃禅⑨、闲庵⑩皆以此名世，尝求谱而观之，恍若亲其口授指画者，临模仿效，昕夕⑪靡怠⑫。自是发枝点花⑬，纵横俯仰之法、向背开合之势，历历与谱不少异，迄今四十余年，漫浪湖海，未尝释于怀也。近于朋旧⑭间见向所写，嗛⑮然不自满，若非己作者，因知老来笔力非曩日⑯比。识者每多许可，然不敢自足。第⑰觉图中之梅不啻千万树，酒酣气雄，乘兴一写必合程度⑱。自非有谱，曷能臻⑲是哉？于是悉取诸家手诀及旧藏画卷，辄以己意删繁补略，辑为一编，目曰《松斋梅谱》，与好事者共之。夫梅之为花，擢孤芳于冰霜凌厉之余，清姿雅意，不可名状。予独知之深，爱之笃，写之不倦，至忘寝食焉。后有作者，安知不有如予秉心之苦、用意之廑⑳者耶？不敢自閟㉑，乃锓诸梓㉒，以广其传，因述梗概，冠于卷首云。会稽吴太素序㉓。

[注释]

①意足：写意充分。意，与"神"、"韵"、"趣"等概念相近，与"形"相对。在中国画中，"写意"是一种特定的画法，与"工笔"相对而言，立足于写出物的神韵和情趣，而不以形似见长。

②摸写：模写。摸，通"模"，《松斋梅谱》中"模"多写作"摸"，以下不一一说明。

③取则：取法。

④能品、神品：古人评论书画，有所谓神品、妙品、能品三等。唐张怀瓘《书断》即以此三品评价诸家书法成就。元夏文彦《图绘宝鉴》卷一："气韵生动，出于天成，人莫窥其巧者，谓之神品；笔墨超绝，傅染得宜，意趣有余者，谓之妙品；得其形似，而不失规矩者，谓之能品。"能品以人工为主，只是得其形似，技法精巧，而神品则是纯任天机，自然生动，而又出人意表。

⑤筌蹄：比喻为达到某种目的的手段和工具。筌，捕鱼的笼子。蹄，捕兔的工具，用以系住兔脚，故称蹄。

⑥裴回：徘徊。

⑦谛观：仔细观察。

⑧华光：名仲仁，会稽（今浙江绍兴）人，早年在江淮一带漫游修行，后来到了南岳衡山，大约宋哲宗元祐末住持衡阳华（花）光寺，人称华（花）光仁老，徽宗宣和五年（1123）卒。工绘画，多画江南平远山水、释道人物和兰蕙，尤擅水墨写梅，为佛门所重，也受苏轼、黄庭坚等文人喜爱，后世尊其为墨梅创始人。

⑨逃禅：扬无咎，字补之，号逃禅，清江（今江西樟树市西）人，寓南昌。主要生活于宋高宗年间，诗、书、画均享盛名，尤擅画梅，以书法笔法圈花写枝，奠定了后世墨梅的基本画法，影响深远，有《四梅图》等传世。书学欧阳询，笔势劲利，小字清劲。亦能词，有《逃禅词》。扬无咎、扬补之，宋元文献"扬"多作"杨"。

⑩闲庵：汤正仲，字叔雅，号闲庵，临海（今浙江台州）人，扬无咎外甥，生平不详。元吴太素《松斋梅谱》卷一四："江西人，后居台州黄岩，杨无咎之甥，自号闲庵。"是说本为江西人。《永乐大典》卷二八一二引南宋许景迁《野雪行卷》："汤叔雅，临海士人，工画墨梅，名继江西杨补之，年八十余乃卒。无子，有女能传其业，笔力差不及其父，而妩媚过之。"陈耆卿《题汤正仲〈墨梅〉》："闲庵笔底回三春，平生爱为梅写真。

只今龙钟已八十，双瞳挟电摇青旻。"可见享年至八十余，主要生活于南宋中期（宋孝宗至理宗朝，1163～1240年）。元夏文彦《图绘宝鉴》卷四称其"开禧年贵仕"，不知何据。工绘画，善画梅竹松石，水仙、兰也佳，书法学褚遂良，颇有造诣。书画得扬补之真传，擅长画梅，得扬补之遗法，也有所创新。

⑪昕夕：朝暮。日将出为昕。

⑫靡怠：不懈怠。

⑬发枝、点花：挥写梅枝，圈点花朵。

⑭朋旧：朋友，故人。

⑮嗛（qiàn）：歉，不足。

⑯曩日：往日。

⑰第：只。

⑱程度：标准。

⑲臻：致。

⑳廑（qín）：勤，古勤字。

㉑閟（bì）：关闭，此指掩藏。

㉒锓诸梓：锓，雕刻。梓，木名，古代印书刻版，多选梓木作木版，因而称刻版为付梓。

㉓会（kuài）稽：古郡名，本治苏州，东汉设吴郡，而以浙江（钱塘江、富春江）以东称会稽郡，治所驻今浙江绍兴。吴太素是浙江余姚人，正是会稽郡境内，故称。此序，王冕《梅谱》、《华光梅谱》、《香雪林集》均未采录。

松斋梅谱卷第一

会稽吴太素季章编

原始（花光，字仲仁）①

　　墨梅自华光始。华光者，乃故宋哲宗时人也，尝住持湖南衡州②华光寺，人以华光而称之也。爱梅，静居丈室，植梅数本，每发花时，辄床于其树下终日，人莫能知其意。值月夜，见疏影横窗，疏淡可爱，遂以笔戏摹其状，视之殊有月夜之③思，由是得其三昧，名播于世。山谷见而叹曰："如嫩寒清晓，行孤山篱落间，只欠香耳。"④于是士大夫往往求请，有历数年而不得者，有不求而自与之者。画时先焚香，默坐禅定，意就一扫而成。人或戏之曰："昔子猷⑤好竹，师何僻⑥于梅乎？"师正色曰："真趣岂轻薄子之所知耶！"问者悚然。师年衰，传其学者六七人，独补之精通妙理，号逃禅居士是也。仁老平生所作，止一千二百余枝，流传于世。临终写《披风》、《洗露》二枝寄山谷，为之绝笔⑦。

[注释]

　　①此条并见王冕《梅谱》、《华光梅谱》、《香雪林集》，《华光梅谱》无题。"花光，字仲仁"五字，他本并无，或为抄者自注。

　　②"湖南衡州"，原作"湖南潭州"，《香雪林集》同，王冕《梅谱》作"衡山"，此据改"潭"为"衡"。华光仁老为北宋衡州（今湖南衡阳市）华光寺住持，后世尊为墨梅始祖。

　　③"之"下，原有一空格，《香雪林集》无。

　　④此出惠洪《冷斋夜话》，见宋胡仔《苕溪渔隐丛话》前集卷五六。

　　⑤子猷：王徽之，字子猷，王羲之的儿子，好竹，曾说"安可一日无此君"，因此后来竹别名"此君"。

　　⑥"僻"，《香雪林集》、王冕《梅谱》同，《华光梅谱》作"癖"。

　　⑦所谓华光仁老临终为黄庭坚写《披风》、《洗露》二枝事，未见他家

记载。黄庭坚先仲仁去世十八年，仲仁临终为山谷作画之事绝无可能。黄庭坚《山谷别集》卷一一《书赠花光仁老》："余方此忧患，无以自娱，愿师为我作两枝见寄，令我时得展玩，洗去烦恼，幸甚，此月末间得之佳也。某有梅花一诗，东坡居士为和，王荆公书之于扇，却待手写一本奉酬也。"是黄庭坚曾向华光索求画梅两枝，仲仁写梅二枝事由此附会而得。明人姚湘《题山阴刘雪湖画梅》："我明前有陈宪章，牧之行之各擅场。何如今日雪湖老，下笔已觉无陈王。披风洗露如玉琢，老干疏英殊浑朴。"已用及此事，或即取材于《松斋梅谱》。

花光论①

花萼须丁点②端楷③，丁欲长而点欲短，须欲劲④而萼欲尖⑤。丁正则花正，点偏则萼偏。枝不可对发，花不可并生。多而不繁，少而不疏。枝槁则欲意润，枝曲则欲意老⑥。花须相向，枝须相依。心欲缓而手欲速，墨欲淡而笔欲干。花欲圆而不类杏，枝欲瘦而不类桃。似竹之清，如松之秀，而成梅⑦。凡叠花如品字，发枝如羽飞。蕊须分上下，瓣须见偏侧。副枝如丫，劲枝如叉。布其疏密，分其大小。一左一右，自然成格。

[注释]

①此条诸本并有，王冕《梅谱》题作《论梅》，《华光梅谱》作《华光指迷》。

②丁点：画梅术语，指花蒂与花萼的画法。丁为花蒂的画法，一般如细小的▼或丫的形状，因形似钉子而得名。

③端楷：端正。

④"劲"，原作"须"，此据《香雪林集》、日本静嘉堂本改。原"须"旁有抄者小字注："以下六字，漫不成句，必失于误写。"

⑤"欲尖"，原作"破夫"，此据《香雪林集》、日本静嘉堂本改。

⑥"枝槁则欲意润，枝曲则欲意老"，原无，此据王冕《梅谱》之《论梅》条补，《华光梅谱》之《补之艰难》条作"枝枯则欲其意稠，枝曲则

欲其意舒"。

⑦"似竹之清"至此，原无，此据王冕《梅谱》之《论梅》条补，《华光梅谱》作"似竹之清，如松之实，斯成梅矣"。

逃禅论①

枝须正意②，花须出意。意速则枝逸，意逸则花清。其须③有七，中者欲长，旁者有须欲短④。长者生于花之心，乃结子之须也；短者出于瓣之侧，乃放香之须也。

梅有四字，叠花如品字，交枝如叉字，交木如桠字，结梢如爻字。枝小有花多，花少则不繁，枝细嫩而不怪。枝多花少，言其气之全也；枝老而花大，言其气之壮也；枝嫩花细，言其气之微也⑤。

梅有高下尊卑之分，有小大贵贱之辨，有疏密盈虚之象。枝无并发，花无并生。眼⑥不得并点，木不得并节。枝有文武，刚柔相制；花有君臣，大小不同；木有父子，长短不齐；蕊有夫妇，阴阳相映：如此则有功矣。

梅之为木，不下二丈，小者十余尺。今人图帐才数尺，根梢皆具，或加之树岸、水石之属⑦，岂不失其意哉⑧。

[注释]

①此条王冕《梅谱》无。《华光梅谱》仅有"梅有四字"以下两段，而"梅之为木"以下数语窜入下卷《难花》（《华光梅谱》作《补之艰难》）末。

②"意"，原无，此据《香雪林集》补。

③须：梅花雌蕊的花柱和雄蕊的细丝。

④梅花有雄蕊多条，稍短，雌蕊一柱居中，比雄蕊长。

⑤"梅有四字"以下至此，原无，王冕《梅谱》、《香雪林集》、日本静嘉堂本并无。《华光梅谱》为《补之艰难》下又一条，其后接"梅有高下尊卑之别"云云，此据补。

⑥眼：指花枝干上的芽点、节眼或皴斑。

⑦ "属"，原作"屡"，此据《香雪林集》改。

⑧ "岂不失其意哉"，原作"岂不不其意也"，日本静嘉堂本作"岂不失其本真乎"，此据《香雪林集》改。此下行末有抄者小字注："以下不成句，写手有谬矣。"

取　象①

梅之有象，犹制器②之尚色③。花属阳，故象天；木属阴，故象地。而其数有五，此所以别奇偶而成变化也。试枚举之：夫蒂者，花之所自始也，象以太极④，故有一丁；房⑤者，花之所自始也，象以三才⑥，故有三点；萼者，花之所自分也，象以五行⑦，故有五萼；须者，花之所自成也，象以七政⑧，故有七须⑨；谢者，花之所以究也，象以极数⑩，故有九变⑪。此花之所以皆阳，而在数皆奇也。

根者，梅之所自始也，象以二仪⑫，故有二体⑬；木者，梅之所自分也，象以四时⑭，故有四向⑮；枝者，梅之所以成也，象以六位⑯，故有六成；梢者，梅之所以备也，象以八卦，故有八结；树者，梅之所以全也，象以足数⑰，故有十种。此木之所以皆阴，而其数皆耦也。

不专于此，花正开者其形规⑱，有至圆之象；花之背者其形矩，有至方之象。枝之向上其形仰，有载物之象；枝之向下其形俯，有覆物之象。于须亦然，皆开者有老阴之象⑲，故有六须⑳；正开者有老阳之象，故有七须；谢者有少阴之象，其须五㉑；半开者有少阳之象，其须三。蓓蕾者，天地未分之象，体虽㉒未形，其理已著，故有一丁一㉓点，而不加三者，天地未分而人极未立也。花蕊者，大地始英之象；枝如鹤膝，有气节之象；龙鳞者，有星辰之象；苔藓者，有草木之象。莫非因自然而成，识者当以类推。

[注释]

①此条原无，王冕《梅谱》并无，此据《华光梅谱》、《香雪林集》、日本静嘉堂本补。《华光梅谱》独立一条，题作《取象》，此处从之，并取其题。《香雪林集》无题，此段文字紧接上一条"岂不失其意哉"后，或是《松斋梅谱》原貌，此处正文依之。《华光梅谱》此条正文略有删节。日本静嘉堂本接上文，另起一段，无题。取象，把握其形象。物质的外在表现、直观形象或抽象符号均称象，此处既指物的形象或图像，也包含物质符号的意义。此条以阴阳象数的理论来阐发梅花的形象。

②制器：制造器物。

③尚色：重视色彩。

④太极：指原始混沌之气，此时天地万物未分，混沌一体。

⑤房：花房。一般古语所谓花房是指花冠，即花朵的主体部分。此处是指花蒂之上、花蕾之根部，实际即花萼部分。梅有花萼五片，从侧面看，一般只看到三片，画时一般点三小点。

⑥三才：天、地、人，合称三才。

⑦五行：水、火、木、金、土，古人称为构成宇宙万物的五种元素，后也引申指仁、义、礼、智、信等人伦五常。

⑧七政：古人有两套说法，一以日、月与五行合为七政，一说春、夏、秋、冬四时与天、地、人为七政。

⑨七须：画家画梅须，一般止于七条。

⑩极数：九为阳数之极。《素问·三部九候论》："天地之至数，始于一，终于九。"

⑪九变：九种变化阶段，指下文"九变"条。

⑫二仪：天、地。曹植《惟汉行》："太极定二仪，清浊始以形。"

⑬二体：画梅构图一般多从基部引发两枝，一主一副。

⑭四时：春、夏、秋、冬。

⑮四向：本指东、西、南、北四个方向，此指画梅发枝有向左、向右、向上、向下四个取势。

⑯六位：《易经》称重卦六爻的位置，自下而上，阳爻称初九、九二、

九三、九四、九五、上九，阴爻称初六、六二、六三、六四、六五、上六。六位中一二为地道，三四为人道，五六为天道。古时视君臣、父子、夫妇为人伦六纪，也称六位。

⑰足数：十，通常视为齐全、完备。

⑱规：画圆的工具，这里指中规，也就是圆。

⑲老阴之象：老阴，与下文所说老阳、少阴、少阳为《易经》四象。《易经》象数之学以九为老阳，六为老阴；七为少阳，八为少阴。因六须而称老阴之象，而下文所说七须、五须、三须则与老阴、少阴、少阳之数不合，可见其机械附会，很难一一吻合，只能姑且理会其字面意义。

⑳"须"，原作"裋"，日本静嘉堂本同，其义不明，从上下文看，当作"须"。

㉑"五"，《华光梅谱》、日本静嘉堂本作"六"。

㉒"虽"，《华光梅谱》作"须"，指梅蕊之须。

㉓"一"，《华光梅谱》、日本静嘉堂本作"二"。

一　丁①

一丁者，所以象太极也，即梅之蒂也。言花之胚胎乎此，故画必先此一丁。画丁之法，如丁香状，贵贴枝而生，一左一右，不可相并。仍须端楷有力，勿令其偏，盖丁偏则花亦偏矣。三昧云：丁笔须端楷，安排勿要偏。丁偏花不正，难使萼如钱②。

[注释]

①《一丁》以下10条，《香雪林集》无题，分10段连接上文。

②"三昧云"至此，王冕《梅谱》未见，日本静嘉堂本同，是否为明人后加，待考。此据《香雪林集》补。三昧，本佛教用语，指"定"、"正定"等排除杂念、心神平静的境界，通常用以形容诀窍、奥秘之类。此处是人名，当是某位墨梅画家的别号或《绘事三昧》一类名义的谈艺录（元人周伯琦即有《书法三昧》）。所引三昧的数条口诀，应出于这位画家或以"三昧"命名的谈艺录。其中"萼"，《华光梅谱》作"叶"。

二　体

二体者，所以象二仪也，即梅之根也。言梅之分辨乎此，画必分此二体。故根本不可以独生，必一大一小，以辨其阴阳，一左一右，以分其向背。阴不可加阳，小不可蔽大，然后始为得意①矣。三昧云：故根无独发，独发即成孤。二体虽同势，开源亦散殊②。

[注释]

① "意"，《香雪林集》同，《华光梅谱》作"体"，似更为恰当。

② "三昧云"至此，原无，日本静嘉堂本同，此据《香雪林集》补。其中后两句，《华光梅谱》作"二体强同势，开源有放殊"。

三　点

三点者，所以象三才也，即梅之房也。言花肇判①乎此，画花之法，必分此三点。贵如一字，上欲阔而下欲狭，亦欲蒂萼相接，不可断续也。三昧云：三点加丁上，花房自此全。落毫冲断却，蒂萼不相连②。

[注释]

①肇判：开始分判。

② "三昧云"至此，原无，日本静嘉堂本同，此据《香雪林集》补。

四　向

四向者，所以象四时也，即梅之木也。言木之敷舒乎此，故画木之法，有自下而上者，有自上而下者，有自左而右者，有自右而左者。须是布置得宜，与上下左右，不可无所向，方得其妙矣①。

[注释]

① "方得其妙矣"，原无，日本静嘉堂本同，此据《香雪林集》补。

五　出

五出者，所以象五行也，即花之萼也。言花之放体乎此，故画花必布五萼。须是不尖不圆，随花之偏背分析①。七分则露四萼，半背则见其半，止背则全见，不可无分别②也。三昧云：五萼须分析，尖圆要适中。随花成上下，掩映莫相同③。

[注释]

① "析"，《香雪林集》作"折"，日本妙智院本作"柝"。

② "七分则露四萼"至此二十二字，原无，日本静嘉堂本同，此据《香雪林集》补。

③ "三昧云"至此，原无，日本静嘉堂本同，此据《香雪林集》补。"析"，《香雪林集》原作"折"，此据上文改。

六　成

六成者，所以象六位①也，即梅之枝也。言枝之形质如此，故②画必辨③此六成。其法有偃枝、仰枝，远枝、近枝，高枝、低枝，要使相间而发，莫使一向，庶几有生意也。三昧云：六位须分列，无令画处同。有人能识此，何处觅春功④。

[注释]

① "位"，原作"居"，此据《香雪林集》改。

② "言枝之形质如此故"八字，原无，日本静嘉堂本同，此据《香雪林集》补。

③ "辨"，原作"弁"，此据《香雪林集》改。

④ "三昧云"至此，原无，日本静嘉堂本同，此据《香雪林集》补。

七　须

七须者，所以象七政也，即花之心也。言花之发越乎此，故画花必加此七须。须①是劲直，中之一茎欲长而无英，侧之六茎欲短而不齐。长者结实之须，故不加粉；短者乃酝香之须，故加之以英。英则点而为之。三昧云：花须如虎须，七茎有等殊。中长结青子，六短总成虚[2]。

[注释]

①须：必须。

②"三昧云"至此，原无，日本静嘉堂本同，此据《香雪林集》补。

八 结

八结者，所以象八卦也，即梅之梢也。言梢之有异同若[1]此。画梢之法，有长有短，有枯有叠，有析有分，有偃有仰。或因木[2]而成体，或随枝而发放，若任意而行，则无体也。三昧云：八结如八卦，落笔欲分明。任意还无择，纵横体于成[3]。

[注释]

①"若"，原作"乎"，此据《香雪林集》改。

②"木"，原作"简"，日本静嘉堂本同，此据《香雪林集》、《华光梅谱》改。

③"三昧云"至此，原无，日本静嘉堂本同，此据《香雪林集》补。

九 变

九变者，所以象极数也，即花之谢也。言花之究极乎此，故画花必画此九变[1]。九变之法，自一丁而蓓蕾，自蓓蕾而成萼，自成萼[2]而微开，自微开而半拆，自半拆而正放，自正放而烂漫，自烂漫而半谢，自半谢而着酸也。三昧云：九变知终始，从下次第开。正开还浅谢，飘落委苍苔[3]。

[注释]

①"言花之究极"至此，原无，此据《香雪林集》补。

②"自成萼"，原无，此据《香雪林集》补。

③"三昧云"至此，原无，日本静嘉堂本同，此据《香雪林集》补。

其中"飘落"，《香雪林集》原作"飘褪"，此据《华光梅谱》改。

十　种

十种者，所以象成数也。言梅之禀赋有不齐，而至于发舒也亦①有异。故画梅之法，有老梅，有稚梅，有疏梅，有繁梅，有官梅，有野梅，有园梅，有山梅，有江梅，有枯梅②，不可不别也。其花亦殊，宜审察之。三昧云：十种梅花木，须凭淡墨分。莫令无辨别，等作一般皴③。

[注释]

①"亦"下三字原为三"□"，《香雪林集》作"有异故"，此据补。

②"梅"，原无，此据《香雪林集》、日本静嘉堂本补。"枯"旁有"又有误脱"四小字。

③"其花亦殊"至此，原无，日本静嘉堂本同，此据《香雪林集》补。其中"淡墨"，《华光梅谱》作"墨色"；"等作一般皴"，《华光梅谱》作"写作一般春"。皴（cūn），中国画的一种画法，涂出山石的纹理和阴阳向背。以上十条所补九段"三昧"云云四句韵语，《松斋梅谱》各本均无，王冕《梅谱》亦无，而《华光梅谱》有七段，多称"诗曰"。

述梅妙理①

写梅、作诗，其趣一也，故古人云："画为无声诗，诗乃有声画。"②是以画之得意，犹诗之得句③，有喜乐忧愁而得之者，有感慨愤怒而④得之者，此皆一时之兴耳。画有十三科⑤，独梅不在其列，为其有出尘⑥之标格，非庸俗所能知也。所以喜乐而得之者，枝清而癯，花闲而媚；忧愁而得之者，则枝疏而槁，花惨而寒；有⑦感慨而得之者，枝曲而劲，花逸而迈；愤怒而得之者，枝古而怪，花狂而壮⑧：此岂与众⑨画类耶？古诗有"意懒⑩山无色，心忙水不清"，此之谓也。凡欲作画，须寄情物外，意在笔先，正所谓足于内，形于外矣。

[注释]

①此条王冕《梅谱》、《香雪林集》同，《华光梅谱》无。

②施元之《施注苏诗》卷一一苏轼《溪光亭》诗注："古诗话，诗人以画为无声诗，诗为有声画。"

③"句"，原作"向"，此据《香雪林集》、日本静嘉堂本改。

④"而"，原无，日本静嘉堂本并无，此据《香雪林集》补。

⑤画有十三科：中国画的术语，指画分为十三科。宋赵昇《朝野类要》卷二《院体》："唐以来，翰林院诸色皆有，后遂效之，即学官样之谓也。如京师有书艺局、医官局、天文局、御书院之类是也。即今画家称十三科，亦是京师翰林子局，如德寿宫置省智堂，故有李从训之徒。"该书作于宋理宗端平年间，反映的是当时情况。元汤垕《画鉴》："世俗论画，必曰画有十三科，山水打头，界画打底。"元末陶宗仪《南村辍耕录》卷二八："画家十三科：佛菩萨相、玉帝君王道相、金刚神鬼罗汉圣僧、风云龙虎、宿世人物、金境山水、花竹翎毛、野骡走兽、人间动用、界画楼台、一切傍生、耕种机织、雕青嵌绿。"与汤垕所说已是不同。

⑥出尘：超出世俗之外。

⑦"有"，《香雪林集》同，王冕《梅谱》无。

⑧"壮"，《香雪林集》有校注："或作大。"王冕《梅谱》作"大"。

⑨"众"，原无，此据王冕《梅谱》、《香雪林集》补。

⑩"懒"，原作"嫩"，此据《香雪林集》改。

墨梅精论①

古今写梅君子②，自出一家，非入画科，名曰戏墨。发墨成形，动之于兴，得之于心，应之于手，方成梅格，如在竹篱茅舍间、江上溪桥畔、山巅水涯，只欠乎香耳。且要观③之不足，咏之不足，精神潇洒，出世尘俗，此梅之得意入神，非贤士大夫④其能至于此哉？后学君子知⑤此趣者，不可轻泄，但欲得其人则可传耳⑥。

夫写梅者，为梅修史，为花传神，当先观地势，次择中书⑦，后试浓淡。扫枝⑧分干，紧捻三指，全凭小指推移，上下笔法，自大至小，头不可尖。势来如风，去如雨，下⑨笔不停，去笔不填。梢干老嫩，各分浓淡，老干枯健，嫩枝潇洒，亦须气象。梅干不老便同桃李，老干带淡⑩多节眼，就节分梢。嫩梢带浓⑪，浓无十分。妆点老梢，须点苔藓。枝无十字，若到十字交加处，便须用花蕊遮藏。枝分女字⑫，梢多向上生，少向下生，所谓嫩梢如发箭，花心似虎须⑬。根无气条⑭，气条无花。凡老干嫩梢，浓淡精神，笔法不弱，此写⑮梅之逼真也。

夫梢有弓梢、鹿角、斗柄、鼠尾、鹤膝、海棠、鹰爪、荆棘等。梢势要换先⑯，俱分左右⑰。且如弓梢，斜上横来一梢，为之行弦⑱，两边小梢谓之箭⑲，乃弓梢也；鹿角梢，或朝上，多用梢干相朝是也；蜂腰梢，头尾分枝是也⑳；鹤膝梢，一上一下，翘空而发是也；斗柄梢，象斗㉑，发梢多向左边是也；鼠尾梢，斜上发枝，垂下带直是也；鹰爪梢，乃短梢，就曲处分枝是也；海棠梢，无主；荆刺梢，无萼。其余小梢，亦㉒一时之兴，自有妙处，不能备述焉。

花开五出，各以名兴㉓。萌芽：柳眼、麦眼、椒眼、虾眼。蓓蕾：正为古老，背为枯髅、髑髅、孩儿头、女子面、丫头、鹿唇、兔唇㉔、傀儡、蜂儿、蝴蝶、仙人捧镜、发春㉕状元、结巾挹露、顶珠㉖吹香。正背偏侧，向阳正半，半背正偏，阴阳临风。侧向㉗照水，粉蕊弄香。攒三簇四，或上或下。正开花蕊㉘，各须分晓，繁而不乱，有前有后。此述梅之真趣尽矣。后学君子当熟玩之，何患不成纵横自然？故述此以助好事者云㉙。

[注释]

①此条王冕《梅谱》、《香雪林集》同，《华光梅谱》无。

②此句《香雪林集》同，王冕《梅谱》作"古今爱梅君子，与（梅）写真，为花传神"。

③ "观"，原无，此据《香雪林集》补。

④ "夫"，原作"士"，日本静嘉堂本同，此据《香雪林集》改。

⑤ "知"，原作"脱学"，日本静嘉堂本同，此据王冕《梅谱》改。

⑥ "后学君子"至此二十一字（原为二十二字），王冕《梅谱》大同小异，《香雪林集》无。

⑦ "中书"下，王冕《梅谱》有"纸墨"二字。或者"纸墨"二字是，而"中书"二字当删。又或"中书"指画面中幅起笔之处。

⑧扫枝：即发枝，画梅枝。

⑨ "下"，《香雪林集》重出一"下"字。

⑩ "淡"，王冕《梅谱》作"浓"。

⑪ "浓"，王冕《梅谱》作"淡"。

⑫女字：指梅枝画法多斜向交叉，如"女"字笔画，而忌讳"十"字、"井"字一类形状。

⑬虎须：形容花蕊七须的画法。

⑭气条：一年生细长的枝条。梅树新生树枝生长迅速，较为修长，称为气条，见范成大《梅谱》。

⑮ "写"，原无，此据《香雪林集》补。

⑯搀先：抢先。

⑰ "右"，原为空方，此据《香雪林集》补。

⑱ "为之行弦"，王冕《梅谱》作"谓之弦梢"。

⑲ "两边小梢谓之箭"，《香雪林集》作"一梢谓之箭梢"，此据王冕《梅谱》改。

⑳ "蜂腰梢，头尾分枝是也"一句，《香雪林集》无，此据王冕《梅谱》补。

㉑斗：此指北斗七星组成的图案。

㉒ "亦"，王冕《梅谱》作"视"。

㉓ "兴"，原作"其"，此据王冕《梅谱》改。

㉔ "兔唇"，《香雪林集》无，此据王冕《梅谱》补。

㉕ "发春"，王冕《梅谱》无。

㉖ "顶珠"，王冕《梅谱》作"顶雪"。

㉗ "侧向"，《香雪林集》无，此据王冕《梅谱》补。

㉘ "正开花蕊"，《香雪林集》作"凡落蕊"，此据王冕《梅谱》改。或者"凡落蕊"是指凡落笔画花的意思。

㉙ "后学君子……好事者云"二十五宁，浅野本、《香雪林集》并无，此据王冕《梅谱》补。

扫梅十要

一要得意下笔；二要水墨浓淡；三要枝分左右；四要斜正上下；五要老嫩相兼；六要下笔不填；七要有花无花；八要花分疏密；九要枝分女字；十要十字藏花。

笔　法

两指高擎三指低，去无凝滞纵心为。虽言俯仰为真法，意在笔前人未知。

量地步

看渠①直窄长体下，又看横长窄莫边。若是四方空似满，要知余法即心传。

[注释]

①渠：他。

梢　墨

要作老枝须带淡，枯梢极燥始为奇。嫩条做出须教墨，此诀当令学者知。

墨　苔

堆堆叠叠密还疏，妍净娇浓不可无。相对成排君却忌，须分品①上著工夫。

[注释]

①品：此形容苔点错综点缀，而非一字排开。

剔　须①

剔开六七分高下，要点须头细点儿②。端的要知形所化，虾须蛛脚碎垂垂。

[注释]

①剔须：画梅术语，指画花心的蕊条细丝。

②细点儿：指雌蕊柱头、雄蕊须端的花蕊，通常都画作细点。

蓓　蕾

蓓蓓蕾蕾要稍尾，须信毫端夺化工。这格真如螃蟹眼，谁知椒目已相同。

点　蒂

背者须宜五点分，仰皆三点要中圆。簇攒①正面何须著，脚畔添丁细点粘。

[注释]

①簇攒：指花朵聚集，此谱中有《攒三》、《簇四》图目，一般多以正面花朵为主，背面、侧面或重叠于后的花朵都只见部分，也多看不见花蒂，用不着点蒂，或只一丁一点即可。

发　刺①

树当个个成针意，妙诀依然缺处高。仔细为渠端笔法，这般直巧要坚牢②。

[注释]

①"且如弓梢"至此题《发刺》，其中包括《扫梅十要》等八条，原

无，日本静嘉堂本并无，王冕《梅谱》有其中《扫梅十要》条并以上内容。此据《香雪林集》补，并以王冕《梅谱》参校。刺，指短小尖细的树枝，一般偶画一两处，用于装点树枝、树梢。

②此四句，原作"树当个个成□意，妙诀依然急起向。仔细为渠端的道，五□□般直硬巧坚牢"，日本静嘉堂本作"树当个个成针意，妙诀依然急起向。仔细为渠端笔面，这般直硬巧坚牢"，均紧接于前《墨梅精论》条"俱分左右"四字后，此据《香雪林集》改。

口　诀[①]

传[②]梅口诀，性本[③]天然。笔用有[④]力，去莫迟延。蘸墨淡薄，不许再填。起笔放逸，曲怪垂颠。仰如新月，曲若弓弯。转如曲肘（一云如铁）[⑤]，纵似箭连。老如龙角，嫩似钓竿。枯[⑥]似丁折[⑦]，条似直弦。新梢忌柳[⑧]，旧枝莫鞭[⑨]。枝如铁戟，花无十全。弓梢鹿角，助条[⑩]忌繁。体势自在[⑪]（一云枝分十字），花大如[⑫]钱。闹处莫[⑬]闹[⑭]，闲处莫闲[⑮]。嫩如鼠尾，分新旧年。气条无萼，助条[⑯]指天。枯无[⑰]重眼[⑱]（一云[⑲]突眼），一刺一连。枯无两刺[⑳]，梨梢是焉。枝无重[㉑]犯，须分后先。花心钱眼，须似龙髯。花有六面，侧背正偏。倾仰覆谢，独春朝元。大放小放[㉒]，吐雨含烟。大偏小偏，傲雪愁烟。羞[㉓]容背日，发春[㉔]（一云春香）状元。如愁如[㉕]语，吸露啼烟。髑髅带露，左偏右偏。离枝双背，带雪[㉖]愁岚。弄晴蘸水，冲暖冱寒。椒苞蓓蕾，蕊缀珠圆[㉗]。正萼[㉘]五点，背萼[㉙]一圈。若作其蒂，如蚕吐绵。正须挑七，一须争先。吐[㉚]三背四，过[㉛]则为愆[㉜]。造无尽意，笔法精研。须择知者，不可轻传[㉝]。

[注释]

①《口诀》，王冕《梅谱》、《华光梅谱》、日本静嘉堂本同，《香雪林集》作"四言口诀"。

②"传"，原为"□"，此据《香雪林集》补。

③"本"下原重出一"本"字，此据《香雪林集》、王冕《梅谱》删。

④ "有"，原作"右"，日本静嘉堂本同，此据《香雪林集》改。连上"用有"，王冕《梅谱》作"有石"。

⑤ "一云如铁"，《香雪林集》作"一作铁"。

⑥ "枯"，王冕《梅谱》同，《香雪林集》作"梢"。

⑦丁折：折断的钉子。

⑧忌柳：忌讳像柳条那样细柔。

⑨莫鞭：不要像鞭子那样直长。

⑩助条：作为辅助或陪衬的枝条。

⑪ "体势自在"，王冕《梅谱》作"势体自在"，《香雪林集》作"枝分十字"。

⑫ "大如"，原作"如大"，此据《香雪林集》、王冕《梅谱》改。

⑬ "莫"，原无，此据《香雪林集》、王冕《梅谱》补。

⑭闹：指花枝稠密处。

⑮闲：指花枝疏淡处。

⑯ "条"，王冕《梅谱》同，《香雪林集》作"梢"。

⑰ "无"，王冕《梅谱》同，《香雪林集》作"宜"。

⑱眼：指枝上的节斑。

⑲ "云"，《香雪林集》作"作"。

⑳ "刺"下，《香雪林集》有注："一作枯梢多刺。"

㉑ "重"，原作"量"，此据《香雪林集》、王冕《梅谱》改。

㉒ "放"，原无，此据《香雪林集》、王冕《梅谱》补。

㉓ "羞"，原作"差"，此据《香雪林集》、王冕《梅谱》改。

㉔ "发春"，《香雪林集》同，王冕《梅谱》作"先春"。

㉕ "如"，《香雪林集》同，王冕《梅谱》作"似"。

㉖ "雪"，王冕《梅谱》同，《香雪林集》作"雨"。

㉗ "圆"，原为"□"，此据《香雪林集》、王冕《梅谱》补。

㉘ "萼"，《香雪林集》作"蕊"。

㉙ "萼"，王冕《梅谱》作"蕊"。

㉚ "先吐"二字，原两空方，此据《香雪林集》、王冕《梅谱》补。

㉛"过"，王冕《梅谱》同，《香雪林集》作"道"。

㉜"惩"，原为"先"，《香雪林集》、日本静嘉堂本同，此据王冕《梅谱》改。

㉝"须择"以下八字，《香雪林集》同，王冕《梅谱》作"须择智者，轻不可传"。

总题诗①

上下②相迎不要齐，枝枝横处短扶低。过后苍节③休惜嫩，三叠两折更交④奇。

[注释]

①此条，王冕《梅谱》作《总题》。《华光梅谱》、《香雪林集》无此条。

②"上下"，原为三空方，此据王冕《梅谱》、日本静嘉堂本补。

③"节"，王冕《梅谱》作"椰"。

④"更交"，原为两空方，此据王冕《梅谱》补。

总　论①

木清而花瘦，梢嫩而花肥，交枝而花繁累累，分梢而萼疏蕊疏②。

一为树，二为体，三为枝，四为梢。长者如箭，短者如戟。宇宙高而结顶，地步窄而无尽。若作临崖傍水，枝怪花疏，只类半开；若作梳风洗雨，枝困花柔，只欲离披烂漫；若作披烟带雪，枝嫩花娇，只欲含羞③盛放；若作临风带雨，干老枝稀，墨深花间；若作停④霜映⑤月，森空梢⑥直，花细香舒⑦。学者详此，自然入格矣。

[注释]

①此条，王冕《梅谱》无。《香雪林集》题同，《华光梅谱》作《画梅总论》，一本又作《补之总论》。

②　"木清而花瘦"至此二十四字，原无，《香雪林集》、日本静嘉堂本并无，此据《华光梅谱》补。揣此所说，应移至下文"三为枝，四为梢"之后为妥。

③　"羞"，原作"差"，此据《香雪林集》、日本静嘉堂本改。

④　"停"，《香雪林集》同，《华光梅谱》、日本静嘉堂本作"淳"。

⑤　"映"，原作"抉"，此据《香雪林集》改。

⑥　"梢"，《华光梅谱》作"峭"。

⑦　"舒"，原作"疏"，日本静嘉堂本同，此据《华光梅谱》改。

论　花①

花卉之中惟梅最清，受天地之气，操霜雪之贞，生于寒谷，秀于隆冬，澹然而有春色，此非造化之有私邪？然古贤士歌咏之不足，而又画以幽绝，固可知矣。瓣②虽五出，花有八面。有正有背，有背而开，有侧而绽，有倒而拆③，有谢未谢。或有藏④香藏白，有破萼吐心，皆出于丁点耳。丁者谓一丁之字为蒂，点者谓三点而为房⑤。心当见其七须，背欲露其五萼⑥。萼须缀其三点，点欲生其一丁，丁⑦欲妆其嫩枝，枝欲抱其老木，木⑧欲点其龙鳞，鳞欲封其古节，节欲生其鹤膝，膝欲画其朽心，心欲生其苍苔。苔欲浓而心⑨欲静，心虽病而意欲润。若能先知此意，则纵横妙用，无施而不可也。

[注释]

①　此条王冕《梅谱》、《香雪林集》同，《华光梅谱》无。

②　"瓣"，原作"片"，日本静嘉堂本同，此据《香雪林集》改。

③　"而拆"，原无，《香雪林集》、日本静嘉堂本作"有折"，此据王冕《梅谱》补。

④　"藏"，《香雪林集》、日本静嘉堂本同，王冕《梅谱》作"色"。

⑤　"房"，原作"芳"，《香雪林集》同，此据王冕《梅谱》改。

⑥　"五萼"，原作"四萼"，《香雪林集》同，王冕《梅谱》作"四

五"，因下有"萼"，或"四"为衍文，当为"五萼"。据意也当以"五萼"

为是，且与上文"七须"对应，故据改。

⑦"丁"，原无，此据王冕《梅谱》、《香雪林集》补。

⑧"木"，原作"本"，此据王冕《梅谱》、《香雪林集》、日本静嘉堂

本改。

⑨"心"，原无，此据王冕《梅谱》、《香雪林集》补。

论　枝①

枝须分其偃仰，花须分其阴阳。偃如覆釜，仰如新月。一阴一
阳则成花，一偃一②仰则成枝。五年则有鹤膝，十年则有龙鳞。偃
欲疏老，仰欲清癯。曲如斗柄，势若屈铁③。肥不拥肿，瘦不枯槁。
枝须抱体，干欲随④身。梢欲混成，枝欲古怪⑤。刚柔相和，阴阳
相应，偃仰相成，始成梅矣。所有梢法六诗，并录于后。

交梢有意始堪为，乱条交加最不宜。重作切须常⑥记取，法中
又忌截头枝。

长条莫作软如柳，老树从教硬似槎。最是低枝有高意，高枝又
喜意低来。

作梢若是交加去，此病梅家最忌之。若过去时须一断，自家意
思自心知。

短短长长存妙意，来来去去莫繁交。能知性禀阳春气，自是梅
无覆地梢。

张弓布⑦斗怄⑧真意，舞鹤盘龙有妙机。鹿角蚓行并鹊眼，桑
梢折戟与棠梨⑨。

泄春条子如何发，妙诀元来喜两枝。一要直冲长上去，一须⑩
短作怒⑪斜欹。

[注释]

①此条《华光梅谱》无，王冕《梅谱》、《香雪林集》同。《论枝》，原
作《论心》，日本静嘉堂本同，此据《香雪林集》、王冕《梅谱》改。王冕

《梅谱》无"偃仰相成"以下数语及"交梢有意"以下六诗。

②"一",原无,日本静嘉堂本同,此据《香雪林集》补。"一偃一仰",王冕《梅谱》作"一仰一覆"。

③"屈铁",原为"铁",《香雪林集》作"铁屈",王冕《梅谱》、日本静嘉堂本作"屈铁",此据补。屈铁,弯曲的铁杆。

④"干欲随",原作"木要覆",《香雪林集》、日本静嘉堂本同,此据王冕《梅谱》改。

⑤"枝欲古怪",原作"意欲古怪",《香雪林集》、日本静嘉堂本同,王冕《梅谱》作"枝欲古意",此参改。

⑥"常",原为空方,此据《香雪林集》补。

⑦"布",原为空方,此据《香雪林集》补。

⑧"恢",《香雪林集》作"俱"。

⑨此诗述及弓、斗、舞鹤、盘龙、鹿角、蚓行、鹘眼、桑梢、折戟、棠梨等,多为谱中枝干画法之名目。

⑩"须",原作"鬚",此应为必须之"须",当是同音而误抄,此据《香雪林集》改。

⑪"恁",《香雪林集》作"任",或是。

论　槎①

槎之体势,要令屈铁交错。洒墨极要淡而枯燥,如龙鳞蛇皮之状。淡则浑然无俗气,若太黑则圭角②露矣。淡而后着意,渐渐点缀浓淡,映带出来方妙,然发枝处极要有生意。多③槎之体势名,谱有鹘眼④、鹤膝、蜂腰、虾须、虎踞、龙蟠者。亦不过许多事,在人心自施其工巧耳。学者熟此,则胸中有全梅矣。

[注释]

①此条《香雪林集》同,王冕《梅谱》、《华光梅谱》并无。槎,本指树木砍后的再生枝,此为画梅术语,指树根与枝梢之间的屈曲枝丫。

②圭角:圭的棱角,喻指锋芒。

③ "多"，原作 "然"，此据《香雪林集》、日本静嘉堂本改。

④ "鹘眼"，原无，此据《香雪林集》、日本静嘉堂本补。

再论花①

花②体制不同，丰韵无度，有正背、依仰、开谢、攒簇③之别，山林岩壑之得所，雪月风烟之随宜，知此庶不失其真矣。故采芳摘奇，发心手之妙，遂备今古所长，列而为图，使学者得其精微而观者，亦易见焉。

[注释]

①《香雪林集》、王冕《梅谱》、《华光梅谱》均无此条。

②"花"，原作"林"，日本静嘉堂本同，此据日本近卫本改。或者"林"为"梅"之误。

③攒簇：画梅图谱中有《攒三》、《簇四》两目，分别指三朵、四朵花聚集一处。

指法①

作梅运笔，手须来去，意须先定。发木②如运斧，起枝处用小指按实而行，不虚矣。鹤膝处停笔求意，发枝处急如箭中鹄。停笔安花，势宜品字交加。一一随身，宛如鹿角，亦如虎爪之类。副枝处以身随体，运墨处笔须轻重，求其龙鳞。阴阳处分其四面，须要混成，则此乃用心之妙矣。

[注释]

①此条王冕《梅谱》、《香雪林集》同，《华光梅谱》无。

②"木"，《香雪林集》同，王冕《梅谱》、日本静嘉堂本作"笔"。

总说①

初学写时，以瓶置花，以灯烛玩其形影。脱出尘俗，取其古怪②，以求清奇新意，庶乎③方得其写性之天然矣。

①此条，王冕《梅谱》作《总论》，日本静嘉堂本作《捻说》，《香雪林集》作《初学写法》，《华光梅谱》无此条。

②"怪"，王冕《梅谱》同，《香雪林集》作"雅"。

③庶乎：大概，也表示希望之意。

布景妙诀①

月淡黄昏须水墨②，雪中不点藏心黑。风枝朵朵顺梢行，雾白烟青洗乎色。临水如弓沉一半，敧岩似月悬高壁。横斜③只可作推篷④，根顶莫教为一直。

[注释]

①此条至卷二《兴适》共十五条及《梅骨》、《梅情》、《梅性》三子条，王冕《梅谱》、《华光梅谱》并无。"妙诀"，日本静嘉堂本同，《香雪林集》无。

②"墨"，原作"黑"，此据《香雪林集》、日本静嘉堂本改。

③"斜"，日本静嘉堂本同，《香雪林集》作"枝"。

④推篷：宋人所说行舟推篷、掀篷风景，具体又分为两种。一是掀开船头的雨篷，甚至是推篷立于船头，所见较为开阔的风景。另一则是推开船之侧面横窗所见风景。具体到画梅取景，宋人所说推篷或掀篷梅，即指后者，是一种横向长卷式构图。最早应见于扬补之，杨万里《诚斋集》卷二〇《跋京仲远所藏杨补之红绫上所作着色掀篷梅》："诗翁晓起鬓蓬松，缩颈微掀黄篾篷。夜来急雪已晴了，东方一抹轻霞红。江梅的皪开独树，篷间截入梅尺许……不知诗翁何处得霜锯，和雪和梅斫将去……下无根干上无梢，一眼横陈梅半腰。"元刘埙《隐居通议》卷一一《咏梅诗词》："伯西，吉之泰和人，学杨补之作梅，其酷嗜如师，而得笔外意。作推篷图，或半树或一树，横斜曲直，莫不天成，而诗尤清苦。世言补之未尝作半树梅，惟伯西喜作半树。"明李昱《草阁诗集·拾遗》之《题徐原父推篷图》："忆昔西湖湖上路，梅花雪后开无数。总宜船子坐推篷，偷眼看花索诗句。在上不

见琼瑶痕，在下不见莓苔根。横梢半截露春色，繁花烂熳如儿孙。玉龙槎丫卧清晓，老干新条抽未了。昆冈玉碎春风来，吹香扑鼻知多少。"这些都可见所谓推篷梅，是上不见枝头，下不见树根，横截取景的长卷式构图。

墨有四色[①]

一曰焦（做蒂、点须），二曰淡（枝梢[②]、椒眼），三曰次[③]（写花、作蕊），四曰水（干心、作地）。

[注释]

① "墨"，原作"黑"，此据《香雪林集》、日本静嘉堂本改。

② "枝梢"，《香雪林集》、日本静嘉堂本作"梢枝"。

③次：意不明，或为"浓"之误书。

风　梅

凡画风梅，要枝枝疏怪，盘折作花。花头要三仰两背，瓣[①]尖如[②]风吹之状，其梅片片如风戟[③]落。切不可繁，多带离披。小蓓蕾枝上带蕊，须中心一须最长，乃如结子之状，此风梅之格也。

[注释]

① "瓣"，原作"办"，此据《香雪林集》、日本静嘉堂本改。

② "如"，原无，日本静嘉堂本同，此据《香雪林集》补。

③ "戟"，《香雪林集》、日本静嘉堂本作"击"。戟，刺。

烟　梅

烟梅树要停匀[①]直上，枝干分去，两下婆娑繁密。花头带愁惨，须头两下，如妇人凌晨梳洗懒[②]妆之容。今人作梅不得其诀，以墨如山水[③]，取之浓淡，必不自然。一法做地毕，将刷子洗去，或用油药洗出一抹之烟，或如二字，自然停匀[④]，仿佛见于画中，此烟梅之法也。

雪　梅

天欲彤云布雪，凡寒萼冻蕊，不甚精神。雪梅树多带苍老，树露三分，雪露七分。老木不带花，只要嫩枝两三朵①，不必多也。宜水边篱落，惟深踢地②最佳。

月　梅

夜既有月色，花枝可①大开精神。凝霜带月，一花两蕊，半含半开，但要花疏梢简，树老不繁。特地残月疏影，不可相接，惟料却与天地高低，方可画影，莫犯窗影为妙。

杨补之写梅论①

画梅有诀，立意为先。起笔捷疾，如狂如颠。手如飞电，切莫停延。枝柯旋衍，或直或弯。弓梢鹿角，要直如弦。仰成弓体，覆号钓竿。气条无萼，根直指天。枯宜突眼，助条莫穿。枝不十字，华不尽全。左枝易布，右去为难。全借小指，送阵引班。枝留空眼②，花着其间。添增其伴，花神自完。枝嫩花独，枝老花悭③。不嫩不老，华意缠绵。老嫩依法，分新旧年④。鹤膝屈揭，龙鳞老班。枝宜抱体，梢欲浑然。萼有三点，常与蒂联。正萼五点，背萼圆圈。枯无重眼，屈莫太圆。花分八面，有正有偏。仰覆开谢，含笑将残。倾侧诸瓣，风梅弃捐。闹处莫冗，疏处莫闲。花中特异，幽馥土颜。二花茕独，高顶上安。梢鞭如刺，梨梢似焉。花中钱眼，画花发端。花须排七，健如虎髯。中长边短，碎点缀粘。椒珠蟹眼，映趁花妍。笔分轻重，墨用多般。蒂萼深墨，藓喜浓烟。嫩枝梢淡，宿老轻删。枯树古体，半墨半干。刺填缺处，鳞向节摊。苞有多名，花品亦然。身莫失女⑤，弯曲多端。遵此模范，应作奇观。

[注释]

①此条原无，王冕《梅谱》、《华光梅谱》、日本静嘉堂本同，此据《香雪林集》补。

②空眼：此指枝条留空不连贯处，以便补画花朵。

③悭：少。

④新旧年：新年与陈年。

⑤女：女字形状。

汤叔雅写梅论①

梅有干有条，有节有根，有刺有藓。或植园圃中，或生岩头上，或在篱落间。生处既殊，故枝体亦异。又有五出②、四出、六出之不同，大抵以五出为正，其四出、六出者，名为棘梅③，是造化过与不及之偏气耳。其为枝也，有老嫩，有曲直，有疏密，有停匀，有古怪。其为梢也，有如斗柄者，有如铁鞭者，有如鹤膝者，有如龙角者，有如鹿角者，有如弓梢者，有如钓竿者。其为形也，有大有小，有背有覆，有偏有正，有弯有直。其为花也，有椒子，有蟹眼，有含笑，有开，有谢，有落英，其形不一，其变无穷。吾欲以管笔寸墨，不假彩色，写其精神，自然合道理，而可佩④师传法旨。演笔法于常时，凝神气于胸襟。思花之形势，想体之奇屈。

笔墨颠狂，根柯旋播，发枝梢如羽飞，叠花头似品字。枝分老嫩，花按阴阳，蕊依上下，梢度长短。必粘一丁，丁必缀枝上，枝必抱枯木，枯木必涂龙鳞，龙鳞必向古节。两枝不并齐，三花鼎须发。丁长点短须，高梢小花劲。萼尖多处，不冗花苞。干九分墨为，枝梢十分墨为。蒂枯处令其意闲，枝曲处令其意静。呈剪琼镂玉之花，现蟠龙舞凤之干。如是，方寸⑤即孤山也庾岭也，虬枝瘦影皆自吾挥毫弄墨中出矣，何虑其形之众，何畏其变之多也耶。

[注释]

①此条原无，王冕《梅谱》、《华光梅谱》、日本静嘉堂本同，此据《香雪林集》补。

②五出：五个花瓣。下文四出、六出，也类似此义。

③棘梅：语源较早，《诗经·曹风·鸤鸠》："鸤鸠在桑，其子在梅……鸤鸠在桑，其子在棘。"梅花单瓣多五出，而六出、四出之花也为常见，此处称为棘梅，认为是瘦瘠多刺之野梅，或与棘树嫁接所得，无科学依据。

④佩：围绕和配合。或即"配"之误书。

⑤方寸：心地，此处似也可理解为方寸画幅。

又①

写梅五要，发干为先：一要体古，屈曲多年；二要干怪，粗细盘旋；三要枝清，最戒连绵；四要梢健，贵其道坚；五要花奇，必须媚妍。

梅有所忌，起笔不颠。先辈定论，着花不粘。枯枝无眼，交枝无潜。树嫩多刺，枯处花攒。枝无鹿角，身无体端。蟠曲无情，花枝冗繁。嫩枝生藓，梢条一般。老不见古，嫩不见鲜②。外不分明，内不显然。笔停竹节③，助条条穿。气条生萼，蟹眼重联。枯重服④轻，体无女安。枝梢散乱，不抱体弯。风不落英，聚花如拳。花不具名，稀乱勾填。其病犯之，皆不足观。写梅秘典，全备斯编。

[注释]

①此条原无，王冕《梅谱》、《华光梅谱》、日本静嘉堂本并无，此据《香雪林集》补。

②"鲜"，原作"藓"，揣其意当为"鲜"，可能是音近而误写，径改待考。

③笔停竹节：笔势停顿如竹节一般。画梅枝条，或曲折或条畅，而不能中断停顿，画得像竹节那样。

④"服"，或为"眼"字而误书。

松斋梅谱卷第二

会稽吴太素季章编

论　理

论曰："夫梅之可贵者，以其雪霜凌厉之时，山林摇落之后，突兀峥嵘，挺然独立，与松柏并操①，非凡草木之所能比拟也。"古之士大夫不特形之于言，又且笔之于画，世②惟花光、补之之作，其清标逼③人，神妙莫测，非得乎心而应乎手者不能也。此无他，盖其深得造化之妙，下笔有神④而模写逼真故耳。苟不知此，则亦无足论矣。且如梅之梢⑤法，必一俯一仰，此不易之理，运思而得之⑥。俯仰之趣者，合阴阳之道也，一俯一仰，二气所萃，得此法于言意之表，方可与谈⑦写梅之妙。至于枯燥津润、长短弱健、生悴老嫩、出入交畅者，莫非⑧阴阳之妙。凡作花，背面开落，偏侧俯仰，得其要者何，莫非斯道也。尝读《易·系辞》："古者包羲氏之王天下也，仰则观象于天，俯则观法于地，观鸟兽之文与地之宜，以通神明之德，以类万物之情。"伏羲作《易》，验阴阳消息，两端而已。先儒有言曰："阴阳虽是两个字，然却是一气之消息，一进一退，一消一长，进处便是阳，退处便是阴。只是这一气之消息，做出古今天地间无限事来。"⑨"古者伏羲观鸟兽之文与地之宜，那时未有文字，只是仰观俯察而已，想得圣人之心清明纯粹，是以见得天地阴阳之妙。今人心粗，昧而不灵，如何识得？"⑩又云："如草木之有雌雄，银杏桐⑪楮、牝牡麻竹⑫之类皆然。又树木向阳处则坚实，背阴处则虚软。"⑬余谓若细识得，则凡物莫能逃此道也。吁，难矣哉！非致知格物⑭之君子，其孰能知之。

[注释]

①并操：操守相同。

② "世"，原无，日本静嘉堂本同，此据《香雪林集》补。

③ "逼"，《香雪林集》作"过"。

④ "有神"，原无，此据《香雪林集》补。

⑤ "梢"，《香雪林集》、日本静嘉堂本作"写"。

⑥ "之"，《香雪林集》、日本静嘉堂本作"其"。

⑦ "谈"，原无，此据《香雪林集》、日本静嘉堂本补。

⑧ "非"，原无，此据《香雪林集》、日本静嘉堂本补。

⑨ 此段引文，出于朱熹《朱子语类》卷七四。

⑩ 此段引文，出于朱熹《朱子语类》卷七六，稍异。

⑪ "桐"，原作"相"，此据《香雪林集》、日本近卫本、妙智院本改。

⑫ "竹"，原作"作"，此据《香雪林集》改。

⑬ 此段引文，出于朱熹《朱子语类》卷七六。

⑭ 致知格物：语出《礼·大学》："致知在格物，物格而后知至。"格物致知是儒家标举的认识论和道德修养方法，是说通过推究事物的原理而获得知识，提高修养。

论　气

凡物之生，必本乎气，草木荣悴①，皆一气之所为也。是以善状物者，尤当以气为主，如牡丹、桃李，得阳春和气之发生，故其为酿酣芬郁。其他一花一卉之发，亦各因其时而为趣。惟梅花当众霜肃落之时，而独蕴天地冲和②之气。故其为树愈老而愈坚，愈寒而愈奇，劲质挺拔，清香发越，水边月下，一段精神，政自别尔。夫以毫端幻出，而有得于阴极阳生之气，此补之诸公所以无憾也。后之学者，不特贵其花梢形色之似，要在能写其气耳。

[注释]

① "悴"，原作"粹"，此据意改。

② 冲和：虚灵，和谐。

论　形

论曰，气以成形，理亦赋焉。人物之生，莫不皆然。故鸟兽草木之生，虽曰得形气之偏，然其知觉运动，荣悴开落，亦莫不有自然之理焉。今夫梅之为形，弯若张弓，旋若布斗，屈若蟠龙，翻若舞鹤者，是皆造化之所为耳。若专论其形似，而不识理气之妙，非极谈也。

论骨情性

画，无声诗也，固非咏歌嗟叹形容之可得也。知笔外之意者，是为得之，然非浅浅者所可语也。善论梅者，当观其骨格，即其情性，知此则可得笔外之意。若据笔乱挥，则块然之梅矣。故赋三绝。

梅　骨

模得皮肤未是真，剥开捶碎见精神。精神见到分明处，寒瘦坚枯不断春。

梅　情

细吐香唇白玉姿，黄昏寂寞倚疏篱。料应无限芳心事，惟有清风明月知。

梅　性①

一点胚胎太极先，月香水影弄婵娟。要知无影无香处，这个机微妙不传。

[注释]

①"凡物之生"至此处《梅性》一题，原无。《论气》题下，直接

"一点胚胎太极先"一首七言绝句，为独立一条。而此诗实为《论骨情性》一条中《梅性》绝句的内容，中间大段遗漏。日本静嘉堂本并同，《香雪林集》则完整收录了《论气》、《论形》、《论骨情性》三条及子条内容，此据补。四库存目本《香雪林集》《梅性》题下缺一页。

学 似

"意足不求颜色似，前身相马九方皋。"[1]此诗人造极之语，然学而不精，以此借口者盖多，诚可哂[2]也。夫既学而不求似，则亦何以谓之学？故述此，政欲与画者商略[3]。

[注释]

①此两句诗，出于宋陈与义《和张矩臣水墨梅》。

②哂：笑。

③商略：商讨。此段语意未尽，应有下文，当是漏抄。

兴 适

夫子曰："工欲善其事，必先利其器。"夫画者所需，曰笔曰墨曰砚曰纸，四者具美，犹工之利其器也。器之所在，兴亦随之。故其焚香静坐，神超而气定。搜索微[1]态，则操笔急趋，一扫而成，如兔起鹘落，少纵则失矣。所谓弓、斗、鹿角、棠棃、折戟、鹤舞、龙蟠者，皆托言其形似也。至若摇风积雪、带雨笼烟、水边清浅、月下黄昏者，皆兴适而为之。此其游戏翰墨，必若能吟咏情性者而后得之，使花神有灵，吾为知己乎？

[注释]

①"索微"，原无，日本静嘉堂本同，此据日本岛田修二郎校本《松斋梅谱》校注引《香雪林集》补。

难 花[1]

花光曰："枝须立其意老，花须立其意远。枝意既老，花意既远，则宜清柔之蕊。华②心七须，其中欲长，傍者欲短。中长者生于花心，食之味酸，乃结子之须也。侧短者出于瓣③侧，食之味甜，乃放香之心也。"人或难之曰："梅之须不下数十茎，今只画其七者，何也?"师曰："然! 须虽多，而禀阳和之气，成霜雪之质，独其七耳。"难者又曰："梅之花有六出、四出，今独画其五出者，何也?"对曰："六出、四出，谓之棘梅，乃村野之人接于棘之上者，或木之根，受气不清而然耳。独五出者，禀冲和之气，有自然之性，故特画之。"难者骇然，曰："信师不谬。"

[注释]

①此条王冕《梅谱》、《香雪林集》并同。《华光梅谱》作《补之艰难》，文字稍异，其中"梅为木不公"以下四十八字，与第一卷《逃禅论》条末段数语相近。难花：关于花的诘难。

②华：同"花"。

③"瓣"，原作"办"，此据《香雪林集》改。

论梅之病①

碎枝繁杂，起笔太颠②。交枝无意，嫩梢十字。弓③势不成，梢无鹿角。阴阳不分，嫩梢多刺。枝无条理，花无次序。曲④枝重叠，老嫩有花⑤。节如苍眼，刺无副笔。重枝过节，枝无轻重。气⑥条有花，挑心卷杂。正背大小，雪雨花新。梢同一体，下⑦笔再填⑧。枝⑨如死蛇，写景无意。此皆作梅之病也。

[注释]

①此条王冕《梅谱》、《香雪林集》同，《华光梅谱》无。

②"颠"，原为"□"，此据《香雪林集》、王冕《梅谱》补。

③"弓"，原为"□"，此据《香雪林集》、王冕《梅谱》、日本静嘉堂本补。

④"曲"，原为"□"，王冕《梅谱》、日本静嘉堂本作"贯"，此据《香雪林集》补。

⑤ "花"下，原叠出一"花"字（叠字符），此据《香雪林集》删。

⑥ "气"，原为"□"，此据《香雪林集》、王冕《梅谱》、日本静嘉堂本补。

⑦ "下"，《香雪林集》同，王冕《梅谱》作"去"。

⑧ "填"，原为"□"，此据《香雪林集》、王冕《梅谱》补。

⑨ "枝"，原为"□"，王冕《梅谱》作"梢"，此据《香雪林集》补。

续论梅之病三十六事①

起笔太颠，交枝无意。梢无鼠尾，枯有重眼②。曲屈③重叠，不分阴阳。枝无变态，老处无花。当闲④却闹⑤，从枝交杂。身无轻重，枝老花繁。气条苞⑥椒，嫩梢多刺。花盛不落，繁无正背。梢重根轻，身⑦无神气⑧。丁势不分，鹿角枯槁。起条英蕊繁胜，刺无副笔。花⑨无肥⑩瘦，枝不抱体。后梢过前，梢条同体。花⑪无四⑫面，嫩梢双⑬花。枝嫩垂地，老嫩不分。挑心繁卷⑭，停笔竹⑮节。下⑯笔再填，不量地步。写景无景⑰，枝梢十字。若能熟记，何患不似⑱。

[注释]

①此条王冕《梅谱》、《香雪林集》同。《华光梅谱》作《三十六病》："枝成指捺，落笔再填，停笔作节，起笔不颠，枝无生意，枝无后先，枝老无刺，枝嫩刺连，落花多片，画月取圆，树老花繁，曲枝重叠，花无向背，枝无南北，雪花全露，参差积雪，写景无景，有烟有月，老干墨浓，新枝墨轻，过枝无花，枯枝无藓，挑处卷虽，圈花太圆，阴阳不分，宾主无情，花大如桃，花小如李，弃条写花，当丫起蕊，树轻枝重，花并犯忌，阳花犯少，阴花过取，奴花并生，二本并举。""卷虽"或为"卷杂"之误。此或融合了明人画梅的经验。

②"重眼"，原作"无□"，此据《香雪林集》、王冕《梅谱》订补。

③"曲屈"，王冕《梅谱》作"屈曲"。"曲"，原为"□"，此据《香雪林集》补。

④"闲"，原作"要"，《香雪林集》同，此据王冕《梅谱》、日本静嘉

堂本改。

⑤ "闹"，原缺，此据《香雪林集》、王冕《梅谱》补。

⑥ "苞"，《香雪林集》、日本静嘉堂本同，王冕《梅谱》作"包"。

⑦ "身"，原无，此据《香雪林集》、王冕《梅谱》补。

⑧ "神气"，原无，《香雪林集》、日本静嘉堂本同，此据王冕《梅谱》补。

⑨ "花"，原无，此据《香雪林集》、王冕《梅谱》补。

⑩ "肥"，原作"微"，《香雪林集》同，此据王冕《梅谱》改。

⑪ "花"，原无，此据《香雪林集》、王冕《梅谱》补。

⑫ "四"，原作"回"，此据《香雪林集》、王冕《梅谱》改。

⑬ "双"，原作"只"，《香雪林集》同，此据王冕《梅谱》、日本静嘉堂本改。

⑭ "卷"，原作"倦"，此据《香雪林集》、王冕《梅谱》改。

⑮ "竹"，原作"升"，此据《香雪林集》、王冕《梅谱》改。

⑯ "下"，原无，此据《香雪林集》、王冕《梅谱》补。

⑰ "景"，日本静嘉堂本作"意"。

⑱ "不似"，《香雪林集》同，王冕《梅谱》作"不适其域"。

胶纸法则①

纸不必拘②厚薄，视胶矾③所施如何耳。纸厚则胶欲重，纸薄④则胶差轻⑤。今市货中名为灰纸⑥者，则不可胶也。诗云："胶汤似水略而浑，盏水三胶有定论。"矾削入时，须少少调和甜，则是玄门⑦。

[注释]

①此条及以下各条，王冕《梅谱》、《华光梅谱》并无。

②"拘"，原作"抱"，此据《香雪林集》、日本静嘉堂本改。

③胶矾：两种原料，以不同比例调配兑水，刷于绢面、纸面，可以改变其着色、吸墨效果。未刷胶、矾的绢纸，称生绢生纸，多用作水墨写意，而刷过胶、矾的则称熟绢熟纸，一般用于画工笔着色画。胶、矾的用量不同，效果差别较为微妙，画家要视其所需而精心配制。

④ "薄"，原作"轻"，日本静嘉堂本同，此据《香雪林集》改。

⑤ "轻"，原作"薄"，日本静嘉堂本同，此据《香雪林集》改。

⑥灰纸：纸之一种。宋赵希鹄《洞天清录》中即已提到，元王祯《农书》卷二三说宜以小灰纸作蚕种纸。

⑦ "甜"字以下句逗、语意不明。"甜"或为"醋"之误书。

墨水要论

墨者①，精神之用也，墨法不明则卤莽矣，其可忽诸②？夫初学时研弄未熟，而使浓处反淡、枯处反燥者，皆由施墨水不得其宜，而精神并失之也。学者于此，苟能昼夜不厌，久而愈熟，则自然至于妙矣。此又不可不知也。

[注释]

① "者"，原作"有"，此据《香雪林集》改。

② "诸"，原作"诗"，此据《香雪林集》、日本静嘉堂本改。

用笔合宜论

画家云："笔尖柯木嫩，墨淡野云轻。意懒石头软，神昏水不清。"斯言得之矣。盖笔尖则梢弱①，笔钝则②梢死。作枯木当用钝笔，嫩梢当用高健圆笔，圈花剔须用极细尖笔，墨水剔地用无心笔，点蒂用久使微钝笔，点苔用大钝笔，嶙峋石、拖坡③岸、卷松身则用双枝棘心笔，剔松针④、描水仙、画山矾用大蟹爪笔，扫兰、撇竹用大兰蕊笔，是其用笔而合宜也。若夫以绢素作梅，必用新制上等好墨及不蒸古墨，不必问其新旧，如用蒸过之墨，必有变动。凡所应用，要得随宜，如或不然，终不能尽美矣。

[注释]

① "弱"，《香雪林集》作"柔"。

② "则"，原无，此据《香雪林集》补。

③ "坡"，日本静嘉堂本同，《香雪林集》无。

④ "针"，日本静嘉堂本同，《香雪林集》作"心"。

存心想像

凡欲作梅，清心静虑，涤思颐神，如身处幽僻，目对山林。默①想梅花形状，横枝斜梢，枯根老木，或开未开，或落未落，重叠稀疏，偏喎②高下，侧正斜欹，临毫对幅，一时下手则任心③处用矣。且梅花之状，不可在规矩之内，必当出乎写生之外，其能存心于朱④墨之前，自然超越不俗也。且夫运动之间，各取天然，其花萼蕊苞、根梢枝树、箭茨⑤蒂条，并有可名。非名不作，非有不写，岂⑥可拘拘于摸仿哉？

[注释]

①"默"，原作"点"，此据《香雪林集》、日本静嘉堂本改。

②喎（wāi）：歪，斜。

③"任心"，日本静嘉堂本同，《香雪林集》作"恁"。

④"朱"，原作"未"，此据《香雪林集》、日本静嘉堂本改。

⑤箭茨：当指梅树之刺枝短槎之类。

⑥"岂"，原无，日本静嘉堂本亦无，此据《香雪林集》补。

补之心诀

凡欲作梅条，枝枝似动摇。微微分曲意，纵笔不须描。破白心先定，安花后点饶。蕊苞花烂漫，枝顶结如椒。墨色分三用，英须勿透条。下多尖渐少，枯上发三梢。

作梅须是辨阴阳，阴①少阳多气味长。枝似柳条仍带硬，花如掏出要尖方。正面端如钱样大，侧开好似蝶飞忙。半芳应是须长吐，烂放遥知带落妆。月下昏昏真笔少，雪中不点自心藏。风雨一般分上下，枯根岂可扫孤桑。

[注释]

①"阴"，原无，此据《香雪林集》、日本静嘉堂本补。

梅　说①

昔子贡②从孔子一年，自谓过之，二年已为同德，三年知不及矣。虽子贡之贤尚不识孔子，而况后人乎？予宗补之墨梅，初学亦谓过③之，三十年后始知不及也，谚云"画到识羞处，方知下笔难"者是。然则好学之士不可无友，更于不耻下问，则日就月将④，自然得其三昧，庶免井蛙瓮蚁之诮。

夫诗以气⑤为主，画亦以气⑥为主，情动于中而形于言，得之于心应之在手，故善画者写物之神，不善画者写物之形。盖东坡之论"写物求形似，见与儿童邻。赋诗必此诗，定非能诗人"，赵昌⑦逼真而列之妙品，徐熙⑧落大墨⑨返⑩名之写生者何，言画形不如画意也。花光写⑪梅，但画其影；补之作画⑫，必求其意。旧有一匠，献画鹊于东坡，自云一月乃就，左右莫不言其逼⑬真。坡曰："好则好⑭，乃笼中之禽耳。"匠曰："学士真奇人也。"

梅有数家之格，或有软而媚者，或有繁而劲者，或有老而疏者，或有清而癯者。有生于⑮篱落间者，有生于江湖畔者，有生于郊野外者。其枝殊而花异焉，不可不推之⑯。

作梅或帐⑰或箪⑱，或横或直。作根株须知宾主上下，分枝须识南北发放。树根须要土厚，枝干抱体轻盈，安花要知疏密，须识向背。根梢发似鼠尾，折枝布似虬龙。二尺之木，曲而可去三尺；三尺之木，引而可去四尺。渐渐从加，其树自成停当矣。

[注释]

①此条《香雪林集》题作《论意》，仅录"夫诗以气为主，画亦以气为主"以下部分，两"气"均作"意"。

②子贡：孔子的弟子端木赐，字子贡。

③"过"，原无，此据日本近卫本、日本静嘉堂本补。

④日就月将：语出《诗经·周颂·敬之》，指日有所得，月有所进，日

积月累，收获明显。

⑤"气"，日本静嘉堂本同，《香雪林集》作"意"。

⑥"气"，日本静嘉堂本同，《香雪林集》作"意"。

⑦赵昌：北宋画家，善画花果草虫，长于着色傅彩。

⑧徐熙：五代画家，多画花果虫鸟，长于写生，常游园圃间，遇景辄留，所画富有生意，落墨自然，不以勾勒傅彩为工。

⑨落大墨：犹如泼墨。

⑩"返"，《香雪林集》作"反"。

⑪"写"，《香雪林集》作"画"。

⑫"作画"，《香雪林集》无。

⑬"逼"，原作"过"，此据日本静嘉堂本改。

⑭"好"，原无，此据《香雪林集》、日本静嘉堂本补。

⑮"于"，原无，此据《香雪林集》补。

⑯"梅有数家之格"至此，又见《华光梅谱》之《画梅总论》条末尾，文字稍异。

⑰帐：古人所谓梅帐，指在帐上画梅。宋人记载，梅帐有两种：一是画于大幅帷幕之上，用于张挂；二是画于蚊帐之上，以便睡卧观赏。

⑱"筛"，《香雪林集》、日本静嘉堂本作"纸"。筛，此处即幰、帧之类，张挂用以作画的丝织品。《香雪林集》等改作"纸"，更为通顺。

蒙手十法①

先学发条，次可合身，三方共枝，四能破白，五习花蕊，六当作花，七看生意，八要专心，九须想生，十中像九。

[注释]

①蒙手：初学新手。

八不得

枝不得对发，墨不得一色，花不得似掏①，树不得如桃，根不得似桑，势不得太娇，梢不得弓下，英^②不得透条。

[注释]

①"掏"，《香雪林集》、日本静嘉堂本作"描"。

②英：花。

凡墨戏忌有十不要^①

对格临写，使朽器仗^②，袒裸衣帽，眠倒^③棚子，双手拿棚，口哑墨笔，苟简轻忽，轻薄纸绢，久离笔砚，为势^④所迫。

[注释]

①此题《香雪林集》作《墨戏有十不要》，日本静嘉堂本作《十不要》。该条似为泛论，非专指画梅。墨戏，水墨写意，随兴作画。

②"仗"，《香雪林集》作"伏"。

③"倒"，《香雪林集》作"到"。

④"势"，原作"执"，此据《香雪林集》改。

补之写梅品目^①

舞风欺腊，月下瑶姬，雪中姑射，素质先春，寒梢带月，竹外呈鲜，苍枝积雪，幽谷斗香，雪霁披银，斗枝捧月，烟笼寒玉，冰蘸疏枝，风摇碎玉，雪月交光，半粘残雪，琼英斗白，玉兔争清，春坞笼烟，晓塘蘸水，月淡黄昏，雪天清^②晓，暗香度影，疏玉射林，倚岸度风，江滨欲雪，欹岩望雪，玉溪照水，春烟笼玉，雪后横枝，冷浸春水，倚岸映月，新月透琼，雪霁射光，晚风弄影，寒梢及月，探春斜朵，半浸玉肌，风前舞玉^③，晓雾埋琼^④，临溪对鉴，初放寒梢，新梢破玉，椒梢末萼，舞风翘月，到压一枝，前村雪里，巡檐索笑，叠^⑤玉叠^⑥珠，酝^⑦香^⑧透玉，收香藏白，江上推篷，汉宫晚^⑨妆，茅舍隔窗，西湖夜景，孤山一枝，寒芳得意，清英斗秀，望^⑩水度香，滴露堆珠，捧杯唤客，晴烟抹林，斗回江曲，琼堆却月，清影横斜，黄昏对月。

[注释]

①品目：名目。本条罗列扬无咎（补之）画梅的各种题材名目。

②"清"，《香雪林集》作"晴"。

③"玉"，《香雪林集》作"月"。

④"埋琼"，原作"理琼"，《香雪林集》作"埋璚"，璚同"琼"。此据改。

⑤"叠"，《香雪林集》作"垒"。

⑥"叠"，《香雪林集》作"垒"。

⑦"酝"，《香雪林集》作"醒"。

⑧"香"，原无，此据《香雪林集》、日本静嘉堂本补。

⑨"晚"，《香雪林集》作"晓"。

⑩"望"，《香雪林集》作"留"。

一字至十字诗①

梅，梅。玉削，冰裁。和羹种，百花魁。清胜冰洁，香欺麝煤②。欲报早春信，独向苦寒开。一任风梳雨洗，从教雪压霜摧。溪浅月移疏影动，楼迥参横画角哀。东坡先生诗成蹈雪，西湖处士③咏罢衔杯。欧阳公绰约之句妙矣④，山谷老幽闲之语奇哉⑤。虽有前贤剩谈雅致清绝，何如野人淡墨写出真来。

[注释]

①此条日本静嘉堂本同，《香雪林集》无。

②麝煤：制墨的原料，因而作为墨的代称。

③西湖处士：宋人林逋，隐居西湖孤山，以咏梅著称。

④欧阳公：欧阳修。其《和对雪忆梅花》："鲜妍皎如镜里面，绰约对若风中仙。"

⑤山谷老：黄庭坚，号山谷。其《次韵赏梅》："淡薄似能知我意，幽闲元不为人芳。"

松斋梅谱卷第三

会稽吴太素季章编①

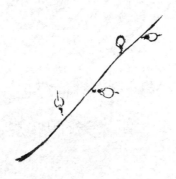

麦　眼

　　麦眼纤纤着笔轻，必须一点下加丁。泄春梢尾专宜用，不许诸梢擅此名。

[注释]

　　①"会稽吴太素季章编"，原无，此据第一、二章补。此卷以下内容，王冕《梅谱》、《华光梅谱》并无。《香雪林集》图谱部分题作《画梅图诀，香雪林主人允明王思义集》，其下称有三部分："华光图诀四十八、范补之图诀一百、宋器之图诀五十六。"范补之当为扬补之。所说与实际排列并不对应，显然是根据总数随意分属，不足为据。

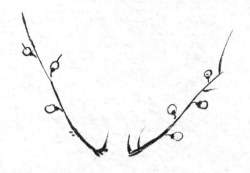

椒　目^①（作花秘要）

　　要知此格果何如，一笔^②微弯托颗珠。脚畔添丁间空处^③，作形分椒莫模糊^④。

[注释]

　　①"目"，日本静嘉堂本作"眼"。

　　②"一笔"，原无，此据日本静嘉堂本、日本近卫本补。

　　③"处"，原无，此据日本静嘉堂本补。

　　④以上《麦眼》、《椒目》两目并诗，《香雪林集》见于后面所辑《梅花喜神谱》之《椒眼》《蟹眼》前，此处无。

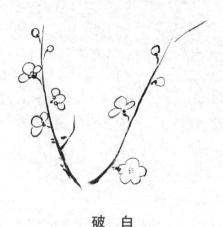

破　白

　　三三五五^①欲开时，梢尾梢头任意为。大小铺排休太杂，安丁作^②点自清奇。

[注释]

　①"五五"下，原有"吹"，此据《香雪林集》删。

　②"作"，《香雪林集》作"加"。

擎　珠

　　此格团团一蕊敷，偶然梢尾不宜无。秋毫写就须圆^①整，要似胡僧顶上珠。

[注释]

　①"圆"，原无，此据《香雪林集》补。

桃露核

　三瓣微^①开英未露，中弯^②三笔细如毫。要知阳面加梢上，依约园中吐核桃。

[注释]

　　① "微"，原为空方，此据《香雪林集》补。

　　② "弯"，原作"湾"，此据《香雪林集》改。

榴簇巾

　　大瓣全开擎小瓣，粉须乱吐细珠流。枝头着处仍朝上，仿佛林中喷火榴。

猿　面

　　半开大蕊露长须，三瓣微舒吐两珠。笔底写生须有意，恍如猿面俯枯株①。

① "株"，《香雪林集》作"枝"。

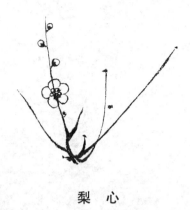

梨 心

五点添①丁背嫩枝，形如对半截陈梨。团团五笔须清细，端正阴文②更莫③疑。

[注释]

① "添"，《香雪林集》作"加"。

②阴文：印章上所刻或其他器物上所铸凹下的文字或花纹。

③ "莫"，原空格，此据《香雪林集》补。

孩儿头

一团白玉弄清妍，一点中安四点偏。好向枝头斜缀去，孩儿头面匪虚言。

笑靥儿

五瓣纤纤缀嫩枝，香须中吐莫支离。含章未许妆宫额，要似佳人巧笑时。

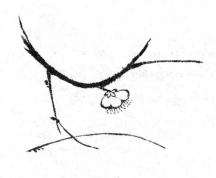

窥　影

大小参差两瓣儿，背分五点便^①相宜。不宜向上须宜下，缺处添须最要奇。

［注释］

① "便"，《香雪林集》作 "更"。

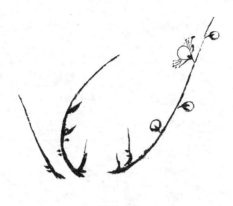

酝　香

仰放香须势要偏，左边小瓣抱弯弯。下安二点^①皆丁字，两萼相承便可观。

[注释]

①二点：是指丁字画作"丫"形，上有两点。"二"，原作"三"，日本静嘉堂本同，此据《香雪林集》改。

垂螺髻

分^①开三瓣要中圆，细剔长须出两边。花下放低分五点，形如螺髻莫令偏。

① "分"，《香雪林集》作"初"。从图看，以"分"为是。

仰石榴

状似安榴两瓣腴，顶分三瓣细攒须。下承三萼如①心字，嫩处含香不可无。

[注释]

① "如"，原作"加"，此据《香雪林集》改。

吐　英

初绽琼腮玉有痕，小苞轻抱亦须分。丁前两点低低附，试看丰姿也不群。

弄　粉

　　碧玉枝头露粉腮，香①须小瓣两相偎。背梢丁点分明见，应是罗浮山②下来。

[注释]

　　①"香"，原无，此据《香雪林集》补。

　　②罗浮山：在广东省东江北岸，博罗、增城、河源等县间。隋赵师雄曾在此梦遇梅花仙人，苏轼《十一月二十六日松风亭下梅花盛开》有"罗浮山下梅花村，玉雪为骨冰为魂"的诗句，后世多用作咏梅的典故。

擎　雨

　　两瓣横开中瓣正，点丁带萼缀①斜枝。更添侧瓣微微隐，要似新荷擎雨时。

① "缀"，原空方，此据《香雪林集》补。

笑　春

点蒂相连如露齿，瓣横一抹似朱唇。水边竹外晴光好，索笑枝头报早春。

三　魁

花横一字连丁点，梢末浑疑雪作堆。两蕊相依助高洁，补之因号作三魁。

独　洁

　　三瓣高昂下瓣敷，无葩无蕊独高居。香须四角微微露，傲雪凌霜只自如①。

[注释]

　　①"如"，原作"知"，日本静嘉堂本同，此据《香雪林集》改。此图绘工较差。

月　望

　　写成五①瓣要团团，细剔香须慎勿偏。皎皎枝间弄晴色，宛如秋半②月当天。

①"五",《香雪林集》作"玉"。从图看,以"五"为是。

②秋半:此指八月十五日,即中秋。

风　欺

　　须瓣虽斜丁点连,中间大瓣莫令偏。如何却被狂风妒,似觉冰容不及前。

丫鬟头

　　两瓣低垂顶瓣圆,要如女子巧梳鬟。剔须两缺纤纤出,丁脚中垂向下①安。

① "向下"，原作"□亦"，此据《香雪林集》补。

判官唇①

花形生②似判官唇，大瓣中圆四瓣分。四点带③丁枝上缀，须当两出莫纷纭。

[注释]

①判官：官名，唐宋时节度使和地方长官僚属中都有判官，协助处理公事。此处所说当是戏曲中的角色，属于后世净角即俗说花脸中的一种，戏剧装扮尤其是头饰、脸谱颇有特色，这是借其形容花头图案的形状。此类说法当起于宋，至迟在元《农桑辑要》中已经出现。明王思义《香雪林集》卷一梅图中有《判官头》一目。《永乐大典》卷二八一○载《新安志》有"判官梅"，为果梅品种，或因此类画目附会得名，待考。

②"生"，原作"性"，此据《香雪林集》改。

③"点带"，原作"分□"，此据《香雪林集》改。

随 风

随风倚树半欹斜，三瓣高低看愈嘉。零乱①芳须从内吐，蒂分两点是风花。

[注释]

① "乱"，《香雪林集》作"落"。

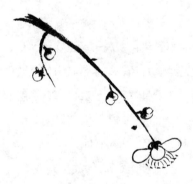

照 水

垂枝近水破寒葩，落笔无令两瓣斜。大小横分如一字，素娥临镜照铅华。

蜻蜓羽

蜻蜓模样惜花残，三瓣分开已不完。细剔香须铺瓣上，危然枝杪最堪安。

睡娥鬟

瑶花两①瓣太斜敧，仿像②双成睡起时。左畔缺中添隐瓣，芳须就缺出些儿③。

[注释]

①"两"，原作"四"，日本静嘉堂本同，此据《香雪林集》改。此图绘工较差。

②"像"，《香雪林集》作"佛"。

③ "儿"，《香雪林集》作"时"。

追　风

大瓣中昂小瓣欹，却因清晓冷风吹。花间两点安丁脚，缺处芳须几点儿。

浥　露①

花滋天酒似离披，三瓣端藏两瓣微。细剔香须攒向上，嬬②娥露湿③素绡衣。

[注释]

①浥（yì）露：含露。浥，滋润。

② "孀"，《香雪林集》作"霜"。孀，寡妇。

③ "湿"，原作"滋"，此据《香雪林集》改。

莺 飞

才开又缩势何欹，要似莺飞出谷时。中瓣头圆须四抱，春风柳岸日迟迟。

燕 语

两花相对瓣阴阳，燕燕归来语画梁。阳剔香须阴点萼，交枝着①此最相当。

鲍老①头

五瓣盈亏势不侔，中间挺出独圆浮。粉须微露丁连萼，状似当场鲍老头。

苍猴耳

中间两瓣要圆长，三瓣微开出两旁。心①地显然藏蒂萼，形如猴耳异寻常。

① "心"，原作"四"，旁书小字"心"，《香雪林集》作"心"，此据
改。

蝉 蛾

正背双花并蒂芳，也知草木有阴阳。覆花须借仰花瓣，四点攒
丁枝上横①。

[注释]

① "横"，《香雪林集》作"丛"。

台 盏

半开大放逞香腮，并蒂连枝取次开。九瓣合成花二①朵，犹如

金盏阁银台。

[注释]

[注释]

①"花二",原作"二囗",此据《香雪林集》订补。

背堆玉①

五阴五阳相次列,开向枝头如积雪。剔须点萼要精神,写出论功汉三杰②。

[注释]

①此题原作《背品(佳)王》,日本静嘉堂本作《背品佳王》,当是字迹不清而误读,此据《香雪林集》改。背堆玉,指花头一正一背相叠。

②汉三杰:汉张良、韩信、萧何。

合璧①**连环**

一串三花六瓣低,参差瓣瓣莫令齐。枝头三路瓣十一,仿佛渊明过虎溪②。

负阴抱阳

阴舒阳畅列枝头，五瓣成堆五瓣浮。细发香须俱出右，不将玉笛写江楼。

仰天俯地

仰天五瓣阳居正，俯地六阴分两枝①。点萼剔须明向背，芳名不许陇头知^②。

[注释]

①"枝"，《香雪林集》作"岐"。

②此下原有《柳眼》一目图及五言绝句诗，日本静嘉堂本同，实为第四卷所辑宋伯仁《梅花喜神谱》的内容，当为发现漏抄后补录于此，现移至第四卷相应位置。

叠　玉^①

四瓣朝天四瓣低，也须剔上七须垂。两花叠玉如连理，恰似鸳鸯对水时。

[注释]

①此条以下八目图咏即《叠玉》、《联金》、《攒三》、《簇四》、《聚五》、《堆六》、《收香》、《藏玉》八目，原无，日本静嘉堂本并无，此据《香雪林集》补。这八个图目多见于前二卷的技法口诀，应属配套的图谱，八首口诀的语言风格与该卷前面诸首稍异，显然是相对独立的一组。日本抄本未见此八目，是抄者省略、遗漏，还是《香雪林集》另有所取，尚难判断，姑辑此备考。

联 金

两蒂相依花并生，枝头弄巧类鸳鸯。二花八瓣联双葩^①，俨若
金钗鬓上横。

[注释]

① "葩"，此字笔画不清，姑拟此字，待考。

攒 三

攒三花瓣最难为，才遇交枝自合宜。笔下定须挑下瓣，剔须巧
处见分岐。

簇　四

　　簇四风姿自一家，合身好看此般花。十三圆瓣无令乱，四出香须整后斜。

聚　五

　　聚五繁花意自殊，著花丛里用工夫。叶分十五连粘去，好向交枝仔细铺。

堆　六

　　堆六团团簇似球，须分六出不须谋。叶均十六叠如玉，切忌交
于枝表头。

收　香

　　笛声吹彻晓霜天，枝上离披①亦可怜。花蒂连须香未散，尚存
一叶弄余妍。

[注释]

　　①离披：散乱。

藏　玉

　　冰花不耐晚风吹，无白无香意惨凄。独有香须连绿萼，寒心稍自恋寒枝。

松斋梅谱卷第四^①

会稽吴太素季章编^②

蓓蕾四枝

麦　眼

南枝发岐颖，崆峒点岁登。当思汉光武，一饭能中兴。

[注释]

①此卷辑录宋伯仁《梅花喜神谱》百图及诗咏，有缺漏，文字也不乏讹误。此除补足所缺条目和诗中缺字外，余均照录不改。

②"会稽吴太素季章编"，原无，此据第一卷、第二卷补。

柳　眼①

静看隋堤人，纷纷几荣辱。蛮腰休②逞妍，所见元③非④俗。

[注释]

①此条并图，原在第三卷末尾，日本静嘉堂本同，当属漏抄后补录，移至此。

②"休"，原无，此据《梅花喜神谱》、日本静嘉堂本补。

③"元"，原作"无"，此据《梅花喜神谱》、日本静嘉堂本改。

④"非"，原无，此据《梅花喜神谱》、日本静嘉堂本补。

椒　眼①

献颂侈春朝，争期千岁寿。陵寒傲岁时，自与冰霜久。

[注释]

①此卷的此条以下内容，《香雪林集》也依次取录，然上两条，《香雪

林集》则未录，而录《松斋梅谱》第三卷开头《麦眼》、《椒目》两条，唯第二条的题目作《椒眼》，与此处《椒眼》题目重出。对这两条的处理，《香雪林集》与《松斋梅谱》抄本有些类似，也许包含了《松斋梅谱》刻本原貌的某些信息。

蟹　眼

爬沙走江海，惯识风波恶。东君为主张，显戮逃砧镬。

小蕊一十六枝①

丁　香

药性贵温良，胡为辛且烈。无与桂附徒，天资更趋热。

①"小蕊一十六枝",日本静嘉堂本在"樱桃"条后、"老人星"条前。

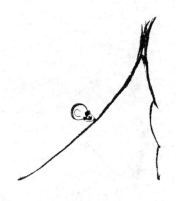

樱　桃

樊素艳而歌,乐天何所羡。须结帝王知,拜宠明光殿。

老人星

风掣五云开,明星灿南极。嘉祥自朝廷,何幸愚亲识。

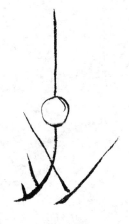

佛顶珠

佛有光明台，蚌胎奚足贵。聊以矜俗人，徒为宝所费。

古文钱

阿堵本何物，贯朽殊堪羞①。空囊留得一，千古钦清流。

[注释]

① "羞"，原空方，此据《梅花喜神谱》补。

鲍老眉

善舞几当场，妖姿呈窈窕。当场人自迷，郭郎未容笑。

兔　唇

三窟不须营，蒙恬素心友。识尽天下书，只要文章手。

虎　迹

寒风偃枯草，掉尾来山巅。出柙势可畏，老须宁易编。

石　榴

锦囊蕴珠玑，长养南风力。当年东老家，曾代中书笔。

芘 菇

来自淤泥中，根苗何足取。饾饤上供盘，敢为梨要伍。

木瓜心

宛陵有灵根，圆红珍可茝。卫人感齐恩，琼琚未容报。

孩儿面

才脱锦衣褓，童颜娇可诧。只恐妆鬼时，爱之还又怕。

李

垂垂生井上，游子休整冠。道旁徒自苦，青眼谁能看。

瓜

东陵人已仙，黯淡斜阳暮。可惭名利心，孜孜问葵戍。

贝　螺

生长沧波中，收罗向书室。剡藤无不平，只恐①无椽笔。

[注释]

①"恐"，原无，此据《梅花喜神谱》补。

科 斗

清波漾蛙子，古书形似之。可惜书废久，时人无能知。

大蕊八枝①

琴 甲

高山流水音，泠泠生指下。无与俗人弹，伯牙恐嘲骂。

[注释]

　　①　"大蕊八枝"，原无，《香雪林集》并无，此据《梅花喜神谱》补。

蚌　壳

休与鹬相持，自有山以隔。祝君无孕珠，恐非保寿策。

药　杵①

蟾宫有兔臼，捣药千万年。药有长生术，世人无计传。

[注释]

① "药杵"，日本静嘉堂本同，《香雪林集》作《兔头》。

鹳觜

曳头吟松梢，何异杨州鹤。胡为鹤未成，苦被玄裳错。

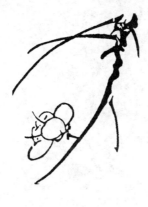

卣①

中尊严祀典，岂未裸而实。将裸而实彝，礼文知有秩。

[注释]

①此条及以下十八目，即《卣》、《枧》、《筊》、《爵》、《蜗角》、《马耳》、《春瓮浮香》、《寒缸吐焰》、《篦》、《瓒》、《金印》、《玉斗》、《彝》、《鬴》、《攲器》、《悬钟》、《扇》、《盘》的图咏，原无，日本静嘉堂本并无，《香雪林集》有，此据补。

枳

方深有制度，撞之以合乐。止乐觉以戟，始终知所觉。

笾

苍竹纬琅玕，为形有如豆。遇祭何所容，干桃与脩糗。

爵

柱取饮不尽，量容惟一升。足如戈示戒，君子当兢兢。

欲开八枝[①]

蜗　角

蛮触国谁雄，战争犹未息。由此夺虚名，费尽人间力。

[注释]

　　① "欲开八枝"，此据宋伯仁《梅花喜神谱》补，《香雪林集》于《蜗

角》一目后有"此后类开八枝","类"当为"欲"误刻。

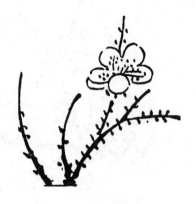

马　耳

骐骥无伯乐，尖轻徒竹披。北台深雪里，且读坡仙诗。

春瓮浮香

斗醉石亦醉，无量不及乱。犹醒谁得知，憔悴沧江畔。

寒缸吐焰

灯火迫新凉，志士功名重。十年窗下愁，会见金莲宠。

奁

祭器古所重，斯焉盛黍稷。内方而外圆，无乃器之特。

瓒

如盘而柄圭，崇裸以为器。秬鬯次第陈，岂容忘古意。

金 印

苏秦鞭匹马，六国饱风烟。累累悬肘下，郭外惭无田。

玉　斗

鸿门罢樽酒，舞剑事还差。范增徒怒撞，汉业成刘家。

大开一十四枝①

彝

五采会章服，汝明以垂教。虎蜼宗庙器，于以象其孝。

①此条《香雪林集》置于《彝》目后，此据本卷上文格式移此。

黼

象明十二章，斧形不可玩。黼以取其辨，黻以取其断。

欹　器

溢满而覆虚，盈亏俱有病。万事得于中，乌乎云不正。

悬　钟

五更山外鸣，斗低残月小。唤起利名人，仆仆浑无了。

扇

九华并六角，流传名不同。无如慰黎庶，为我杨仁风。

盘

水精行素鳞，琉璃走夜光。铭垂日日新，万古稽商汤。

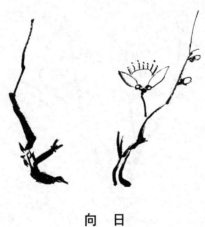

向　日

举头见长安，志士欣有托。葵藿一生心，岂容天负却。

擎　露

仙掌在何处，徒成千载羞。唯有故园菊，沾（沾欤）濡当九秋。

鼎

郏鄏至汾阴，重名垂不朽。天下望调羹，有谁能着手。

镛

堂下杂簜籈，如钟而磬腹。夫子闻于齐，三月不知肉。

鹿　角

忝角同呦呦，山林风雨秋。姑苏台上月，子胥曾约游。

猿　臂

　　一声长啸处，霜月凄林扉。与鹤每相问，贵人[1]胡未归。

[注释]

　　[1]　"人"，原无，此据《梅花喜神谱》补。

颦　眉

　　西施无限愁，后人何必效。只好笑呵呵，不损红妆貌。

侧　面

相见是非多，但旁观便了。庶无人共知，鼻孔长多少。

烂漫二十八枝

开　镜

尘匣启菱花，丑妍无不识。羞杀几英雄，霜髯太煎逼。

覆　杯

谁叹月娟娟，霜天闲却手。醉者未能醒，不必重斟醒。

冕

衮鷩毳希玄，君尊十二旒。璪取玉以文，五采宗成周。

胄

秀铁压肩寒，中原思未报。何日扫边尘，别裹朝天帽。

并　桃

汉帝欲成仙，王母从天下。结实动千年，三偷尤可诧。

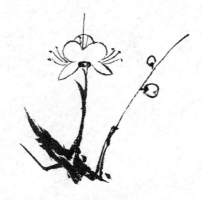

双^① 荔

缯壳烂^②旧枝，夏果收新绿。玉真望甘鲜，不管邮兵哭。

[注释]

① "双"，原空方，此据《梅花喜神谱》补。

② "烂"，原空方，此据《梅花喜神谱》补。

凤朝天

览辉千仞高，君子思在治。朝阳如不鸣，敢言当自愧。

蛛挂网

经纬出天机，画①檐斜挂算。可惜巧于蚕，无补人间世。

[注释]

① "画"，原空方，此据《梅花喜神谱》补。

渔 笠

舣艇白鸥边，寒雨敲青箬。骇浪不回头，方识江湖乐。

熊　掌

八珍风味清，藜肠岂曾识。堪嗤尝脔人，欲与鱼兼得。

飞虫刺花

花香专引蝶，非蝶亦飞来。顾影不知耻，良为贪着哀。

孤雁叫月

　　足下一封书，子卿归自虏。虽曰诳①单于，孤忠传万古。

[注释]

　　①"诳"，原空方，此据《梅花喜神谱》补。

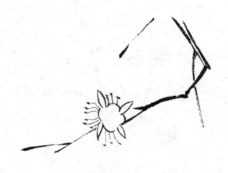

龟　足

　　十钻无遗策，宁免枯肠忧。何如隐莲叶，千岁成仙游。

龙 爪

苍生望云霓，难作池中物。孔明卧隆中，天子势亦屈。

林鸡拍羽

三拍羽翎寒，风雨不改度。起舞何人斯，男儿当自悟。

松鹤唳天

赤壁梦醒时，雨洒玄裳湿。声欲闻于天，故向松梢立。

新荷溅雨

新渌小池沼，田田浮翠钱。雨中珠万颗，巧妇其能穿。

老菊披霜

世久无渊明，黄花为谁好。青女自凌威，寒香未容老。

瑟

点异二三子，铿尔舍而作。江上数峰青，湘灵徒寂寞。

鼓

冬冬①和歌管，蒉桴无复存。堪笑不知量，以布过雷门。

[注释]

① "冬冬" 前原衍一 "鼓" 字，当是将 "鼕" 字抄作了两字，据《梅花喜神谱》删。

蜂 腰

紫陌暖风细，露房山更深。蜜甜不知味，万花空损心。

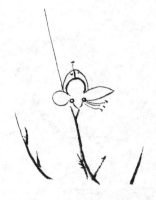

燕 尾

东风开绣帘，且向花梢立。主①人忘旧交，雕入须入梁②。

[注释]

①"主"，原无，此据《梅花喜神谱》补。

②此句误抄，《香雪林集》作"雕梁不须入"，是。

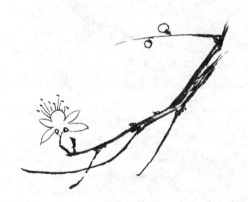

惊鸥振翼

雪羽卧晴沙，渔人无可虑。机事亦难忘，不如且飞去。

野鹘翻身

狼禽忘所侪，翻身拿鸟雀。羽毛同所天，何苦强凌弱。

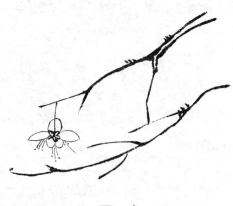

顾　步

世道多巉嵲，进趋思退却。一步一回头，庶无轻失脚。

掩 妆

粉黛巧妆施，菱花还自照。底事不争妍，又恐西施笑。

晴空挂月

万里收纤空，一钩悬碧落。缺圆无定时，人间几愁乐。

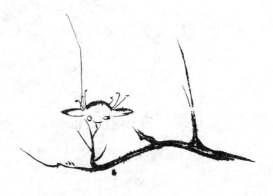

遥山抹云

无心出岫时，山腰横一抹。为霖覆手间，岂容留旱魃。

欲谢一十六枝

会星弁

星会饰以玉，灿灿光朝仪。重臣头似雪，左右应皋夔。

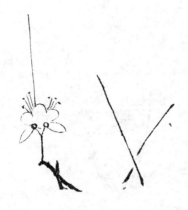

漉酒巾

烂醉是天涯，折腰良可慨。欲酒对黄花，乌纱奚足爱。

抱叶蝉

槐柳午阴浓，凄凉声愈健。饮露已成仙，孰云齐女怨。

穿花蝶

一梦在人间，东风吹不觉。庄周鸿冥冥，胡恋花枝巧。

暮雀投林

倦翼已知还，投林谋夜宿。弋宿无容心，机深未为福。

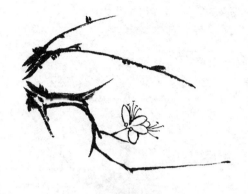

寒乌倚树

人好乌亦好，寒枝不轻蹈。月明可如依，飞绕犹三匝。

舞　袖

舞处更宜长，十笋藏纤指。脱得戏衫时，方知有呆底。

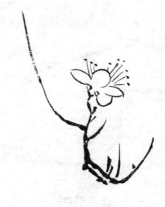

弄　须

丝丝丝共白，历遍风霜寒。君王岂轻剪，欲疗将军安。

鹗乘风

怒翩摩青天，秋风真得意。可怜乌鹊侪，一枝聊自寄。

莺掷柳

金梭抛翠丝，东风弄晴昼。求友不须鸣，绿窗人倦绣。

顶　雪

滕六雨天花，南枝香斗白。琼玉两模糊，冷笑从君索。

歆 风

暗香从何来，寒飙为轻扇。东君须护持，莫点宫妆面。

蜻蜓欲立

四翼薄于纱，纤尘不相着。只在钓丝边，渔翁素盟约。

螳螂怒飞

我臂不能固，捕蝉非所宜。蝉琴声未怯，黄鸟窥高枝。

喜鹊摇枝①

天上会双星，桥渡银河水。一别动经年，喳喳②徒报喜。

[注释]

①此条原无，日本静嘉堂本同，此据《香雪林集》补。

②"喳喳"，《梅花喜神谱》作"楂楂"。

游鱼吹水

春透水波明，江湖从落魄。三十六鳞成，禹门看一跃。

就实六枝

橘中四皓

羽翼汉家了，忘形天地间。个中有真乐，奚必拘商山？

吴江三高

品字列轻舠，点尽吴江雪。丁宁红蓼花，莫与利名说。

二　疏

东门风飘飘，双佩清如水。出门相送人，胡^①不共知止？

[注释]

① "胡"，原无，此据《梅花喜神谱》、《香雪林集》补。

独 钓

一竿风雨寒，独占严陵濑。苟非伸脚眠，曷见光武大？

孟嘉落帽

醉帽不轻飞，秋菊有佳色。自惭群座中，主人犹未识。

商鼎催羹

脱白弄青玉，风味犹辛酸。指日梦惟肖，羹调天下安。

　　华光仁师、补之杨公，皆圣[1]于墨梅之笔者也。后有器之宋氏[2]，尤称善继，且尝取补之所作百花，百咏为集，名之《清癯》[3]以行世，予家藏之久矣。然窃慕其花萼、枝干，千态万状，诚有出人笔意之表者。独念君子当推所爱[4]于天下，而不敢閟，兹因予所缉《梅谱》成，乃复列之第四卷云。至正辛卯[5]重阳日，越[6]吴太素识。

[注释]

①圣：精通。无事不通为圣。

②器之宋氏：宋伯仁，字器之。

③《清癯》：诗集名。从宋伯仁《梅花喜神谱》自序可知，他曾将自己的咏梅诗编成《清癯集》，与《梅花喜神谱》并非一书，此处吴太素误记。

④"爱"，原作"矣"，日本静嘉堂本作"以"，语义不通，疑为"爱"或"美"之误，此姑作"爱"，待考。

⑤至正辛卯：元顺帝至正十一年（1351）。

⑥越：此指会稽（绍兴），会稽属春秋越国，后又设越州。

松斋梅谱卷第五

会稽吴太素季章编①

斗 柄②

斗柄枝须曲屈生，更令枯瘦势均停③。着花得处毋烦碎，要使悬垂似列星。

[注释]

①"会稽吴太素季章编"，原无，此据第一卷、第二卷补。

②斗柄：即斗杓（biāo），整个北斗星斗柄部分的图案。

③"均停"，据《松斋梅谱》抄本书写惯例，或为"匀停"。

交　丫

　　两枝相叠势如丫，长短虽殊慎勿差。逸兴纵横如得理，须知笔外自宜加[①]。

[注释]

　　①以上《斗柄》、《交丫》两目，《香雪林集》列于第六卷《倒挂角》、《折戟梢》两目后，而将《梅花喜神谱》开头《麦眼》、《柳眼》两目置于此。

鹤　膝

　　偃仰天然鹤膝枝，短长如度自清奇。莫令接处蜂腰折，笔法如生转更宜。

鹿　角

　　要见枝分鹿角开，莫令长短①整如栽。会须子母参差见，从副何妨次第来。

[注释]

　　①"短"，原作"知"，此据《香雪林集》改。

屈　铁①

　　交加屈铁力须全，直处毋令笔似椽。要见劲中生意在，毫端点墨作春妍。

[注释]

　①《屈铁》、《虾须》、《龙盘势》、《鼎足根》四目并图诗，原无，日本静嘉堂本并无，此据《香雪林集》补。

虾　须

　副枝两两叠虾须，锁处须令曲更舒。偃仰若能环抱足，挥毫要见密还疏。

龙盘势

　倒梢复起小枝攒，转处须教势可观。莫作软绳无力绕，必令顾盼似龙盘。

鼎足根

鼎根出土老成形，枯处苔封最可人。个中笔法须教润，宛共苍龙蜕甲鳞。

铁　戟

老枝如铁刚还劲，似植辕门不敢前。谁道冰姿清可玩，笔端幻出自森然。

桑　条

　　古道寒梅生几载，旧枝已弱类^①桑枝。毫端若有清奇趣，挥扫微刚始得宜。

[注释]

　　① "类"，《香雪林集》作 "似"。

倒火形

　　嫩梢发^①出形如火，枝杪方宜有此名。枯处定应无是笔，三花两蕊不须生。

① "发"，《香雪林集》作"放"。

螳螂爪

形似螳螂爪未收，却宜安顿抱^①枝头。毫^②端不可常挥扫，聊取斯名谱上^③留。

[注释]

① "抱"，《香雪林集》作"雅"。

② "毫"，原作"宀"，下空，此据《香雪林集》补。

③ "谱上"，原作"谁□"，此据《香雪林集》补。

降斗①

一枝斜插②出墙隅，宛似微垣③运斗枢④。点缀冰花如七宿⑤，要渠标格露清癯。

[注释]

①《降斗》，原作《隆斗》，此据《香雪林集》、日本妙智院本改。

②"插"，《香雪林集》作"挂"。

③微垣：古代天文学家将恒星分为三垣：天微、紫微、天市。此借指夜空。

④斗枢：此指北斗星。北斗七星中有天枢星。"枢"，《香雪林集》作"枝"。

⑤七宿：此指七颗星。

仰斗

杓①向中天体势昂，花如星宿斗②煌煌。璇玑③妙运何人识，沆瀁^④生时夜未央。

［注释］

① "杓"，《香雪林集》作"初"。

②斗：争。

③璇玑：北斗七星中的天璇、天玑两星，也合指观测天象的仪器，这里指天象。

④沆瀁：夜半时的气息。

女 梢

娉婷二八^①谁家女，小立^②东风思悄然。着笔树旁宜向上，最怜雪后照婵娟。

［注释］

① "八"，《香雪林集》作"分"。

② "小立"，《香雪林集》作"立向"。

弓　势

　　大干长垂势若弓，短①梢为箭发其中。悬崖照水偏宜此，横过冲天总一同。

　　[注释]

　　①"短"，原空方，旁以小字注："长欤。"此据《香雪林集》补。

双鹰爪

　　岱北①苍鹰入海东②，回看玉爪想豪雄。依稀架上金钩脱，飞入西风图画中。

　　[注释]

　　①岱北：古人称鹰产于岱北，为胡地。

②海东：此指东北。欧阳修《奉使道中五言长韵》："骏足来山北，猛禽出海东。"

单回顾

宿枝挺出群枝表，屈铁斜依抱树梢。袅娜寒林似风势，犹如盼①望欲②相交。

[注释]

① "盼"，《香雪林集》作 "回"。

② "欲"，原无，此据《梅花喜神谱》补。

梢枝重叠①

枝梢交错要分明，混杂虽繁却用清。若是着花安十字，笔端到处最关情。

[注释]

①《梢枝重叠》及下《树见三面》两目原无，日本静嘉堂本并无，此据《香雪林集》补。

树见三面

朔风吹雪白成堆，弯曲相承蔽绿苔。不解此机终不化，若增枝干任君裁。

松斋梅谱卷第六

会稽吴太素季章编①

左 斗

仰天杓兮，周流无垠②。摄提东指③兮，万物催④春。何孤根兮有神，一气转兮洪钧⑤。

[注释]

① "会稽吴太素季章编"，原无，此据第一卷、第二卷补。

② "垠"，《香雪林集》作 "根"。

③摄提：岁星，东指为春天。摄提为寅年，也可指寅月，寅月为正月，为春天之始。宋秦观《元日立春》："摄提东直斗杓寒，骤觉中原气象宽。天为两宫同号令，不教春岁各开端。"

④ "催"，原作 "维"，此据《香雪林集》改。

⑤洪钧：天。万物皆由天化育而成，所以称天为洪钧。钧，制作陶器的转轮。

左 弓

　苔莓为骨兮，冰雪为肠。虬枝上指兮，其势崛①强。彼挥毫兮何似，弓弯弯②兮左张。

[注释]

　①"崛"，《香雪林集》作"阳"。

　②"弯弯"，《香雪林集》作"弯"。

右 斗①

　霜天漫漫兮夜寥阒②，斗杓回旋兮或指乎西极。苔枝倚空兮与纵横，耿疏华兮明星历历③。

[注释]

　①此条原无图，此据《香雪林集》补。

　②寥阒（qù）：寂静。

③ "历历"，原作 "历之"，此据《香雪林集》改。

右 弓①

张斯弓兮叔于薮②，忽右顾兮势却走。善状物兮物各③赋形，
写横斜兮信予手。

[注释]

①此条原无图，此据《香雪林集》补。

②叔于薮：用《诗经·郑风·大叔于田》"叔在薮，火烈具扬"语，指
狩猎。叔，人名。"于"，原无，此据《香雪林集》补。

③ "各"，原作 "在"，此据《香雪林集》改。

反　斗①

　　回魁柄②兮周流不息，或指于南兮或转于北。一机③运兮为刚④为维，妙斡旋兮曷云其极。

　　[注释]

　　①《反斗》及以下《覆弓》、《变斗》、《变弓》共四目并图，原无，日本静嘉堂本并无，此据《香雪林集》补。

　　②魁柄：指北斗星柄。北斗七星中第一至第四星为魁星，因代指北斗。

　　③一机：造化之力。

　　④"刚"，或为"纲"之误书。

覆　弓

　　志于彀①兮载持载握，谁其得之后羿②之法。允执兮厥中③，正己而后发④。

[注释]

①彀(gòu)：张满弓弩。《孟子·告子上》："羿之教人射，必志于彀。"

②后羿：上古夷族的首领，善射，有后羿射日的传说。

③此句语出《尚书》。

④此句语出《孟子》："仁者如射者，正己而后发。"

变　斗

妙万花兮蕴乎心胸，兴所适兮孰能形容。一掬兮春光融融，仰杓回兮为西为东。

变　弓

托兴有在兮辟①犹弯弓，花名状兮邈然何穷。苟或失兮厥的，在反求兮诸躬。

[注释]

①辟：譬。

正鹿角^①

猎猎兮驱于野滨，逐逐兮入于花国。忽落草兮失身，枯两角兮
突兀。

[注释]

①此条原无图，此据《香雪林集》补。

反鹿角^①

屈铁交错兮高枝，生意莫穷兮笔底。拟^②鹿角兮形容，反则兮
有理。

①此条原无图，此据《香雪林集》补。

②"拟"，《香雪林集》作"挺"。

单横鹿角①

格乎物兮致吾知，发乎情兮正乎理。倚江皋兮坐清冷，怪玉犀兮濯寒水。

[注释]

①此条原无图，此据《香雪林集》补。

双横鹿角①

食野苹②兮呦呦鸣③，鹿角触落兮遗于空谷。委泥沙兮谁复④惜，聊采撷兮风窝月窟。

368　　博雅经典

①此条原无图，此据《香雪林集》补。

②"苹"，《香雪林集》作"萍"。

③"鸣"，《香雪林集》无。《诗经·小雅·鹿鸣》："呦呦鹿鸣，食野之苹。"

④"复"，《香雪林集》无。

泄 春^①

阳气潜回，草木先知。南枝^②漏泄，乃见天机。

[注释]

①《泄春》及以下《鼠尾》、《枯棘》、《蚓棘》共四目并图咏原无，日本静嘉堂本并无，此据《香雪林集》补。

②南枝：代指梅花。

鼠　尾

伸纸濡墨，直笔莫停。是曰鼠尾，象物之形。

枯　棘

　　霜木摇落兮空山寂寂，负芒刺兮棱棱而出。元气斯蕴兮培于其根，毫端虽枯兮春风拍塞[1]。

[注释]

　　①拍塞：充满，充斥。

蚓　棘

微哉蚓兮何局促，食壤饮泉兮聊自足。有客行吟兮水之滨，感尔生兮兹怀有触。

蘸　水①

彼美人兮逍遥水乡，朝濯素兮宛然霓裳。清泠泠兮玉骨冰肠，散万谷兮有湿②其香。

[注释]

①此条原无图，此据《香雪林集》补。

②"湿"，原作"温"，此据《香雪林集》改。

照　影①

　　立东风兮春满江沱，彼美人兮隔于②沧波。抱娟素兮婆娑，有客有客兮兹怀若何。

　[注释]

　　①此条原无图，此据《香雪林集》补。

　　②"于"，原作"兮"，此据《香雪林集》改。

扫　帚①

　　纷柔条兮杂揉其生，形何似兮托帚而为名。在一握兮春光荣荣，扫六合②兮烟尘为清。

　[注释]

　　①此条原无图，此据《香雪林集》补。

②六合：天、地和四方。

急风警拆^①

月黯黯兮山空，撼万里兮天风。惊霹雳兮梧桐落，木^②落兮其生何穷。

[注释]

①此条原无图，此据《香雪林集》补。"警拆"，日本静嘉堂本作"击柝"，《香雪林集》作"击折"。

②"木"，原作"不"，此据《香雪林集》、日本静嘉堂本改。

庭前舞鹤^①

飞仙来兮何娉婷，白鹤盘旋兮舞于清庭。月皎皎兮与花争明，影翩翩兮踏翻雪翎。

树挂蟠龙①

虬枝屈铁兮其状何雄，空岩倒挂兮宛如苍龙。雷出地兮起蛰，挟风云兮万里焉②穷。

左虾须①

枯②绝而发兮虾须其捄③，瘦枝而引兮寒香浮浮。栖水国兮扬清幽，离④于其间兮老龙苍虬。

横鹤膝①

风撼树兮花落，老鹤返兮兀兀。皮剥落兮嶙峋，屈棱棱兮冰骨。

[注释]

①此条原无图，此据《香雪林集》补。

飞　鹤①

天宇廓兮风凄凄，戛然鸣兮群鹤飞。隐如矫兮复如下，缑仙②待兮来瑶池。

[注释]

①此条原无图，此据《香雪林集》补。

②缑仙：衡山女仙，山中苦炼，有青鸟为伴，见《太平广记》卷七〇。"缑"，《香雪林集》作"群"。

蟠　虬①

雄怪生兮莫名，虬其蟠兮水灵。岂终藏兮不醒，欲驷汝兮驰②骋。

　　①此条原无图，此据《香雪林集》补。"虬"，日本静嘉堂本作"龙"。

　　②"驰"下原有"騪"，此据《香雪林集》删。

倒挂角①

　　机②变化兮无穷，观逆顺兮有理。彼羚羊兮何知，角倒挂兮椅椅③。

[注释]

　　①此条原无图，此据《香雪林集》补。

　　②"机"，《香雪林集》作"成"。

　　③椅椅：倚倚，宛转悠长的样子。

折戟梢[1]

春欲去兮枝瘠，兵器摧兮莫植。重[2]磨洗兮认之，羌出此兮赤[3]壁[4]。

[注释]

①此条原无图，此据《香雪林集》补。

②"重"，《香雪林集》作"垂"。

③"赤"，《香雪林集》作"素"。

④此句用杜牧《赤壁》诗语："折戟沉沙铁未销，自将磨洗认前朝。"此下《香雪林集》有《斗柄》、《交丫》两目，正是《松斋梅谱》第五卷开头两目。

金鸾展羽[1]

受质东皇[2]自是奇，一枝曲局任天机。参横月落师雄醒[3]，却讶金鸾展羽飞。

[注释]

①《金鸾展羽》及以下共八目并图咏，原无，日本静嘉堂本并无，此据《香雪林集》补。

②东皇：春神。

③此句用隋赵师雄罗浮山下醉卧梦梅仙，醒来但见月落参横之事。

玉凤来仪

翩翩两翮欲飞扬，却在西湖处士庄①。不是客来童放鹤②，一双玉凤下高冈。

[注释]

①西湖处士庄：指西湖孤山林逋隐居种梅之地。

②童放鹤：林逋整日泛舟西湖，有客造访，让童子放鹤作信号。

鹿鸣隋苑

几个丫叉尖矗矗，分明隋苑①一双鹿。张眸昂首戟森森，疑是寇来鹿欲触②。

[注释]

①隋苑：隋朝宫苑。

②此句用《史记》所载秦朝弄臣优旃的故事。秦始皇欲扩建宫苑，优旃说其中多养些禽兽，一旦有敌人从东方来，"令麋鹿触之，足矣"，始皇会其意，于是停建。

雁过衡阳

大枝小枝何参差，老干柔条叶放迟。两两三三横树杪，恰如宾雁北来时。

新荷擎雨

　　一枝横亘势常仰，仿佛金茎承露盘。画家此谓荷擎雨，得法拈
来更不难。

老柏傲霜

　　逋老①山头梅一株，棱棱瘦骨太清癯。自来禀性能风雪，可作
凌霜古柏图。

[注释]

　　①逋老：西湖孤山隐士林逋。

船冲雪浪

一夜寒风肆毒威，枝头何处不离披。风前滚滚看如浪，可是山阴鼓棹[①]时。

[注释]

①山阴鼓棹：指南朝王子猷雪夜访戴逵，乘兴而来，兴尽而归之事。

鱼跃清渊

岂是孤山处士[①]移，水边一树忽横枝。枝头短茁如鱼跃，濠上[②]逍遥知不知。

[注释]

①孤山处士：林逋。

②濠上：《庄子·秋水》记庄子与惠施游于濠上，见鱼出游从容，因辩论鱼是否快乐，后世以濠上代表逍遥游乐之地。

深雪漏春

恍然忆得西湖上，雪后园林半树时①。

[注释]

①此句化用林逋《梅花》"雪后园林才半树，水边篱落忽横枝"诗句。

玉堂夜月

石瘦水清烟淡薄，林疏花洁月朦胧。

缁尘染素

冷蕊嫩①，冰花老。

[注释]

①"冷蕊嫩"下原有空格，并注"磨灭"二字，表明有文字漫漶不识。

冰花傍石

筠倚石，清风足。玉攒枝，瘦影横。

邂逅①凌波

孤标自是多清致，况遇凌波姑射仙②。

[注释]

①"邂逅"，原作"解后"，日本静嘉堂本同，此据日本抄本最后日文说明改。

②凌波姑射仙：此指水仙。黄庭坚《王充道送水仙花五十枝欣然会心为之作咏》："凌波仙子生尘袜，水上轻盈步微月。是谁招此断肠魂，种作寒花寄愁绝。"后世以凌波仙子为水仙花的别称。姑射，《庄子·逍遥游》记载姑射之山有神人，肌肤若冰雪，绰约若处子。此图所绘当为梅与水仙组

合之景。

蒲涧暗香

虎须[1]挺挺依拳石，冰月交光晦暗香。

[注释]

①虎须：老虎的胡须。

逃禅别法[1]

柳条椒目诚遒劲，铁线琴弦布直姿。

[注释]

①此条原见于《松斋梅谱》卷一一《重叶梅》、《百叶缃梅》两条之间，当属抄者误置，移此。此题也见于日本抄本最后日文说明中。

江路野梅[1]

性资潇洒本不俗，出处凡陋非其居。

[注释]

①此条原见于卷一一末尾，无画，诗当也不全，移此。另，此题也见于日本抄本末尾的日文说明中。

鲍老当场[1]

[注释]

①以下两目，据日本浅野本末尾日文说明补。

宾鸿舞月

松斋梅谱卷第十一①

会稽吴太素季章编②

古梅谱（并序）

梅，天下尤物，无问③智愚、贤不肖，莫能有异议。学圃之士必先种梅，且不厌多，他花有无、多少，不系重轻。余于石湖玉④雪坡既有梅数百本，比年又于舍南买王氏僦舍七十楹，尽拆⑤除之，治为范村，以其地三分之一与梅。吴下栽梅特盛⑥，其品不一，今始尽得之。随所得为之谱，以遗好事者。

[注释]

①此卷辑录范成大《梅谱》内容，条目有选择，内容也有删节，间也缀及其他文献记载。此下三卷内容，《香雪林集》均未采录。

②"会稽吴太素季章编"，原无，此据第一卷、第二卷补。

③"问"，原作"间"，此据范成大《梅谱》、日本静嘉堂本改。

④"玉"，原作"至"，此据范成大《梅谱》、日本静嘉堂本改。

⑤"拆"，原作"折"，此据范成大《梅谱》、日本静嘉堂本改。

⑥"盛"，原无，此据范成大《梅谱》、日本静嘉堂本补。

江 梅

遗核野生，不经栽接者。又名直脚梅。凡山间水滨、荒寒迥绝之处，皆此本也。花梢小而枝疏瘦有韵①，香最清，实小而硬。

[注释]

①"韵"，原作"颜"，日本静嘉堂本同，此据范成大《梅谱》改。

早 梅

冬至前已开，故得早名，皆①非风土之正。杜子美云："梅蕊腊前破，梅花年后多。"惟冬春之交，正是花时耳。

① "皆"，原作 "安"，日本静嘉堂本作 "安知"，此据范成大《梅谱》改。

消 梅

其实圆小，松脆多液，无滓，则不耐日干，故不入煎造，亦不宜熟，惟堪青啖。江湖传咏诗云："收拾春风入翠囊，仁心一点蕴中央。乍看红脸枝头绿，犹带黄昏月下香。和露嚼来吟齿冷，迎风望处渴心凉。伫看御手调羹日，名播金阶玉陛傍。"①

[注释]

① "江湖传咏"以下不见于范成大《梅谱》，当别有所据，或记同时之事。

古 梅

其枝樛①曲万状，苍藓鳞皴封花身。又有苔须垂于枝间，或长数寸，风飔绿丝，飘飘可玩。去成都二十里有卧梅，偃蹇十余丈，相传唐物也。清江酒家有大梅，如数②间屋，可罗坐数十人。余平生见梅奇古，惟此两处为冠③。会稽、余姚皆有之，干或奇怪，而又绿藓封枝，苔丝四垂，疏花点缀，极为可爱，他处所未见也。俞亨宗诗云："疏疏瘦蕊含清馥，矫矫虬枝缀碧苔。疑是髯龙离雪殿，苍鳞遥驾玉妃来。"④僧德珪大章诗云："骨瘦皮皴近自持，年年苔藓护成衣。关山辽汉无南信，风雪凄迷又北枝。孤影肯随流水去，仙魂应作莫云飞。知心会有咸平客，羞把芳香落楚词。"⑤

[注释]

① "樛"，原作 "櫂"，此据范成大《梅谱》、日本静嘉堂本、日本富冈本改。

② "如数"，原无，此据范成大《梅谱》、日本静嘉堂本补。

③ "为冠"，原无，日本静嘉堂本同，此据范成大《梅谱》补。

④ "干或奇怪……苍鳞遥驾玉妃来" 六十一字，原在 "绿萼梅" 条下 "专植此梅" 四字后，日本静嘉堂本同。连上句 "余姚、会稽皆有之"，不见于范成大《梅谱》，为宋张淏《（宝庆）会稽续志》卷四《物产志》中关于会稽等地古梅的记载，据以移此。

⑤ "僧德珪大章" 以下，亦不见范《谱》，出处不明，或记同时人诗。元袁鄞县（今宁波市鄞州区）士元《书林外集》卷四有《和大章珪上人见寄》诗。

重叶梅

花头甚丰，叶重数层，盛开如小白莲，梅中之奇品。花房①独出，而结实多双，尤为瑰异。极梅之变，化工无余巧矣②。

[注释]

① "花房" 以下原有 "逃禅别法：柳条椒目诚道劲，铁线琴弦布直姿" 一段，日本静嘉堂本无，当属抄写错位，现移至前一卷最后，剩下的文字连贯，出于范成大《梅谱》《重叶梅》条。

② "极梅之变，化工无余巧矣"，原无，此据日本静嘉堂本、日本富冈本补。

百叶缃梅、千叶香梅（花小而密）、千叶黄梅①

剡中为多，王十朋梅诗："菊以黄为正，梅惟白最嘉。徒劳千叶染，不似雪中花。"

[注释]

①此条内容不见于范成大《梅谱》，而主要内容即 "千叶黄梅……不似雪中花"，则出宋张淏《（宝庆）会稽续志》卷四。"王十朋" 原作 "王朋"，日本静嘉堂本同，此据《（宝庆）会稽续志》补。

绿萼梅

凡梅花跗蒂皆绛紫色，惟此纯绿，枝梗亦青，好事者比之仙人萼绿华。京师艮岳有^①萼绿华堂，其下专植此梅^②。

[注释]

① "有"，原作"青"，此据范成大《梅谱》改。

② "梅"，范成大《梅谱》、日本静嘉堂本作"本"。此下原有"干或奇怪……苍鳞遥驾玉妃来"六十一字，日本静嘉堂本同，属古梅名下内容而误置于此，故移归古梅一条中。

红　梅

粉红色，标格犹是梅，而繁密则如杏，香亦类杏。诗人有"北人全未识，浑作杏花看"之句。与江梅同开，红白相映园林，初春绝景也。梅圣俞诗云"认桃无绿叶，辨杏有青枝"，当时以为著^①题。东坡诗云"诗老不知梅格在，更看绿叶与青枝"，盖谓其不韵，为红梅解嘲云。承平时，此花独盛于姑苏，晏元献公始移梅西岗圃中。一日，贵游赂园吏，得一枝分接，由是都下有二本。尝与客饮花下，赋诗云："若更开迟三二月，北人应作杏花看。"客曰："公诗固佳，待北俗何浅耶？"晏笑曰："伧父安得不然！"王琪君玉时守吴郡，闻盗花种事，以诗遗公曰："馆娃宫北发精神，粉瘦琼寒露叶新。园吏无端偷折去，凤城从此有双身。"当^②时罕得如此，比年不可胜数矣。世传吴下红梅诗甚多，惟方子通^③一篇绝唱，有"紫府与丹来换骨，春风吹酒上凝脂^④"之句。

[注释]

① "著"，原作"者"，此据范成大《梅谱》、日本静嘉堂本改。

② "当"，原作"□"，此据范成大《梅谱》、日本静嘉堂本补。

③ "方子通"，原作"□□适"，此据范成大《梅谱》、日本静嘉堂本、日本富冈本改。

④ "脂"，原作"枝"，此据范成大《梅谱》改。

杏　梅^①

花比梅色微淡，结实甚扁^②，有斓斑^③，色全似杏，味不及红梅子之佳。

[注释]

①此条内容原紧接"红梅"条末，日本诸本同，此据范成大《梅谱》别为一条。

②"扁"，原作"一遍"，日本静嘉堂本同，此据范成大《梅谱》改。

③"斓斑"，原作"□□"，此据范成大《梅谱》、日本静嘉堂本、日本富冈本补。

鸳鸯梅

多叶红梅也。花轻盈，重叶数层[①]。凡双果必并[②]蒂，惟此一蒂而结双梅，亦尤物[③]。

[注释]

①"花轻盈，重叶数层"，原无，此据范成大《梅谱》、日本静嘉堂本补。

②"果必并"，原作"□□□"，此据范成大《梅谱》、日本静嘉堂本、日本富冈本补。

③"亦尤物"，原作"又多带覆为之鸳鸯覆蒂"，不通，此据范成大《梅谱》、日本静嘉堂本改。此下原有"江路野梅：性资潇洒本不俗，出处凡陋非其居"一条，日本静嘉堂本同，当为上一卷画目，现移至上一卷最后。

松斋梅谱卷第①十二

会稽吴太素季章编

赋（宋璟广平）②

垂拱三年，余春秋二十有五，战艺再北。随从父之东川，授馆官舍，时病连月。顾瞻埃垣，有梅一本，敷花于榛莽中，喟然叹曰："呜呼斯梅，托非其所，出群之姿何以别乎，若其真心不改，是则可取也已。"感而成兴，遂作赋曰：

高斋寥阒，岁晏山深。景翳翳以将度，风悄悄而乱吟。坐穷檐其无朋，进一觞而孤斟。步前除③以彳亍，倚藜枝于墙阴。蔚有寒梅，谁其封植。未绿叶而先葩，发青枝于宿枿。擢素敷荣，冰玉一色。胡④杂遝于众草⑤，又芜没于丛棘。匪王孙之见知，羌洁白其何极。

若夫琼英缀雪，绛萼着霜，俨如傅粉，是为何郎。清馨潜袭，疏蕊暗臭，又如窃香，是谓韩寿。冻雨晚湿，宿露朝滋，又如英皇，泣于九疑。爱日烘晴，明蟾照夜⑥，又如神人，来自姑射。烟晦晨昏，阴云昼闭，又如通德，掩袖拥髻。狂飙卷沙，飘素摧柔，又如绿珠，轻身坠楼。半开半合，非默非言，温伯雪子，目击道存。或俯或仰，匪笑匪怒，东郭慎子，正容物悟。或憔悴若灵均，或欹傲若曼倩，或妩媚若文君，或轻盈若飞燕。口吻雌黄，拟议难遍。

彼其艺兰兮九畹，采蕙兮五拃。缉之以芙蓉，赠之以芍药。玩小山之丛桂，掇芳洲之杜若。是皆物出于地产之奇，名著于风人之托。然而艳于春者，望秋先零，盛于夏者，未冬已痿。或朝花而速谢，或夕秀而遄衰。曷若兹卉，岁寒特妍。冰凝霜冱，擅美专权，相彼百花，孰敢争先。莺语方蛰，蜂房未喧，独步早春，自全其天。至若措迹隐深，寓形幽绝。耻邻市廛，甘遁岩穴。江仆射之孤灯向寂，不少凄迷；陶渊明之三径投闲，曾无悁结。贵不移于本性，方有俪于君子之节。聊染翰于寄怀，用垂示于来哲。从父见之而勖之曰，万木僵仆，梅英再吐，子善体物，永保贞固。

[注释]

① "第"，原无，此据上一卷补。

② 宋璟广平：宋璟（663～737），邢州南和（今属河北）人，唐调露元年（679）进士，武则天时为御史中丞，睿宗时任宰相，玄宗时复任宰相，封广平郡公。与姚崇先后执政，并称开元贤相。宋璟刚正不阿，为世推重。据颜真卿《宋公神道碑》，宋璟曾作《梅花赋》，晚唐皮日休称其"清便富艳，得南朝徐庾体，殊不类其为人"，然后世所传宋璟《梅花赋》虽拟其口吻，但所涉事实不符。而且立意雅正，与皮日休所说类徐庾体者不合。该赋出于元初，当为宋元之交人伪托。

③ "除"，原无，此据《历代赋汇》、日本静嘉堂本补。

④ "胡"，原作"□"，此据《历代赋汇》、日本静嘉堂本补。

⑤ "草"，原作"工"，此据《历代赋汇》、日本静嘉堂本改。

⑥ "照夜"，原作"冻液"，日本静嘉堂本作"照液"，此据《历代赋汇》改。

赋（朱熹晦庵）①

楚襄王游乎云梦之野，观梅之始花者，爱之徘徊，而不能舍焉。骖乘宋玉进曰："美则美矣，臣恨其生寂寞之滨，而荣此岁寒之时也。大王诚有意好之，则何若移之诸宫之中，而终观其实②哉？"宋玉之意，盖以③屈原④之放⑤微悟王，而王不能用，于是退而献赋曰：

夫何嘉卉而信奇兮，厉岁寒而方华。洁清姱而不淫兮，专精皎其⑥无瑕。既笑兰蕙而易诛兮，复异乎松柏之不华。屏山谷亦自娱兮，命冰雪而为家。谓后皇赋予命兮，生南国而不迁。虽瘴疠非所托兮，尚幽独之可愿。岁序徂以峥嵘兮，物皆舍故而就新。披宿莽而横出兮，廓独立而增妍。玄雾蓊而四起兮，以谷沍而冰坚。澹容与而不炫兮，象姑射而无邻。夕同云之缤纷兮，林莽杂具葳蕤。曾予质之无加兮，专皎洁而未衰。方酷烈而闉闍兮，信横发而不可摧。纷旖旎亦何好，静窈窕而自持。徂清夜之湛湛兮，玉绳耿而未低。方徙停而自喜兮，友明月⑦以为仪。焱浮云之来蔽兮，四顾莽而无人。怅寂寞其凄凉兮，泣回风之无辞。立何久乎山河兮，步何踌躇于水滨。忽举目而有见兮，恍⑧顾盼之足疑。谓彼汉⑨广之人兮，羌何为乎人间。既奇服之炫耀⑩兮，又绰约而可观。欲一听白云之歌兮，叹扬音之不可闻。将结轸乎瑶池兮，惧佳期之非真。愿借阳春之白日兮，及芳菲之未亏。与迟暮而零落兮，曷若充夫佩帏⑪。渚宫⑫刱未有此兮，纷草棘之纵横。椒兰后乎霜露兮，亦何有乎芳馨。俟桃李于载阳兮，仓庚寂而未鸣。私顾影而自怜兮，淡愁思之不可更。君性好而弗取兮，亦吾命其何伤。乱曰：后皇贞树，艳以娇兮。洁诚谅清，有嘉实兮。江南之人，羌无以异兮。茕⑬独处廓，岂不可召兮。层台累榭，静而可乐兮。王孙兮归来，无使哀江南兮。

[注释]

①朱熹晦庵：宋代理学家朱熹，号晦庵。

②"实"，原无，此据《历代赋汇》、日本静嘉堂本补。

③"以"，原无，此据《历代赋汇》、日本静嘉堂本补。

④"原"，原作"厚"，此据《历代赋汇》、日本静嘉堂本改。

⑤"放"，原作"于"，此据《历代赋汇》、日本静嘉堂本改。

⑥"其"，原作"□"，旁书"洁欤"，是以为当作"洁"，此据《历代赋汇》、日本静嘉堂本补。

⑦"月"，原无，此据《历代赋汇》、日本静嘉堂本补。

⑧"恍"，原无，此据《历代赋汇》、日本静嘉堂本补。

⑨"汉"，原作"照"，此据程敏政《新安文献志》卷四八改。

⑩ "炫耀"，原作"□□"，日本静嘉堂本作"眩耀"，此据《历代赋汇》补。

⑪ "帏"，原作"悼"，此据《历代赋汇》、日本静嘉堂本改。

⑫ "渚宫"，原作"诸官"，此据《历代赋汇》、日本静嘉堂本改。

⑬ "茕"，原作"荣"，此据《历代赋汇》、日本静嘉堂本改。

赋（杨廷秀）①

绍熙②四祀，维仲之冬。朝暖焉兮似春，夕凄其兮以风。杨子平生喜寒而畏热，亦复重裘而厚幪。呼浊醪而拍浮，嗔麟定之未红。已而③月漏微明，雪飞满空。杨子欣然而叹曰，举世皆浊，滕六独清。举世皆暗，望舒独明。滕也挟其清而不污，终岁遁乎大阴之庭。舒也倚其明而不垢，当昼阆其广寒之局。盖工于相避，而疑于不相平也。今夕何夕，惠然偕来。皎连璧之迥映，謇欲逝兮徘回。吾独附冷火④而拨死灰，顾不贻二子之哈乎？爰策枯藤，爰躡破屐，登万花川谷之顶，飘然若绝弱水，而诣蓬莱。适群仙拉月姊，约玉妃，燕酣乎中天之台。杨子揖姊与妃，而指群仙以问焉。曰彼缟裙而侍，练悦而立者为谁？曰玉皇之长姬也。彼翩若惊鸿，矫若游龙者为谁？曰女仙之飞琼也。彼肤如凝脂，体如束素者为谁？曰泣珠之鲛人也。彼肌肤若冰雪，绰约若处子者为谁？曰藐姑射之山神人也。其余万妃皓皓的的，光夺人⑤目，香袭人魄，问不可遍，同馨一色。忽一妃起舞而歌曰："家大庾兮荒凉，系子真兮南⑥昌，逢⑦驿使兮寄远，耿不归兮故乡。"歌罢，因忽不见，旦而视之，乃吾新⑧植之小梅，逢雪月而夜开。

[注释]

①杨廷秀：南宋诗人杨万里，字廷秀，号诚斋。

②"熙"，原作"兴"，日本静嘉堂本同，此据杨万里《诚斋集》改。

③"而"，原无，此据《历代赋汇》、日本静嘉堂本补。

④"火"，原无，此据《历代赋汇》、日本静嘉堂本补。

五言四句①

折梅逢驿使，寄与陇头人。江南无所有，聊赠一枝春。（晋·陆凯《寄范晔》）

绝讶梅花晚，争来雪里窥。下枝低可见，高处远难知。（梁简文帝《雪里寻梅》）

不愁风裊裊，正奈雪垂垂。暖热惟凭酒，平章却要诗。（庾信）

迎春故蚤发，独自不疑寒。苦落众花后，无人别意看。（陈·谢燮②）

茅舍竹篱短，梅花吐未齐。晚来溪径侧，雪压小桥低。（杜甫）

曾把早梅枝，思君在别离。虽云有万里，万里有还期。（蔡君谟）

墙角数枝梅，凌寒独自开。遥知不是雪，惟有暗香来。（王荆公）

十月冻墙隈，英英见蚤梅。应从九地底，先领一阳来。（文与可）

独自不争春，初无一点尘。忍将冰雪面，所至媚幽人。（吕居仁）

客行满山雪，香处是梅花。丁宁明月夜，认取影横斜。（陈简斋）

晓天青脉脉，玉面立疏枝。山中尔许树，独汝费人诗。（前人）

南山如佳人，迥出不可亲。而况得道者，其间梅子真。（赵介庵）

昨夜雪初霁，寒梅破蕾新。满头虽白发，聊插一枝春。（蒋之奇）

溪岸有残雪，江梅开瘦枝。徘徊不忍折，只作看花诗。（张于湖）

雾质云为屋，琼肤玉作囊。花明不是月，夜静偶闻香。（杨廷秀）

雪已都消去，梅能小住无。雀争飞落片，蜂猎未蔫须。（前人）

酒力欺寒浅，心清睡较迟。梅花擎雪影，和月度疏篱。（赵信庵）

春半花半发，多应不奈寒。北人初未识，浑作杏花看。（荆公）

金蓓锁春寒，恼人香未展。虽无桃李颜，风味极不浅。（山谷）

体熏山麝脐，色染蔷薇露。披拂不满襟，时有暗香度。（同）

朱朱与白白，着意待春开。那知洞房里，已傍额黄来。（陈简斋）

韵胜谁能舍，色庄那得亲。朝阳映一树，到骨不留尘。

黄罗作广袂，绛帐作中单。人间谁敢著，留得护③春寒。

[注释]

① "五言四句"所属内容为依次抄录陈景沂《全芳备祖》前集卷一梅花、卷四红梅之"赋咏祖"中的五言绝句部分以及卷四蜡梅"赋咏祖"中五言古诗的前五首，文字稍异。

② "燮"，原无，此据《全芳备祖》补。

③ "护"，原无，此据《全芳备祖》补。

松斋梅谱卷第十三

会稽吴太素季章编

七言四句①

一树寒梅白玉条，迥临村路傍溪桥。不知近水花先发，疑是经春雪未消。（戎昱）

白玉堂前一树梅，今朝忽见数枝开。儿家门户重重闭，春色何缘得入来。（薛维翰）

凤楼高映绿阴阴，凝重多含雨露深。莫谓一枝柔软力，几曾牵破别离心。（齐己）

经雨不随山鸟散，倚风疑共路人言。愁怜粉艳飘歌席，静爱寒香扑酒尊。（罗隐）

忆得前时君寄诗，海边三唱蚤梅词。与君犹是海边客，又见蚤梅花发时。（崔道融）

竹与梅花相并枝，梅花正发竹枝垂。风吹总向竹枝上，真似王家雪下时。（刘言史公）

萧条腊后复春前，雪压霜欺未放妍。昨日倚栏枝上看，似留芳意入新年。（范文正）

昔官西陵江峡间，野花红紫多斓班。惟有寒梅旧相识，异乡每见必依然。（欧阳公）

梅花开尽百花开，过尽行人君不来。不趁青梅尝煮酒，要看烟雨熟黄梅。（东坡《岭上梅》）

春来幽谷到潺潺，的皪梅花草棘间。一夜东风吹石裂②，半随飞雪渡关山。（同）

梅梢春色弄微和，作意南枝剪刻多。月黑林间逢缟袂，霸陵醉尉误谁何。（同）

巧画无盐丑不除，此花风韵更清姝。从教变白能为黑，桃李依然是仆奴。（陈简斋《墨梅》六首）

病见昏花已数年，只应梅蕊故依然。谁教也作陈玄面，眼乱初逢未敢怜。

粲粲江南万玉妃，别来几度见春归。相逢京洛浑依旧，唯恨缁尘染素衣。

含章檐下春风面，造化功成秋兔毫。意足不求颜色似，前身相马九方皋。

自读西湖处士诗，年年临水看幽姿。晴窗画出横斜影，绝胜前村夜雪时。

窗间光景晚来新，半幅溪藤万里春。从此不贪江路好，猛抷心力唤真真。

风撼孤根雪压枝，小苞香折大寒时。群芳且莫相矜笑，止渴和羹自有期。（李尧夫）③

老杜骑驴入草堂，独怜江路野梅香。定知深院黄昏后，疏影横斜更断肠。（谢无逸）④

冰盘未荐寒酸子，雪岭先开耐冻枝。应笑春风木芍药，丰肌弱骨要人医。（东坡）⑤

路入西湖到处花，裙腰芳草傍山斜。盈盈解佩临湘浦，脉脉当炉⑥傍酒家。

相逢月下是瑶台，藉草清樽连夜开。明日酒醒应满地，空令饥鹤啄苍苔。

幽壑潺湲小水通，茅茨烟雨竹篱空。梅花乱发篱边树，似倚寒枝恨朔风。（朱文公）

湘妃危立冻鲛背，海月冷挂珊瑚枝。丑怪惊人能妩媚，断魂只有晓寒知。（萧东之二首）

百千年树著枯藓，一两点春供老枝。绝壁笛声那得到，直愁斜日冻蜂知。

幽香淡淡影疏疏，雪虐风威亦自如。正是花中巢许辈，人间富贵不关渠。（朱行中）

香英粲粲笑相重，结子能参鼎鼐功。茜杏夭桃缘格俗，含芳不得与君同。（参寥）

咸平处士风流远，招得梅花枝上魂。疏影暗香如昨日，不知人世几黄昏。（徐抱独）

茉莉山矾亦可人，圣之和与圣之清。由来风物须弹压，故遣孤芳集大成。（北涧僧）

夜深梅印横窗月，纸帐魂清梦亦香。莫谓道人无一事，也随疏影伴[7]寒光。（赵信庵）

篱边屋角立多时，试为骚人拾弃遗。不信西湖高士死，梅花寂寞便无诗。（刘后村二首）

梦得因桃数左迁，长源为柳忤当权。幸然不识桃并李，却被梅花累十年。

黯淡江天雪欲飞，竹篱数掩傍苔矶。清愁满眼无人说，折得梅花作伴归。（陆苍二首）

小园风月不多宽，一树梅花开未残。剥啄敲门嫌特地，缓拖藤杖隔篱看。

扶筇拄月过前溪，问信江南第一枝。驿使不来羌管歇，等闲开落只春知。（张枀）

寒夜客来茶当酒，竹炉汤沸火初红。寻常一样窗前月，才有梅花便不同。（杜子野）

朔风吹面正尘埃，忽见江南驿使来。忆看山家石桥畔，一枝冷落为谁开。（贾秋壑二首）

山北山南雪半消，村村店店酒旗招。春风过处人行少，一树疏花傍小桥。

梅雪争春未肯降，骚人阁笔费平章。梅须逊雪三分白，雪亦输梅一段香。（卢[8]梅坡）

舍南舍北雪犹存，山外斜阳不到门。一夜冷香清入梦，野梅千树月明村。（高疏寮）

江梅欲雪梅槎牙，雪片飘零梅片斜。半夜和风到窗纸，不知是雪是梅花。（郑亦山）

行人立马闯烟梢，为底寒香尚寂寥。是则孤根未回暖，已应春意到溪桥。（陈肥遯）

才是胭脂半点侵，更无人信岁寒心。自来不得东风力，又被东风误得深。（红梅，沈蒙斋）

路入君家百步香，隔帘初试汉宫妆。只疑梦到昭阳殿，一簇轻红洗淡黄。（腊梅，韩子苍）

天赐胭脂一抹颗，盘中磊落笛中哀。虽然未得和羹便，曾与将军止渴来。（青梅，罗隐）

火剂无光荔实圆，未尝先说齿先涎。唤回天竺[9]三年梦，参透披云一味禅。（扬梅，徐竹隐）

[注释]

①"七言四句"所属内容，多出《全芳备祖》前集卷一梅花，卷四红梅、蜡梅及后集卷五梅，卷六杨梅的七言绝句部分，文字略异。与五言绝句部分不同，并非依次抄录，而是有所选择。这是出于编者还是抄者的原因，不得而知。

②"东风吹石裂"，原作"梅梢春色弄"，当为误书下一首第一句，旁小字书"东风吹石裂"。

③此条《全芳备祖》未见，《锦绣万花谷》卷七有。或者《全芳备祖》原有，今存抄本遗漏。

④此条《全芳备祖》未见，《锦绣万花谷》卷七有。或者《全芳备祖》原有，今存抄本遗漏。

⑤此条及以下共三条，《全芳备祖》承上"窗间光景"一首作苏轼诗。

"寒"，原为"□"，此据《全芳备祖》、日本静嘉堂本补。"东坡"，原无，此据日本静嘉堂本补。

⑥ "炉"，原作"庐"，此据《全芳备祖》改。

⑦ "伴"，原作"伸"，日本静嘉堂本同，此据《全芳备祖》改。

⑧ "卢"，原作"庐"，日本静嘉堂本同，此据《全芳备祖》改。

⑨ "竺"，原作"笠"，此据《全芳备祖》改。

七言古诗①

西湖处士骨应槁，只有此诗君压倒。东坡先生心已灰，为爱君诗被花恼。多情立马待黄昏，残雪销迟月出早。江头千梅春欲暗，竹外一枝斜更好。孤山山下醉眠处，点缀裙腰纷不扫。万里春随逐客来，十年花送佳人老。去年花开②我已病，今年对花浑草草。不知风雨卷春归，收拾余香还畀昊。（东坡）③

春风岭上淮南村，昔年梅花曾断魂。岂知流落复相见，蛮烟蛮雨愁黄昏。长条半落荔芰浦，卧树独秀恍榔园。岂惟幽光留夜色，直恐冷艳排冬温。松风亭下荆棘里，两株玉蕊明朝暾。海南仙云娇坠砌，月下缟衣来扣门。酒醒梦觉起绕树，妙意有在终无言。先生独饮忽叹息，幸有落月窥清樽。

罗浮山下梅花村，玉雪为骨冰为魂。纷纷初疑月挂树④，耿耿独与参横昏。先生索居江海上，悄如病鹤栖荒园。天香国艳肯相顾，知我酒熟诗清温。蓬莱宫中花鸟使，绿衣倒挂扶桑暾。拘丛窥我方醉卧，故遣啄木先敲门。麻姑过君急洒扫，鸟能歌舞花能言。酒醒人散山寂寂，惟有落蕊粘空樽。

玉妃谪随烟雨村，先生作诗与招魂。人间草木非我对，奔月偶挂成幽昏。暗香入户寻短梦，青子缀枝留小园。披衣连夜唤客饮，雪肤满地聊相温。松月照坐愁不睡，井花入肠清而暾。先生年来六十纪，道眼已入不二门。多情好事馀习气，惜花未忍都无言。留连一物吾过矣，笑饮百罚空罍樽。

江梅欲破江南村，无人解与招芳魂。朔云为断蜂蝶信，冻雨一洗烟尘昏。天恰绝艳世无匹，故遣寂寞依山园。自欣羌笛娱夜永，未⑤要邹律回春温。连娟窥水堕残月，的皪泣露晞晨暾。海山清游记玉面，衰病此日共柴门。相逢不敢话畴昔，能赋岂必皆成言。雕镌肝肾竟何益，况复制酒哦空樽。（朱文公三首）

北风日日霾江村，归梦政尔劳营⑥魂。忽闻梅蕊腊前破，楚客不爱兰佩昏。寻幽旧识此堂古，曳杖偶集仙家园。岚阴春物未全到，邂逅只有南枝温。冷光自照眼色界，雪艳未怯扶桑暾。遥知云屋溪上路，玉树十里藏山门。自怜尘羁不得去，坐想佳处知难言。但对君诗慰岑寂，已似共倒花前樽。

罗浮山下黄家村，苏仙仙去馀诗魂。梅花自入三叠曲⑦，至今⑧不受蛮烟昏。佳名一旦异凡木，绝艳⑨千古高名园。却怜冰质不自暖，虽有步障难为温。羞同桃李媚春色，敢与葵藿争朝暾。归来只有修竹伴，寂历自掩疏篱门。方知真意还有在，未觉浩气终难言。一杯劝汝吾不浅，要汝共保山林樽。

去年看梅南溪北，月做主人梅做客。今年看梅荆溪西，冰为风骨玉为衣。腊前欲雪竟未雪，梅花不惯人间热。横枝憔悴浣晴埃，端令着面不肯开。缟裙夜诉⑩玉皇殿，乞⑪得天花来作伴。三更滕六驾海神，先遣东风吹玉尘。梅仙晓沐银浦水，冰肤别放瑶林春。诗人莫作雪前看，雪后精神添一半。（杨诚斋）

春脚移从何处来，未到百花先到梅。南枝初看三两蕊，北枝泬寒犹未开。昨夜东风破寒腊，南枝北枝尽披拂。不须羯鼓喧春雷，一点阳和香白发。（易寓言）

山前山后雪成堆，朔风撼地声如雷。孤根受死忍寒冻，直向百花头上开。寻春游子不爱惜，马蹄蹂践花狼藉。芳姿不肯被消磨，饱尽炎凉方结实。（王臞轩）

[注释]

① "七言古诗" 所属内容，出《全芳备祖》卷一梅花之七言古诗部分，仅缺唐子西、杨万里诗各一首。次序、文字有出入。

② "开"，原无，此据《全芳备祖》、日本静嘉堂本补。

③ "东坡"，原无，此据日本静嘉堂本补。

④ "树"，原无，此据《全芳备祖》、日本静嘉堂本补。

⑤ "未"，原无，此据《全芳备祖》、日本静嘉堂本补。

⑥ "营"，原无，此据《全芳备祖》、日本静嘉堂本补。

⑦ "叠曲"，原为 "□"，此据《全芳备祖》、日本静嘉堂本补。

⑧ "今"，原无，此据《全芳备祖》、日本静嘉堂本补。

⑨ "艳"，原无，此据《全芳备祖》、日本静嘉堂本补。

⑩ "夜诉"，原无，日本静嘉堂本作 "衣诉"，此据《全芳备祖》补。

⑪ "乞"，原作 "气"，此据《全芳备祖》、日本静嘉堂本改。

松斋梅谱卷第十四^①

会稽吴太素季章编

画梅人谱

古今以画梅名者众矣，历时既久，率多湮^②没。今考载籍所记，及笔迹流传者，得若干人，著其大略。惟各从年代世数^③，以为次第^④，而人品之高下、艺事之工拙不预^⑤焉，观者当自求之，此不复赘云^⑥。

[注释]

①此卷规模较大，当含有第十五卷的内容，因节抄而合为一卷，或漏抄第十五卷书名、卷数而连为一卷。《香雪林集》节录部分小传附于第二十五卷末。

②"湮"，原作"理"，此据日本近卫本、日本静嘉堂本改。

③世数：朝代。

④次第：顺序。

⑤不预：不论，不予考虑。

⑥此段为《画梅人谱》所作序言。

前代帝王

宋徽宗皇帝，万机之暇^①，惟好书画，兴^②学较艺^③如取士法^④。米元章^⑤、宋子房^⑥辈，咸在博士之选，绘事精绝，前此罕闻。丹青卷轴，具天纵之妙，盛传于世。作墨梅竹，谨细不分，浓淡一色，焦墨丛密处，微露白道，自成一家，亦不踏袭古人规辙也^⑦。

[注释]

①万机之暇：日理万机之闲暇。

②"兴"，原无，日本静嘉堂本同，此据元夏文彦《图绘宝鉴》卷三补。

③较艺：比赛技艺。

④取士法：科举的方法。

⑤米元章：米芾，字元章，与苏轼、黄庭坚、蔡襄并称宋书法四大家，也擅画山水，收藏金石古器。

⑥宋子房：画家宋迪的侄子，字汉杰，徽宗朝为画学博士，笔墨妙出一时。邓椿《画继》卷三有传。

⑦此传取材于宋邓椿《画继》卷一。类似内容亦见于元夏文彦《图绘宝鉴》卷三。

王公宗戚

宋宗室孟坚，字子固，居嘉兴海盐县之广陈镇。宝庆二年进士，仕为提辖左藏库，出守严州①，积阶②朝散大夫。修雅博识，善笔札，工诗文，酷嗜法书，多③藏三代以来金石名迹，遇会意，倾家易之无难色。襟度萧爽，有六朝诸贤风气，时以比米南宫，子固亦自④谓不慊也。东西游适，一舟横陈，仅留一榻偃息地，余皆所挟雅玩之物，意到左右取之，吟弄忘寝食，过者望而知为赵子固书画船也。善作梅竹，得逃禅、石室⑤之绪馀，水仙尤奇，世争贵重，识者又以兰蕙之笔为绝观。自号彝斋居士⑥。

宗室师宰，字牧之，台州人，居临海⑦杨梅山，徙寓城中黄坊桥。尝⑧登西山真公⑨之门。初学墨竹，因得徐熙丛竹遗迹，渐有所悟，久久见称于人，号随庵，俗呼赵宫使。子希泉⑩，宗学进士。婿汤⑪叔雅，墨竹⑫传家法，梅花师妇翁，酷似⑬之，但多着禽鸟于其上，以是为利耳。

吴⑭琚，字居父，汴梁⑮人，宪圣慈烈皇后⑯之侄，太傅大宁郡王益之子。历尚书郎、部使者、直学士，庆元间以镇安节度使、开府仪同三司留守建康⑰，迁少保，谥献惠。性寡嗜好，日临古帖以自娱，字画乃类米南宫。喜为诗⑱，以词翰被遇孝宗，非他戚属比。

高吏部似孙⑲赠诗云："四朝渥遇鬓微丝，多少恩荣世少知。长乐花深春侍宴，重华香暖夕论诗。黄金籯满无心爱，古锦囊归有字奇。一笑难陪珠履客，看临古帖对梅枝。"重华，孝宗宫名，此诗可略见其人矣。亦尝作墨梅竹，品格不俗。云壑乃其别号，世称吴七郡王。按《朝野杂记》⑳，吴氏封王者益与弟新，与王盖二人，此未详。㉑

　　燕肃，字穆之，其先燕蓟㉒人，后徙曹南㉓，祖葬于阳翟㉔，因家焉。《东都事略》云青州人，举进士，为凤翔观察推官，临邛、考㉕城二县，通判河南府。召㉖为监察御史，提点广西刑狱，徙广东，知越㉗、明二州。入为定王府记室参军，擢龙图㉘阁待制，知审刑院，请诸路刑狱皆听谳㉙，由是全活者众。判大常寺，建议考正雅乐。改龙图㉚阁直学士，知颍州，徙㉛邓州。以礼部侍郎致仕，康定元年卒，年八十。子孙既贵，赠大师，世止称燕公。文学、治行，当时缙绅推之。巧思创物，才智绝人。尤善画山水寒林，与王摩诘㉜相上下，独不为设色，作墨花。虽工巧，伤于笔嫩，无逸兴。黄鲁直谓公始作生竹，超然免于流俗。其画与所藏古笔仅百卷，皆取入禁中，故人间传者绝少。㉝

[注释]

　　①严州：宋州府名，治今浙江建德市东。

　　②积阶：资历累进。

　　③"多"，原作"两"，此据日本近卫本、日本静嘉堂本改。

　　④"六朝诸贤风气，时以比米南宫，子固亦自"十六字，原窜入下一人赵师宰传中，此据日本近卫本、日本静嘉堂本移至此。米南宫，书画家米芾，曾官礼部员外郎，古称礼部文翰之官为南宫舍人，故世称米南宫。

　　⑤石室：画家文同，号石室。

　　⑥此传主要据宋周密《齐东野语》卷一九《子固类元章》，另可参见元夏文彦《图绘宝鉴》卷四《赵孟坚》条。

　　⑦临海：县名，治今浙江临海。

⑧ "尝"下，原有"六朝诸贤风气，时以比米南宫，子固亦自"十六字，应为赵孟坚传中语，此据日本近卫本、日本静嘉堂本删。

⑨ 西山真公：真德秀，字景元，南宋著名理学家，世称西山先生，官至参知政事。

⑩ "泉"，原作"臮"，日本静嘉堂本同，日本妙智院本作"泉"。元夏文彦《图绘宝鉴》卷四："汤夫人叔雅之女，赵希泉妻，写梅竹，每以父闲庵图书识其上。"是作"泉"，此据改。

⑪ "汤"，原作"阳"，下文"汤叔雅"小传也作"阳叔雅"，此据日本静嘉堂本改。

⑫ "竹"，原作"□"，此据日本静嘉堂本补。

⑬ "似"，原作"以"，此据《香雪林集》、日本静嘉堂本改。

⑭ "吴"，原为"□"，此据《香雪林集》、日本静嘉堂本补。

⑮ 汴梁：北宋京城，地当今河南开封。

⑯ 宪圣慈烈皇后：宋高宗皇后吴氏。

⑰ 建康：建康府，治所驻今江苏南京。

⑱ "诗"下原有"□□"，此据日本静嘉堂本删。

⑲ 高吏部似孙：高似孙，字续古，号疏寮，余姚人，一说鄞县（今宁波市鄞州区）人。为著作郎、知处州，未见有吏部任职经历。"似"，原作"仙"，此据日本近卫本、日本静嘉堂本改。

⑳ 《朝野杂记》：又作《中兴以来朝野杂记》，南宋李心传编著。

㉑ 该传主要取材于宋叶绍翁《四朝闻见录》卷二乙集《吴云壑》条，另可参见元夏文彦《图绘宝鉴》卷四。

㉒ 燕蓟：今北京市。

㉓ 曹南：曹州之南。宋曹州驻济阴县，县南有曹南山，在今山东定陶西南、曹县西北。

㉔ "阳翟"，原作"归翟"，此据《宣和画谱》卷一一、日本静嘉堂本改。阳翟，古县名，在今河南禹州。

㉕ "考"，原作"孝"，此据《东都事略》卷六〇燕肃传改。

㉖ "召"，原为"古"，日本静嘉堂本为"□"，此据《东都事略》卷

六〇燕肃传改。

㉗"越"，原为"赵"，日本静嘉堂本同，此据《东都事略》卷六〇燕肃传改。

㉘"图"，原为"□"，此据《东都事略》卷六〇燕肃传、日本静嘉堂本补。

㉙谳（yàn）：审案议罪。

㉚"图"，原为"□"，此据《东都事略》卷六〇燕肃传、日本静嘉堂本补。

㉛"徙"，原作"徒"，此据《东都事略》卷六〇燕肃传、日本静嘉堂本改。

㉜王摩诘：盛唐诗人王维，字摩诘，亦擅画。

㉝此传取材于宋王偁《东都事略》卷六〇燕肃传、《宣和画谱》卷一一燕肃条。

达官逸士

宋士鄢陵王主簿，名字未闻，不知何许人，长于墨梅竹。东坡苏公赋所画折枝有云，"瘦竹如幽人，幽花如幽女。若人赋天巧，春色入毫楮"，当时花竹兼工也①。

杨补之，字无咎，南昌人，祖汉子云②，书其姓从扌不从木。高宗朝以不直秦桧，征不起，秦死再有诏，则没三日矣。自号逃禅老人，又云清夷长者，又名紫阳居士。水墨人物学李伯时③，尤善作墨梅，花光师后一人耳，水仙与兰、竹俱传世④。

魏彦燮，不知何许人，善画墨梅、竹，亦工于诗。尝为毕少游写《竹外一枝》图，自题诗云："江南雪消时，梅发溪走绿。吹香满晴岚，几叶破寒玉。我怀格外清，故遣伴幽竹。招此玉妃魂，伤心寄横幅。"又云："生平滴滴爱梅花，故写冰容不受遮。有恨风前明点点，无人竹外自斜斜。"高氏⑤《竹略》⑥云："魏彦燮，字元理，开封人，于长沙官舍作墨竹一堵，王武子赋诗曰：'魏侯笔力能扛鼎，醉作烟梢十万夫。风雨满堂惊昼寝，妨人魂梦到江湖。'"按，此或即其人也。《画继》云："彦燮，字彦理，北人，长于水墨杂画。光尧⑦见之，喜放天颜，遂除两浙参议。"⑧二书名字小异，未详。

汤⑨正仲，字叔雅，江西人，后居台州黄岩⑩，杨无咎之甥，自号闲庵。善墨梅，晦庵先生评云："墨梅自陈简斋⑪以来，类以白黑⑫相形，汤君始出新意，倒晕素质以反之。自云得其舅氏遗⑬法，其小异则又有所受也，酝藉敷腴，诚有出于蓝者。特未知其豪爽超拔之韵，视牢之为何如尔。"⑭亦有墨竹，世以梅为优焉⑮。

艾淑，字景孟，建宁⑯人，号竹坡，早游太学，善墨竹。云与陈公储即所翁⑰同舍画龙，俱得名，时称六馆二妙。仕为宁海军节度判官。又有毛⑱汝元者，尝⑲举进士，号静斋，善墨梅。至今建人以毛梅、艾竹为土彦⑳云。

曾茂之㉑，海盐㉒当湖人，宁宗朝官历朝郎，号雪村，善墨竹，亦有善书名。

王柏㉓，字会之，婺州㉔金华人。侍讲师愈㉕之孙、丞相文定公淮㉖之族。中年弃科举，为义理之学，事朱氏门人杨船山㉗、刘拗堂㉘。又从何北山基㉙，何乃勉斋黄公榦㉚高弟也。皓首穷经，不求闻达。德祐㉛将用故事起之讲㉜，俄卒于家。鲁斋其自命，人因称之，有文集著述数百卷。学力余裕，或寄兴笔墨间，梅宗扬无咎，竹师文湖州，自得其妙。然不妄与人，世罕知者，遗迹亦少传。

廉布，字宣仲，楚州山阳㉝人，尝官武学博士。以张邦昌㉞婿，负才不得用，终通直郎，号射泽老农。词翰不凡，善墨梅竹石窠木。昔在云门㉟时，云泉庵僧广勤，字行之，能诗，宣仲尝作墨梅赠之。勤答以诗云："笔端造化如东君，著物不简亦不繁。"宣仲大称之，以为非僧诗也㊱。流落寓越久，故越人多传其墨戏。子孚，亦有父风㊲。

马[38]宋英，温州人，世以财雄其乡。宋[39]英为人放达，能诗喜画。父殁，家资日落。至钱塘[40]，投故旧不得见，旅困无聊赖。游净慈寺[41]，图[42]写古松于壁间，仍题诗云："磨却一铤两铤墨，扫出千年万年树。月明乌鹊误飞来，踏枝不着空归去。"丁丞相大全[43]赏其诗画，亟命物色之，有张呆者忌其能，阁不令出，宋卒不遇，人因指诗语为谶。作墨竹、墨梅俱妙，世有遗迹[44]。

金人虞仲文，字质夫，武州宁远[45]人。作为辽相归金朝，拜枢密使、平章政事，封寿国公。天资颖悟，四岁始能言，即解吟诗，咏雪花云："琼英与玉蕊，片片落前池。问着花来处，东君也不知。"既长，智略过人，复多巧思。善画人马、墨[46]梅，竹学文湖州。

金人赵秉文，字周臣，滏阳[47]人。大定二十五年进士，应举翰林文字，上书论宰相胥持国当罢，宗室守贞[48]可大用。又言兵刑，国之大政，自古未有君以为可，大臣以为不可，而可行者。坐讥讪免[49]官，兴[50]定中拜礼部尚书，兼侍读，同修国史，知集贤院。自幼至老，无一日废书，诗学、禅宗，时称师匠。与人交，推诚乐易，不立崖岸。扶持吾道几卅[51]年，未尝以大名自居，奉养如寒素，唯书画。书仿钟王，画不论精妙，或作梅花竹石，笔力雄健，命意高古，亦自可观。尝游汴梁智海寺，为李昂霄效黄华[52]作《丛竹秋雨图[53]》，今在田子伟家[54]。

本朝赵孟頫，字子昂，宋秀安僖王六世孙，户部侍郎、知临安府与时第七子。咸淳间调真州司户，至元二十一年被召起家，为兵部郎中，迁集贤直学士。秩满请补外，任同知济南路，擢守汾[55]州，复以直学士提举江浙儒学。博学能文，工篆隶，书法师晋右军，咄咄逼真，大为时辈推尚。尤善丹青，墨梅、飞帛、石、兰蕙，竹学文湖州。其仲穆夫人管君，亦善诸艺。朝京时与李息斋[56]寓都水[57]张子正[58]别墅，求书画者踵至，早暮墙立以俟，楮素堆案盈尺[59]，寝食犹未辨^⑩，或时不堪，则搔首称苦。客稍退复集，亦有觖望^⑪而去者。人多乞丹青人马、山水，故写竹颇少，今程雪楼^⑫侍御宅远斋^⑬两壁系^⑭其真迹。号松雪斋，又水晶宫道人。

萧鹏抟，字图^⑮南，本契丹人，祖金朝进士，父某，字荣甫，黄华先生之外孙。图南幼^⑯有巧思，博学多能，诗书画三事皆追踪黄华，而尤长于山水，亦善墨写梅竹，今都城士大夫家多有之^⑰。

张德琪，字廷玉，燕中豪家。历户、礼、工三部令史，转补大司农司后，为南乐县尹。行书学刘房山，草书学张长史^⑱，俱^⑲到是处。亦画墨竹梅花，不蹈^⑳古人陈迹，自成一家。

沈雪坡，名字未详，嘉兴魏塘人。隐居不仕，好写梅竹，宗丁卿丞相^㉑，图其乡好事家多有之。犹喜书墙壁间，年逾七秩精神爽^㉒。

高戚里，好作大梅。^㉓

马远，贲之子，画三友图。

毛益、陈宗训，杭州人，善作三友图^㉔。

朱淳甫，济阴人，善梅竹^㉕。

陈莒，字楚芳，宁波奉化人，号梅山，善画梅^㉖。

成坦庵，宋朝驸马，作墨梅^㉗。

[注释]

①此传取材于宋邓椿《画继》卷四。

②汉子云：西汉扬雄，字子云。

③李伯时：北宋画家李公麟，字伯时。

④此传内容可参见元夏文彦《图绘宝鉴》卷四。

⑤高氏：高似孙，字续古，余姚人，淳熙十一年（1184）进士，历官校书郎，守处州。有《纬略》、《竹略》、《蟹略》、《砚谱》、《疏寮小集》等著述。

⑥《竹略》：高似孙编著，今不存，元李衎《竹谱》卷六引有一条。

⑦光尧：宋高宗赵构，宋孝宗继位后累上尊号，其中首为"光尧"二

字。

⑧此段引文见于宋邓椿《画继》卷四，"字彦理"作"字彦密"。

⑨"汤"，原作"阳"，此据日本静嘉堂本改。本段类似处并改。

⑩黄岩：旧县名，今属浙江。

⑪陈简斋：南北宋之交江西诗派诗人陈与义，号简斋。

⑫"黑"，原作"梅"，日本近卫本、日本静嘉堂本作"墨"，此据朱熹《晦庵集》卷八四改。

⑬"遗"，原为"□"，此据日本静嘉堂本补。

⑭此段引文出于朱熹《晦庵集》卷八四《跋汤叔雅墨梅》，有删节。

⑮此传未明所据，元夏文彦《图绘宝鉴》卷四有传，略有不同。

⑯建宁：州府名，治所驻今福建建瓯。

⑰所翁：元夏文彦《图绘宝鉴》卷四："陈容，字公储，自号所翁……端平二年进士……宝祐间名重一时。"

⑱"毛"，《香雪林集》、日本静嘉堂本同。《图绘宝鉴》卷四作"茅"，后世多从之。

⑲"尝"，原作"常"，此据日本静嘉堂本改。

⑳"土彦"，日本富冈本、日本静嘉堂本作"士彦"，或是。又或为"土产"之误书。

㉑"曾茂之"，《香雪林集》、日本妙智院本同，日本静嘉堂本作"鲁茂之"。而《图绘宝鉴》卷四作"鲁之茂"，后世多从之。

㉒海盐：县名，今属浙江。

㉓"王柏"，原作"□□"，此据《宋史》本传、日本静嘉堂本补。王柏（1197～1274），金华人，南宋后期著名学者。

㉔婺州：州府名，治所驻今浙江金华。"婺"，原作"务"，此据《宋史》本传、日本静嘉堂本改。

㉕师愈：王师愈，金华人，与朱熹同榜进士，曾任崇政殿说书，故称侍讲。"愈"，原作"俞"，此据日本妙智院本、日本静嘉堂本改。

㉖丞相文定公淮：王淮，字季海，宋孝宗淳熙间任右丞相，兼枢密使，迁左丞相，谥文定。"淮"，原作"准"，此据日本静嘉堂本改。

㉗杨船山：杨与立，字子权，浦城人，受业朱熹。知遂昌县，因家于兰溪，学者多从之，称船山先生。

㉘刘扬堂：刘炎，字潜夫，号扬堂，邵武人，从学朱熹。

㉙何北山基：何基，字子恭，金华人。从朱熹高足黄榦学，隐居故里北山盘溪，人称北山先生。

㉚勉斋黄公榦：黄榦（1152～1221），字直卿，福建闽县（治今福建福州市）人，受业朱熹。朱熹以女妻之，临终以所著书托付。世称勉斋先生。

㉛德祐：宋恭帝年号（1275～1276），此指宋恭帝。

㉜讲：此当有脱误，或为"侍讲"，意为崇政殿说书之类官职。

㉝楚州山阳：楚州，治今江苏淮安。山阳，旧县名，地在今淮安。

㉞张邦昌（1081～1127）：字子能，东光（今属河北）人，宋钦宗时为少宰、太宰兼门下侍郎。金兵犯汴京，与康王质于金，割地求和。靖康初，京师陷落，被金人册立为帝，僭号大楚。宋高宗即位，大臣多论其有罪，高宗予以优待，后赐死。

㉟云门：山名，在会稽县（治今浙江绍兴市）南三十里。

㊱此段与僧广勤交往事，也见于宋施宿《（嘉泰）会稽志》卷二〇广勤传。

㊲此传头尾两部分可参见元夏文彦《图绘宝鉴》卷四。

㊳"马"，原作"焉"，此据元夏文彦《图绘宝鉴》卷四、日本近卫本、日本静嘉堂本改。

㊴"宋"，原为"□"，此据日本静嘉堂本补。

㊵钱塘：旧县名，在今杭州，也代指杭州。

㊶净慈寺：在杭州西湖南屏山。

㊷"图"，原作"用"，日本静嘉堂本同，此据日本妙智院本改。

㊸丁丞相大全：丁大全（？～1263），镇江人，宝祐六年（1258）拜右丞相并枢密使，次年罢，被贬新州。

㊹此传内容也见元夏文彦《图绘宝鉴》卷四，"焉宋英"作"马宋英"，文字稍简。

㊺宁远：古县名，治所在今山西五寨北。"宁"，原作"定"，日本静嘉

堂本同，此据元脱脱等《金史》卷七五虞仲文传改。

㊻"墨"下原有"君"，此据日本近卫本、日本静嘉堂本删。

㊼滏阳：旧县名，治今河北磁县。

㊽守贞：完颜守贞（？～1200），本名左靥，金朝大臣，任刑部尚书、参知政事、尚书左丞等。"守贞"，原作"中贞"，日本静嘉堂本同，此据日本妙智院本改。

㊾"讪免"，原为"□□"，日本静嘉堂本作"讪朝"，此据宇文懋昭《大金国志》卷二九《赵秉文传》补。

㊿"兴"，原作"与"，此据宇文懋昭《大金国志》卷二九《赵秉文传》、日本静嘉堂本改。

51"卅"，原作"世"，此据日本近卫本、日本静嘉堂本改。

52黄华：王庭筠（1156～1202），金代文学家、书画家，号黄华山主。

53"图"，原为"□"，该本"图"字多作"□"，此从上并补。

54赵秉文熟谙道教著述，从传中"扶持吾道几卅年"云云，可知这段传记可能出自一位道教人士的著作，或者整个取材竹谱画家传记的内容都出于这位道士的著作。又，此传内容多与元脱脱等《金史》卷一一〇本传文字相同。赵秉文事又见宇文懋昭《大金国志》卷二九。

55"汾"，原作"纷"，此据日本静嘉堂本改。

56李息斋：李衎（1245～1320），蓟丘（今北京）人，字仲宾，号息斋道人。博学多通，善画竹石、花木。著有《竹谱》等。

57"水"，原在"张子正别墅"后，此据日本静嘉堂本移此。

58张子正：见于记载的元人张子正主要有三位：一是元王恽《秋涧集》卷五《赠笔工张进中（字子正）》。二是元夏文彦《图绘宝鉴》卷五："张中，字子正，松江人，画山水，师黄一峰，亦能墨戏。"三是元邵亨贞《蚁术诗选》卷七《小鬟以墨海棠为名，友人张子正为之画，以求题》。后两人所说为同一人，师事黄公望（号一峰），属于元朝后期人。土恽所说为笔工，时代吻合，然似乎地位不当，待考。

59"盈尺"，原为"□□"，此据日本静嘉堂本补。

60"辨"，疑为"办"，形近而误。

(61)觖（jué）望：不满而怨恨。

(62)程雪楼：程钜夫（1249～1318），元代官员、文学家，初名文海，因避元武宗庙讳，改用字代名，号雪楼，又号远斋，建昌（治今江西南城）人。累官翰林学士承旨，封楚国公，谥文宪，有《雪楼集》三十卷。

(63)远斋：程钜夫斋号。

(64)“系”，原为“□”，此据日本静嘉堂本补。

(65)“图”，原为“□”，此据元夏文彦《图绘宝鉴》卷五、日本静嘉堂本补。

(66)“幼”，原作“幻”，此据日本近卫本、日本妙智院本、日本静嘉堂本改。

(67)萧鹏抟事亦见元夏文彦《图绘宝鉴》卷五，文字稍简。

(68)“长史”，原作“典□”，此据陶宗仪《书史会要》卷七、日本静嘉堂本改。

(69)“俱”，原无，此据日本妙智院本、日本静嘉堂本补。

(70)“蹈”，原作“踏”，此据日本静嘉堂本改。

(71)“宗丁卿丞相”，日本静嘉堂本无。“丁卿”，或为“丁子卿”，下文“丞相”当属衍文，待考。同时有丁大全为宰相。丁子卿，明张元忭《（万历）会稽县志》卷一二记宋代画家：“宋丁权，字子卿，善画竹，自述《竹谱》。”

(72)沈雪坡事，也见元夏文彦《图绘宝鉴》卷五，文字较简。

(73)此传及以下共六条，原无，日本静嘉堂本并无，此据《香雪林集》卷二五《画梅人谱》补。《香雪林集》所存画梅人传，与《松斋梅谱》相较，都较简略，一般只存三两句。此下据补六条均应有删节，乃至两人合并一条。

(74)此两人传，原无，此据《香雪林集》卷二五《画梅人谱》补。元夏文彦《图绘宝鉴》卷四：“毛益，松之子，乾道间画院待诏，善画花鸟小景。”“陈宗训，杭人，师苏汉臣，画道释、人物、仕女，描染未精，人呼为铁陈，绍定年画院待诏。”

(75)此传，原无，此据《香雪林集》卷二五《画梅人谱》补。元夏文彦

《图绘宝鉴》卷五："朱淳甫，济阴人，居曹之乐平坊。世业丹青，山水、人物、树石俱精，亦写梅竹，有佳致。"

⑯此传，原无，此据《香雪林集》卷二五《画梅人谱》补。陈苣，原作陈苣，此据江五民《剡川诗钞补编》卷一改。陈苣也作陈蔃，陈著堂弟，字梦秀，号梅山，见陈著为其所作《梅山记》，载陈著《本堂集》卷五〇。

⑰此传，原无，此据《香雪林集》卷二五《画梅人谱》补。成坦庵，未详何人。

方外缁黄

宋朝僧惠洪，号觉范，瑞州彭氏子。幼孤，依三峰靓禅师①，日记数千言，靓器之。年十九，试经汴京天王寺，得度，从宣秘讲成唯识论，逾四载。谒真净②于归宗③，净迁石门④，师从之。净患其深闻之弊，每举玄沙未彻之语，发其疑。凡有所封，净曰："尔又说道理耶！"曰顿生悟解，述偈曰："灵云一见不再见，红白枝枝不着花。叵耐钓鱼船上客，却来陆地漉鱼虾。"净喜，命掌书记。遍参诸老，名振丛林。开法抚州景德寺，后住清凉寺⑤。亦时出墨戏，画梅竹绝佳。又以皂角仁胶，于生绡扇上写梅，灯月映之，宛然影也。下其笔力作枝梗，极遒健⑥。

僧周纯，字忘机，成都华阳⑦人。游荆楚，又自云楚人。少为浮屠，至京师，以诗画作佛事，声价翕然。士大夫多与之交，而王宷辅道⑧尤厚善，后竟坐累，编置惠州，不许还生。初，宷会朝士，京尹盛章⑨在焉，语纯曰："子能为我作梅图⑩，状'遥知不是雪，惟有暗香来'之意乎？"纯曰："须公自有此句，我始能为。"盛恨甚，至是犹为尹，故被祸尤酷。会邻郡建神霄宫，部使者旧知其人，为请释之，以供绘事，乃得自便。其画山水师李思训⑪，衣冠⑫师凯之⑬，佛像师伯时⑭，梅花师逃禅⑮，又能作花鸟、松竹、牛马之属，变态清⑯绝。画家于人物必九朽一罢，谓先以土笔扑取形似，数次修改，故曰九朽[17]，继以淡墨一描而成，故曰一罢。罢[18]者，毕事也。纯独落笔即成，气韵生动，每告人曰："书画同一关捩，善书者又岂先朽而后书耶。"[19]

僧若玢，字仲石，号玉涧，婺[20]州金华[21]人。著姓曹氏子，九岁得度，受业宝峰院。幼颖悟，学天台教，深解义趣。受具为临安天竺寺[22]书记，遍游诸方。或风日清好，游目骋怀，必摸写云山，托意声画，寺[23]外求者渐众，因谓："世间宜假不宜真，如钱塘八月潮、西湖雪后诸峰，极天下伟观，二三子当面蹉过，却求玢道人数点残墨，可耶？"归老家山，古涧侧流苍壁间，占胜作亭，扁曰玉涧，因以为号。专精作墨梅，师逃禅，又建阁对芙蓉峰。至自悔沉痼[24]于山水墨竹，是误用心，尽欲屏去。一日游山桥，见古木修篁而爱之，枕籍草上，仰观尽日，复为好事者写其奇崛偃蹇[25]之状，殆宿习未易除耳。尝题所画竹云："不是老僧写出，晓来谁报平安。"集名《玉涧剩语》。字古怪如其画，时称三绝。寿八十，有《竹石图》、《西湖》、《潇湘》、《北山》等图[26]传于世。

僧仁[27]济，字泽翁，俗姓童氏，玉涧师之甥。受业鹿宛寺，笔砚纵适，□碍经禅，书学东坡，山水亦粗得意。写墨梅，自谓用心四十年，专[28]学逃禅作花[29]，圈稍圆耳。墨竹学俞子清[30]，得法，有诗云："种得窗前十亩阴，年来生长渐森森。乘闲写入毫端去，散作人间万古心。"[31]

僧圆悟，闽人，号枯崖。能诗，喜作墨梅竹，为刘尚书克庄[32]、林中书希逸[33]所知，有诗云："笔因题竹枝枝直，诗为吟梅字字香。"

僧法常，蜀人，号牧溪，喜画龙虎、猿鹤、禽鸟、山水、树石、人物，不曾设色，多用蔗查草结，又皆随笔点墨，而成意思，简当不费妆缀。松、竹、梅、兰不具形似，荷鹭[34]芦雁[35]俱有高致。一日造语伤贾似道，广捕而避罪于越[36]丘氏家。所作甚多，惟三友帐为之绝品。后世变㉟，事释，圆寂于至元间。江南士大夫家今存遗迹，竹差少，芦雁亦多赝本。今存遗像在武林㊳长相寺㊴中，云爱于北山㊵。

僧允才，受业嘉兴㊶石佛教忠寺，号雪岑。游江湖间二十余年，处众随㊷和，多与之交，今住上海法昌寺。喜为诗，解书，写墨梅竹，人似丁㊸子卿。

[注释]

①䄊禅师：筠州（治今江西高安）新昌人，住持新昌三峰禅寺。

②真净：俗姓郑，名克文，事迹见惠洪《僧宝传》卷二三《泐潭真净文禅师》、《石门文字禅》卷三〇《云庵真净和尚行状》。

③皈宗：皈宗寺，在江西庐山。

④石门：石门寺，在洪州（治今江西南昌）。另筠州也有石门寺。

⑤此处惠洪传所记宗门经历见宋释普济《五灯会元》卷一七《惠洪觉范禅师传》，与惠洪自述《寂音自序》多有抵牾，后者见宋惠洪《石门文字禅》卷二四。清凉寺，在今江苏南京。

⑥此处惠洪传后节画艺事迹，见于宋邓椿《画继》卷五。

⑦华阳：县名，本唐蜀县，后改华阳县，1965 年并入双流县，在今成都市。

⑧王寀辅道：王寀（1078～1118?），字辅道，官校书郎、翰林学士、兵部侍郎。好神仙道术，以仙术事徽宗，不久下狱弃市。

⑨京尹盛章：京尹，开封府尹，主管京城开封民政、狱讼、治安等事务。盛章，曾任京畿转运副使，大观间任开封府尹。

⑩"图"，原为"□"，日本静嘉堂本作"一"，此据宋邓椿《画继》卷三《周纯传》改。

⑪李思训：盛唐画家，擅画山水，色彩繁富，笔力刚劲，为北宗代表画家。

⑫衣冠：衣冠人物，指人物画。

⑬凯之：即顾恺之（约 346～407），东晋画家，博学有才气，工诗赋、书法，尤精绘画，擅画人像、佛像。

⑭伯时：宋代画家李公麟，字伯时。

⑮此传抄录宋邓椿《画继》卷三《周纯传》。《画继》无"梅花师逃禅"一句，当是后人所加，或即《松斋梅谱》编者所为。

⑯"清"，原无，日本近卫本、日本静嘉堂本作"精"，此据宋邓椿《画继》卷三补。

⑰"朽"后，原有"经"，此据邓椿《画继》卷三删。

⑱"罢"，原无，日本静嘉堂本同，此据宋邓椿《画继》卷三补。

⑲此传取材于宋邓椿《画继》卷三。

⑳"婺"，原作"务"，此据日本静嘉堂本改。

㉑金华：旧县名，在今浙江金华。宋时婺州，治所在金华。

㉒天竺寺：即杭州灵隐寺。西湖西山有下天竺寺、中天竺寺、上天竺寺，下天竺寺为灵隐寺。

㉓"寺"，原为"□"，日本妙智院本作"图"，日本静嘉堂本作"寺"，此据改。

㉔沉痼：本指积久难治的病，此形容沉溺痴迷。

㉕偃蹇：曲折矫健。

㉖"图"，原作"□"，此据日本静嘉堂本补。

㉗"仁"，原为"□"，此据元夏文彦《图绘宝鉴》卷四补。

㉘"专"，原作"□"，此据日本静嘉堂本补。

㉙"花"，原作"卷"，此据元夏文彦《图绘宝鉴》卷四、日本静嘉堂本改。

㉚俞子清：元夏文彦《图绘宝鉴》卷四："俞徵，字子清，吴兴人。作竹、石，得文、苏二公遗意，清润可爱。"

㉛仁济事也见元夏文彦《图绘宝鉴》卷四，文字稍简。

㉜刘尚书克庄：刘克庄，南宋后期著名诗人，曾权工部尚书。

㉝林中书希逸：林希逸，南宋江湖诗人，官终中书舍人。

㉞"鹭"，原无，此据日本近卫本补。

㉟"雁"，原作"写"，此据日本近卫本、日本静嘉堂本改。

㊱越：越州，此指当时绍兴府。

③世变：此指改朝换代，即宋元易代。

③武林：杭州。

③长相寺：或为西湖南山法相寺，俗称长耳相院，见明吴之鲸《武林梵志》卷三。

⑩北山：一般指西湖北诸山。"北山"，日本富㐫本作"此山"，或是。法常事迹也见于元夏文彦《图绘宝鉴》卷四，文字稍简，且有批评。

⑪"嘉兴"，原作"喜"，日本静嘉堂本作"嘉州"，此据元夏文彦《图绘宝鉴》卷五改。

⑫"随"，原作"□"，此据日本静嘉堂本补。

⑬"丁"，原为"□"，日本静嘉堂本作"于"，此据元夏文彦《图绘宝鉴》卷五补。

张雨跋①

以墨写梅，自宋花光仲仁始，继②而逃禅，徐君禹功又得逃禅之面授。禹功不标名第，曰辛酉人，当是③淳熙前辛酉生。逃禅生于绍圣之丁丑，殁④于乾道之己丑。及逃禅之终，禹功年廿八岁矣。继有僧定者，花工而枝粗，刘君梦良者花虽未工⑤，而意已到。女中有鲍夫人，能守师法。江西毕公济、江右谭季箫，季箫花韵如鲍夫人，远胜梦良者矣。而刘有名江湖⑥间，徐、谭皆罕闻。此子固赵公之论，予得其宝祐丁巳⑦夏⑧甲⑨子手书。子⑩固与其子友兰皆工此花。若赵魏公子昂，独绍花光，韵度盖超出三百年之上，夫人管君亦善此艺。迩来山阴王冕元章，特以此笔⑪买田筑室矣。昔陈去非以墨梅诗得名，元章乃独得利⑫，是又足资笑端。季章为梅写真一世，类谱以传，宁有不知其派系者哉？予故录于前而续于后，此谱中不可无者，季章其知予言。至正九年己丑夏六月既望，山泽臞⑬者张雨⑭书于虎林⑮登善⑯之来鹤亭。

[注释]

①此题原无，诸本均无。原文紧接上文僧允才传末，为示区别，特拟此题。此跋内容，王冕《梅谱》、《华光梅谱》、《香雪林集》俱未采录。从篇末所署写作时间看，此跋应置于第三卷末。

②"继"，原作"而"，与下文重，此据日本静嘉堂本改。

③"是"，原作"年"，日本近卫本作"时"，此据日本静嘉堂本改。

④"殁"，原无，此据日本近卫本、日本静嘉堂本补。

⑤"工"，原作"功"，此据日本静嘉堂本改。

⑥"江湖"，原作"湖江"，此据日本静嘉堂本、明赵琦美《赵氏铁网珊瑚》卷一一赵孟坚丁丑记文改。

⑦"巳"，原作"丑"，日本静嘉堂本同。宋理宗宝祐年间无丁丑年，此据明赵琦美《赵氏铁网珊瑚》卷一一赵孟坚自跋文改。

⑧"夏"后当脱月份。

⑨"甲",原作"田",日本静嘉堂本同,此据明赵琦美《赵氏铁网珊瑚》卷一一赵孟坚自跋文改。

⑩"子",原无,此据日本静嘉堂本补。赵孟坚,字子固。

⑪此笔:此种画,指画梅。

⑫"利",原作"刊",日本静嘉堂本同,疑为"利"形近而误。

⑬"臒",原作"胶",此据日本近卫本、日本静嘉堂本改。

⑭"雨",原作"□",日本静嘉堂本同。山泽臒者为张雨自号,清顾嗣立《元诗选》二集卷二钱选《题浮玉山居图》诗下录张雨为《浮玉山居图》所作跋文,末署:"山泽臒者张雨题于开元静舍之浴鹄湾。"明汪砢玉《珊瑚网》卷三一张雨《题王蒙〈溪山深秀〉》诗署名即为"山泽臒者张雨"。此据补。

⑮虎林:武林,即杭州。

⑯登善:登善庵,在灵石山中,张雨晚年居地。元黄溍《金华黄先生文集》卷一八《师友集序》:"方外一二士既编辑而校雠之,复俾溍为之序,而刻置伯雨(引者按:张雨字伯雨)所居灵石山之登善庵。"清张照等《石渠宝笈》卷一三记载有张雨诗帖题"登善庵主张雨","下有句曲外史一印"。

［附录］浅野本所附日文说明

编校者按：日本浅野本《松斋梅谱》卷末原有若干日文图目及说明，当为抄者就未及抄写、摹绘的图像所作说明。除《逃禅别法》一目外，均无图，重在介绍所见图谱的形象构图。此请日本九州大学中国留学生李恬女士译成中文，日文原文以小字括附于后，以供参考。

右 斗

其梅之形如北斗之柄，悉皆北斗形也，只不画花也。（其梅之形北斗ノ柄ノ如シ，只悉ク皆ナ北斗ノ形也，只不畫花也。）

右 弓

其梅之形，如张弓，又不画花也。（其梅之形，如張弓，又不畫花也。）

正鹿角

其形正如鹿角，又不画花也。（其形正ニ如鹿角，又不畫花也。）

反鹿角

其形如鹿角之倒，又不画花也。（其形如鹿角反[1]ヲイタルカ，又不畫花也。）

[注释]

①此处旁书"サヵサマニ"，意为倒置。

单横鹿角

其形如横向鹿角一支，不画花也。（其形鹿角一本横ニヲイタルカ如シ，不畫花也。）

双横鹿角

其形如横向鹿角两支，不画花也。（其形鹿角之横ニ二本ヲイタルヵ如シ，不畫花也。）

蘸　水

其形于悬崖边蘸水，不画花也。（其形懸崖ヨリヲイテ水ニ蘸シタル形也，不畫花也。）

照　影

其形为梅影照水形也，其画本不画水也，又不画花，并一枝分也。（其形梅影水ニ照ス形也，其畫本只シ不畫水也，又不畫花，并①一枝②分也。）

[注释]

① "并"，原作"屏"，此据意改。
② "枝"，原作"枚"，此据日本妙智院本改。

扫　帚

其形如帚，不画花也。（其形如帚，不畫花也。）

急风警拆

其形为梅被急风吹，未拆之形也，又不画花。（其形ハ急風ニ被吹テ梅未拆之形也，不畫花又。）

庭前舞鹤

其形拟舞鹤而画也，不画花。（其形舞鶴ニ擬而畫也，不畫花。）

树挂①蟠龙

其形挂树蟠龙之形也，不画花。（其形掛樹蟠龍之形也，不畫花。）

[注释]

① "挂"，原文作"桂"。

左虾须

其形如虾须，不画花也。（其形如鰕鬚，不畫花也。）

横鹤膝

其形如鹤膝之横，不画花。（其形如鶴膝之横，不畫花。）

飞　鹤

其形如展鹤翼，不画花也。（其形如鶴翼ヲヒ①ロケタル，不畫花也。）

[注释]

① "ヒ"，原无，此据日本近卫本、妙智院本补。

蟠　虬

其形如蟠虬，不画花，又一枝之分。（其形如蟠虬，不畫花，又一枝之分。）

倒挂角

其形如倒挂鹿角，不画花也。（其形倒ニ如掛鹿角，不畫花也。）

折戟梢

其形如戟之折，不画花。（其形如戟之折，不畫花。）

深雪漏春

其画画雪，但树林为雪所压之形也。（其畫ニ雪，但シ木立ハ雪ニ厭レタル形ヲ畫也。）

玉堂夜月

其形多画花也，又画圆月并云也，画云少掩月之形也，真富贵之样也。（其形タクサンニ畫花也，又畫圆月并雲也，雲少掩月之形ヲ畫也，真ニ富貴之樣也。）

缁尘染素

其画墨色之梅也，花之叶皆黑色也。（其畫墨色之梅也，花之葉皆黑色也。）

邂逅凌波

其形作烂熳之花生于悬崖也，又添画水仙花也。（其形懸崖ヨリ生テ花ヲ爛熳トックル也，又水仙花ヲ相添テ畫也。）

蒲涧暗香

其形画根生悬崖也，又在其旁画石与菖蒲，又画蛾眉月也，但石、菖蒲之下画水也，又蛾眉月之形沉于水中也。（其形懸崖ヨリ生テ本ヲォク也，又其旁ニ石與菖蒲畫，又三日月ヲ畫也，只シ石菖蒲之下ニ畫水也，又三日月其水ニ沉タル形也。）

新荷擎雨

其形荷盘擎雨之形也，只一干，无花也。（其形荷盤之擎雨タル形也，只シ一ケモ無花也。）

老柏傲霜

又柏树之傲霜形也，又不画花也。（又柏樹之傲霜形也，又不畫花也。）

雁过衡阳

只展雁翅之形也，又画雪也。其梅为自地生之形也，亦不着花也。（只鴈ノ翅ヲヒロケタル樣也，又畫雪也。其梅ハ自地生タル形也，亦不著花也。）

鹿眠随苑

鹿眠之形也，又不着花，又自地而生之形也，又一枝之分也。（鹿ノ眠リタル形也，又不著花，又地ヨリ生タル形也，又一枝之分也。）

鲍老当场[①]

其梅不画花，只画大木，又于木之根画水也，花多凋谢于地板、竹帘之形也，又画嫩梢也。（其梅不畫花，只大木ヲ畫キタル，又木之根水ヲ畫キタル也，イクラモユヵミスチリタル形也，又ワヵ梢ヲ畫キタル也。）

[注释]

①此条内容似有误，可能由两目内容断缺错连而成。《松斋梅谱》、《香雪林集》均有《鲍老头》一目。《松斋梅谱》卷三《鲍老头》："五瓣盈亏势不侔，中间挺出独圆浮。粉须微露丁连萼，状似当场鲍老头。"显然为花头画法，而此处说明所谓"不画花"，显然属枝干画法，与"鲍老头"形象不类。有可能此处画目与说明并不对应，说明为另一枝干画目内容，而误抄于《鲍老当场》名目下。

宾鸿舞月

画月下鸿雁在枯木上起舞形也，画圆月也，不着花。（枯木ニテ

鸿ノ舞月形ヲ畫也，畫圓月ヲモ也，不著花。）

冰花傍石

其树生自悬崖，又画花也，又石边画小竹也。（其樹自懸崖生ス，又花ヲ畫キタリ又石ニサヽ竹ヲ畫也。）

逃禅别法

其梅条大半直枝也，画花也。（其梅條大半直枝也，花ヲ畫也。）
铁线琴弦之枝。（鉄線琴絃之枝。）

江路野梅

繁花盛开之样也。（イクラモサキ乱レタル様ヲ畫キタル也。）

引用书目

（以书名拼音字母顺序排列）

1. 史铸. 百菊集谱[M]//文渊阁四库全书. 影印本. 台北:商务印书馆, 1986.

2. 徐勉之. 保越录[M]//十万卷楼丛书. 刻本. 归安:陆氏,1879(清光绪 五年).

3. 陈著. 本堂集[M]//文渊阁四库全书. 影印本. 台北:商务印书馆, 1986.

4. 陆心源. 皕宋楼藏书志[M]. 刻本. 归安:陆氏,1882(清光绪八年).

5. 叶梦得. 避暑录话[M]//文渊阁四库全书. 影印本. 台北:商务印书 馆,1986.

6. 黄玠. 弁山小隐吟录[M]//文渊阁四库全书. 影印本. 台北:商务印书 馆,1986.

7. 张华. 博物志[M]//丛书集成初编. 影印本. 上海:商务印书馆,1935.

8. 范成大. 骖鸾录[M]//文渊阁四库全书. 影印本. 台北:商务印书馆, 1986.

9. 程公许. 沧洲尘缶编[M]//文渊阁四库全书. 影印本. 台北:商务印书 馆,1986.

10. 李昱. 草阁诗集[M]//文渊阁四库全书. 影印本. 台北:商务印书馆, 1986.

11. 晁瑮. 晁氏宝文堂书目[M]//续修四库全书. 影印本. 上海:上海古 籍出版社,2002.

12. 赵昇. 朝野类要[M]. 活字本. 北京:武英殿,1773(清乾隆三十八 年).

13. 杨万里. 诚斋集[M]//四部丛刊. 上海:商务印书馆,1922.

14. 陈耆卿. 赤城志[M]//文渊阁四库全书. 影印本. 台北:商务印书馆, 1986.

15. 乌斯道. 春草斋集[M]//文渊阁四库全书. 影印本. 台北:商务印书馆,1986.

16. 龚璛. 存悔斋稿[M]. 抄本. 1345(元至正五年).

17. 瑞溪周凤. 脞说补遗[M]//抄物资料集成. 影印本. 大阪:清文堂, 1971.

18. 宇文懋昭. 大金国志[M]//文渊阁四库全书. 影印本. 台北:商务印书馆,1986.

19. 邹浩. 道乡集[M]. 刻本. 1470(明成化六年).

20. 虞集. 道园学古录[M]//四部丛刊. 上海:商务印书馆,1922.

21. 虞集. 道园遗稿[M]//文渊阁四库全书. 影印本. 台北:商务印书馆, 1986.

22. 沈松勤. 第四届宋代文学国际研讨会论文集[C]. 杭州:浙江大学出版社,2006.

23. 王偁. 东都事略[M]//文渊阁四库全书. 影印本. 台北:商务印书馆, 1986.

24. [唐]裴庭裕. 东观奏记[M]//滇香零拾. 刻本. 1908(清光绪三十四年).

25. 孟元老. 东京梦华录[M]//文渊阁四库全书. 影印本. 台北:商务印书馆,1986.

26. 苏轼. 东坡志林[M]. 北京:中华书局,1981.

27. 赵希鹄. 洞天清录[M]//海山仙馆丛书. 刻本. 1849(清道光二十九年).

28. [唐]杜甫. 杜工部集[M]//续古逸丛书. 影印本. 1884(清光绪十年).

29. 朱淑真. 断肠词[M]//文渊阁四库全书. 影印本. 台北:商务印书馆, 1986.

30. 范成大. 范石湖集[M]. 上海：上海古籍出版社,1981.

31. 刘学箕. 方是闲居士小稿[M]//文渊阁四库全书. 影印本. 台北：商务印书馆,1986.

32. 郝玉麟,等. (雍正)福建通志[M]//文渊阁四库全书. 影印本. 台北：商务印书馆,1986.

33. 吴聿. 观林诗话[M]//历代诗话续编. 北京：中华书局,1983.

34. 汪灏,等. 广群芳谱[M]//文渊阁四库全书. 影印本. 台北：商务印书馆,1986.

35. 黄佐. 广州人物传[M]//岭南遗书本. 刻本. 1846(清道光二十六年).

36. 周密. 癸辛杂识[M]. 北京：中华书局,1988.

37. 常棠. 海盐澉水志[M]//文渊阁四库全书. 影印本. 台北：商务印书馆,1986.

38. 王之望. 汉滨集[M]//文渊阁四库全书. 影印本. 台北：商务印书馆,1986.

39. 班固. 汉书[M]. 活字本. 北京：武英殿,1773(清乾隆三十八年).

40. 吴庆坻,陆懋勋,等. 杭州府志[M]. 铅印本. 1922(民国十一年).

41. 吴泳. 鹤林集[M]//文渊阁四库全书. 影印本. 台北：商务印书馆,1986.

42. 刘克庄. 后村先生大全集[M]//四部丛刊. 上海：商务印书馆,1922.

43. 范晔. 后汉书[M]//百衲本二十四史. 影印本. 上海：商务印书馆,1936.

44. 卫泾. 后乐集[M]//文渊阁四库全书. 影印本. 台北：商务印书馆,1986.

45. 陈师道. 后山集[M]//文渊阁四库全书. 影印本. 台北：商务印书馆,1986.

46. 吴芾. 湖山集[M]//文渊阁四库全书. 影印本. 台北：商务印书馆,1986.

47. 劳钺,张渊. 湖州府志[M]//日本藏中国罕见地方志丛刊. 北京:书目文献出版社,1991.

48. 华光和尚. 华光梅谱[M]//王氏画苑补益. 刻本. 1590(明万历十八年).

49. 邓椿. 画继[M]//津逮秘书. 据明汲古阁本影印本. 上海:博古斋, 1922.

50. 庄肃. 画继补遗[M]//津逮秘书. 据明汲古阁本影印本. 上海:博古斋,1922.

51. 汤垕. 画鉴[M]//北京图书馆古籍珍本丛刊. 北京:书目文献出版社,1998.

52. 华光道人. 画梅谱[M]//文渊阁四库全书. 影印本. 台北:商务印书馆,1986.

53. 华光道人. 画梅谱[M]//说郛三种. 上海:上海古籍出版社,1986.

54. 秦观. 淮海集[M]//四部丛刊. 上海:商务印书馆,1922.

55. 朱熹. 晦庵集[M]//四部丛刊. 上海:商务印书馆,1922.

56. 晁补之. 鸡肋集[M]//四部丛刊. 上海:商务印书馆,1922.

57. 陈与义. 简斋集[M]. 活字本. 北京:武英殿,1773(清乾隆三十八年).

58. 陆游. 剑南诗稿[M]//文渊阁四库全书. 影印本. 台北:商务印书馆, 1986.

59. 陈起. 江湖后集[M]//文渊阁四库全书. 影印本. 台北:商务印书馆, 1986.

60. 陈起. 江湖小集[M]//文渊阁四库全书. 影印本. 台北:商务印书馆, 1986.

61. 江休复. 江邻几杂志[M]//全宋笔记. 郑州:大象出版社,2003.

62. 严文郁,等. 蒋慰堂先生九秩荣庆论文集[C]. 台北:商务印书馆, 1987.

63. 黄溍. 金华黄先生文集[M]. 抄本.

64. 脱脱,等. 金史[M]//百衲本二十四史. 影印本. 上海:商务印书馆,1936.

65. 佚名. 锦绣万花谷[M]//文渊阁四库全书. 影印本. 台北:商务印书馆,1986.

66. 周应合. 景定建康志[M]//文渊阁四库全书. 影印本. 台北:商务印书馆,1986.

67. 吴师道. 敬乡录[M]//文渊阁四库全书. 影印本. 台北:商务印书馆,1986.

68. 曹溶. 倦圃蒔植记[M]. 抄本.

69. 张元忭. (万历)会稽县志[M]//天一阁藏明代方志选刊续编. 上海:上海书店,1990.

70. 张淏. (宝庆)会稽续志[M]//文渊阁四库全书. 影印本. 台北:商务印书馆,1986.

71. 施宿. (嘉泰)会稽志[M]//文渊阁四库全书. 影印本. 台北:商务印书馆,1986.

72. 马永卿. 懒真子[M]//稗海. 影印本. 台北:大化出版社,1985.

73. 陆游. 老学庵笔记[M]//津逮秘书. 据明汲古阁本影印本. 上海:博古斋,1922.

74. 曾慥. 乐府雅词[M]//四部丛刊. 上海:商务印书馆,1922.

75. 陈祥道. 礼书[M]. 刻本. 1347(元至正七年).

76. 陈元龙. 历代赋汇[M]//文渊阁四库全书. 影印本. 台北:商务印书馆,1986.

77. 何文焕. 历代诗话[M]. 北京:中华书局,1981.

78. 陈思. 两宋名贤小集[M]//文渊阁四库全书. 影印本. 台北:商务印书馆,1986.

79. 阮元. 两浙金石志[M]. 刻本. 1824(清道光四年).

80. 王安石. 临川集[M]//四部丛刊. 上海:商务印书馆,1922.

81. 苏洞. 泠然斋诗集[M]//文渊阁四库全书. 影印本. 台北:商务印书

馆,1986.

82. 刘过.龙洲集[M]//文渊阁四库全书.影印本.台北:商务印书馆,1986.

83. 毛晋.陆氏诗疏广要[M]//文渊阁四库全书.影印本.台北:商务印书馆,1986.

84. 周师厚.洛阳花木记[M]//文渊阁四库全书.影印本.台北:商务印书馆,1986.

85. 宋伯仁.梅花喜神谱[M]//知不足斋丛书.刻本.1824(道光甲申).

86. 郭豫亨.梅花字字香[M]//文渊阁四库全书.影印本.台北:商务印书馆,1986.

87. 范成大.梅谱[M]//说郛三种.影印本.上海:上海古籍出版社,1988.

88. 范成大.梅谱[M]//文渊阁四库全书.影印本.台北:商务印书馆,1986.

89. 范成大.梅谱[M]//百川学海.影印本.北京:中国书店,2011.

90. 王冕.梅谱[M]//永乐大典.影印本.北京:中华书局,1960.

91. 程杰.梅文化论丛[M].北京:中华书局,2007.

92. 赵孟坚.梅竹诗谱三首图卷[M].美国纽约大都会艺术博物馆藏.

93. 陈棣.蒙隐集[M]//宋人集.石印本.1914.

94. 吴自牧.梦粱录[M]//文渊阁四库全书.影印本.台北:商务印书馆,1986.

95. 毕嘉珍.墨梅[M].南京:江苏人民出版社,2012.

96. 陶宗仪.南村辍耕录[M]//四部丛刊三编.影印本.上海:商务印书馆,1936.

97. 张镃.南湖集[M]//文渊阁四库全书.影印本.台北:商务印书馆,1986.

98. 厉鹗.南宋院画录[M]//文渊阁四库全书.影印本.台北:商务印书馆,1986.

梅 谱 433

99. 吴曾. 能改斋漫录[M]//文渊阁四库全书. 影印本. 台北:商务印书馆,1986.

100. 王祯. 农书[M]. 活字本. 北京:武英殿,1773(清乾隆三十八年).

101. 欧阳修. 欧阳文忠集[M]//四部丛刊. 上海:商务印书馆,1922.

102. 陆佃. 埤雅[M]//北京图书馆古籍珍本丛刊. 北京:书目文献出版社,1998.

103. 周密. 齐东野语[M]. 北京:中华书局,1983.

104. 贾思勰. 齐民要术[M]//四部丛刊. 影印本. 上海:商务印书馆,1922.

105. 陈鹄. 耆旧续闻[M]//知不足斋丛书. 刻本. 1824(道光甲申).

106. 刘克庄. 千家诗选[M]//宛委别藏丛书. 影印本. 南京:江苏古籍出版社,1988.

107. 黄虞稷. 千顷堂书目[M]//文渊阁四库全书. 影印本. 台北:商务印书馆,1986.

108. 周淙. 乾道临安志[M]//文渊阁四库全书. 影印本. 台北:商务印书馆,1986.

109. 朱翌. 灊山集[M]//知不足斋丛书. 刻本. 1824(道光甲申).

110. 宋祁. 景文集[M]. 活字本. 北京:武英殿,1773(清乾隆三十八年).

111. 河田罴. 静嘉堂秘籍志[M]//日本藏汉籍善本书志书目集成. 北京:北京图书馆出版社,2003.

112. 诸桥辙次,等. 静嘉堂文库汉籍分类目录[M]. 东京:日本单氏印刷株氏会社,1930(昭和五年).

113. 陶毂. 清异录[M]//全宋笔记. 郑州:大象出版社,2003.

114. 马位. 秋窗随笔[M]. 上海:上海古籍出版社,1987.

115. 王恽. 秋涧集[M]//四部丛刊. 影印本. 上海:商务印书馆,1922.

116. 方岳. 秋崖集[M]//文渊阁四库全书. 影印本. 台北:商务印书馆,1986.

117. 朱弁. 曲洧旧闻[M]//知不足斋丛书. 刻本. 1824(道光甲申).

118.王迈.臞轩集[M]//文渊阁四库全书.影印本.台北:商务印书馆,1986.

119.陈景沂.全芳备祖[M]//文渊阁四库全书.影印本.台北:商务印书馆,1986.

120.陈景沂.全芳备祖[M].北京:农业出版社,1982.

121.陈景沂.全芳备祖[M].祝穆,订正.//中国科学技术典籍通汇.郑州:河南教育出版社,1993.

122.陈景沂.全芳备祖[M].祝穆,订正.台北:故宫博物院藏原碧琳琅馆藏本.

123.陈景沂.全芳备祖[M].祝穆,订正.程杰,王三毛,点校.杭州:浙江古籍出版社,2014.

124.唐圭璋.全宋词[M].北京:中华书局,1965.

125.北京大学古文献研究所.全宋诗[M].北京:北京大学出版社,1991-1998.

126.曹寅,彭定求,等.全唐诗[M]//文渊阁四库全书.影印本.台北:商务印书馆,1986.

127.张璋,黄畲.全唐五代词[M].上海:上海古籍出版社,1986.

128.沈朝宣.(嘉靖)仁和县志[M]//武林掌故丛编.刻本.清光绪.

129.佚名.三辅黄图[M]//四部丛刊三编.影印本.上海:商务印书馆,1936.

130.蒋正子.山房随笔[M]//知不足斋丛书.刻本.1824(道光甲申).

131.黄庭坚.山谷集[M]//文渊阁四库全书.影印本.台北:商务印书馆,1986.

132.朱存理.珊瑚木难[M]//文渊阁四库全书.影印本.台北:商务印书馆,1986.

133.汪砢玉.珊瑚网[M]//文渊阁四库全书.影印本.台北:商务印书馆,1986.

134.江五民.剡川诗抄补编[M].民国刊本.

135. 高似孙. 剡录[M]//文渊阁四库全书. 影印本. 台北: 商务印书馆, 1986.

136. 戴表元. 剡源集[M]//四部丛刊. 影印本. 上海: 商务印书馆, 1922.

137. 黄伦. 尚书精义[M]//文渊阁四库全书. 影印本. 台北: 商务印书馆, 1986.

138. 陈经. 尚书详解[M]. 活字本. 北京: 武英殿, 1773(清乾隆三十八年).

139. 胡仔. 苕溪渔隐丛话[M]. 校点本. 北京: 人民文学出版社, 1981.

140. 佚名编. 诗渊[M]//续修四库全书. 影印本. 上海: 上海古籍出版社, 2002.

141. 施元之. 施注苏诗[M]//文渊阁四库全书. 影印本. 台北: 商务印书馆, 1986.

142. 范成大. 石湖诗集[M]//四部丛刊. 影印本. 上海: 商务印书馆, 1922.

143. 释惠洪. 石门文字禅[M]//四部丛刊. 影印本. 上海: 商务印书馆, 1922.

144. 张照, 梁诗正, 等. 石渠宝笈[M]//文渊阁四库全书. 影印本. 台北: 商务印书馆, 1986.

145. 司马迁. 史记[M]. 校点本. 北京: 中华书局, 1982.

146. 刘义庆. 世说新语[M]. 四部丛刊. 影印本. 上海: 商务印书馆, 1922.

147. 卞永誉. 式古堂书画汇考[M]//文渊阁四库全书. 影印本. 台北: 商务印书馆, 1986.

148. 谢维新. 事类备要[M]//文渊阁四库全书. 影印本. 台北: 商务印书馆, 1986.

149. 祝穆. 事文类聚[M]//文渊阁四库全书. 影印本. 台北: 商务印书馆, 1986.

150. 陶宗仪, 朱谋垔. 书史会要[M]//文渊阁四库全书. 影印本. 台北:

商务印书馆,1986.

151. 胡古愚. 树艺篇[M]. 明纯白斋抄本.

152. 陶宗仪. 说郛[M]//文渊阁四库全书. 影印本. 台北:商务印书馆,1986.

153. 陶宗仪. 说郛[M]//说郛三种. 影印本. 上海:上海古籍出版社,1988.

154. 陶宗仪,等. 说郛三种[M]. 影印本. 上海:上海古籍出版社,1988.

155. 顾起元. 说略[M]//文渊阁四库全书. 影印本. 台北:商务印书馆,1986.

156. 叶绍翁. 四朝闻见录[M]//知不足斋丛书. 刻本. 1824(道光甲申).

157. 永瑢,等. 四库全书总目[M]. 影印本. 北京:中华书局,1965.

158. 孙梅. 四六丛话[M]. 刻本. 吴兴:旧言堂,1798(清嘉庆三年).

159. 吴太素. 松斋梅谱[M]. 岛田修二郎,解题,校订. 广岛:日本广岛市中央图书馆,1988.

160. 程杰. 宋代咏梅文学研究[M]. 合肥:安徽文艺出版社,2002.

161. 宋伯仁. 宋刻梅花喜神谱[M]. 影印景定本. 北京:文物出版社,1982.

162. 郭绍虞. 宋诗话辑佚[M]. 北京:中华书局,1980.

163. 厉鹗. 宋诗纪事[M]. 上海:上海古籍出版社,1983.

164. 脱脱,等. 宋史[M]. 校点本. 北京:中华书局,1997.

165. 苏轼. 苏轼文集[M]. 校点本. 北京:中华书局,1986.

166. 苏轼. 苏文忠公全集[M]. 刻本. 明成化.

167. 韩鄂. 岁华纪丽[M]//秘册汇函. 刻本. 1603(明万历三十一年).

168. 李昉,等. 太平御览[M]. 影印本. 中华书局,1996.

169. 李肇. 唐国史补[M]//津逮秘书. 据明汲古阁本影印本. 上海:博古斋,1922.

170. 王定保. 唐摭言[M]//学津讨原. 影印本. 扬州:广陵书社,2008.

171. 孙红. 天工梅心:宋元时期画梅艺术研究[D]. 杭州:中国美术学

院,2010.

172. 陈景沂. 天台陈先生类编花果卉木全芳备祖[M]. 祝穆,订正. 南京图书馆藏原八千卷楼丁丙跋本.

173. 夏文彦. 图绘宝鉴[M]. 刻本. 元至正.

174. 洪迈. 万首唐人绝句诗[M]. 刻本. 明嘉靖.

175. 王稚登. 王百穀集十九种[M]. 刻本. 明代.

176. 詹景凤. 王氏画苑补益[M]. 刻本. 1590(明万历十八年).

177. 王直方. 王直方诗话[M]//宋诗话辑佚. 北京:中华书局,1980.

178. 胡绍煐. 文选笺证[M]//聚学轩丛书第五集. 贵池:刘氏,清光绪.

179. 周必大. 文忠集[M]//文渊阁四库全书. 影印本. 台北:商务印书馆,1986.

180. 邵博. 闻见后录[M]//文渊阁四库全书. 影印本. 台北:商务印书馆,1986.

181. 钱穀. 吴都文粹续集[M]//文渊阁四库全书. 影印本. 台北:商务印书馆,1986.

182. 牛若麟,王焕如. (崇祯)吴县志[M]//天一阁藏明代方志选刊续编. 上海:上海书店,1990.

183. 谈钥. (嘉泰)吴兴志[M]//续修四库全书. 上海:上海古籍出版社,1994.

184. 释普济编. 五灯会元[M]. 影印本. 台北:德昌出版社,1976.

185. 吴之鲸. 武林梵志[M]//文渊阁四库全书. 影印本. 台北:商务印书馆,1986.

186. 周密. 武林旧事[M]//文渊阁四库全书. 影印本. 台北:商务印书馆,1986.

187. 刘歆. 西京杂记[M]//文渊阁四库全书. 影印本. 台北:商务印书馆,1986.

188. 汪砢玉. 西子湖拾翠余谈[M]//丛书集成续编. 上海:上海书店,1994.

189. 张伯伟. 稀见本宋人诗话四种[M]. 南京:江苏古籍出版社,2002.

190. 潜说友. 咸淳临安志[M]//文渊阁四库全书. 影印本. 台北:商务印书馆,1986.

191. 王思义. 香雪林集[M]//四库全书存目丛书. 济南:齐鲁书社,1996.

192. 程敏政. 新安文献志[M]//文渊阁四库全书. 影印本. 台北:商务印书馆,1986.

193. 欧阳修. 新五代史[M]. 活字本. 北京:武英殿,1773(清乾隆三十八年).

194. 佚名. 宣和画谱[M]//津逮秘书. 据明汲古阁本影印本. 上海:博古斋,1922.

195. 程钜夫. 雪楼集[M]//文渊阁四库全书. 影印本. 台北:商务印书馆,1986.

196. 徐禹功,赵孟坚. 雪中梅竹图卷[M]. 辽宁省博物馆.

197. 王世贞. 弇州四部稿[M]. 刻本. 明万历.

198. 赵闻礼. 阳春白雪[M]//宛委别藏丛书. 影印本. 南京:江苏古籍出版社,1988.

199. 赵孟坚. 彝斋文编[M]//文渊阁四库全书. 影印本. 台北:商务印书馆,1986.

200. 邵亨贞. 蚁术诗选[M]//四部丛刊三编. 影印本. 上海:商务印书馆,1936.

201. 欧阳询. 艺文类聚[M]//文渊阁四库全书. 影印本. 台北:商务印书馆,1986.

202. 刘埙. 隐居通议[M]//海山仙馆丛书. 影印本. 南京:凤凰出版社,2010.

203. 郑真. 荥阳外史集[M]//文渊阁四库全书. 影印本. 台北:商务印书馆,1986.

204. 方回. 瀛奎律髓[M]//文渊阁四库全书. 影印本. 台北:商务印书

馆,1986.

205.宋禧.庸庵集[M]//文渊阁四库全书.影印本.台北:商务印书馆,
1986.

206.解缙,等.永乐大典[M].影印本.北京:中华书局,1986.

207.牛僧孺.幽怪录[M].刻本.明代.

208.顾存仁,杨抚,等.(嘉靖)余姚县志[M].刻本.1542(明嘉靖二十
一年).

209.王象之.舆地碑记目[M]//文渊阁四库全书.影印本.台北:商务印
书馆,1986.

210.卢仝.玉川子诗集[M]//四部丛刊.影印本.上海:商务印书馆,
1922.

211.黄庭坚.豫章黄先生文集[M]//四部丛刊.影印本.上海:商务印书
馆,1922.

212.顾嗣立.元诗选[M]//文渊阁四库全书.影印本.台北:商务印书
馆,1986.

213.袁宏道.袁中郎全集[M].刻本.明崇祯.

214.王镃.月洞诗集[M].刻本.1887(清光绪十三年).

215.冯贽.云仙杂记[M]//四部丛刊续编.影印本.上海:商务印书馆,
1934.

216.葛立方.韵语阳秋[M]//历代诗话.北京:中华书局,1981.

217.张耒.张右史文集[M]//四部丛刊.影印本.上海:商务印书馆,
1922.

218.曾维刚.张镃年谱[M].北京:人民出版社,2010.

219.赵琦美.赵氏铁网珊瑚[M]//文渊阁四库全书.影印本.台北:商务
印书馆,1986.

220.吴兢.贞观政要[M]//四部丛刊续编.影印本.上海:商务印书馆,
1934.

221.唐慎微.证类本草[M]//四部丛刊.影印本.上海:商务印书馆,

1922.

222.沈季友.檇李诗系[M].刻本.1710(康熙四十九年).

223.谢巍.中国画学著作考录[M].上海:上海书画出版社,1998.

224.卢辅圣.中国书画全书[M].上海:上海书画出版社,1993.

225.龚明之.中吴纪闻[M]//四部丛刊.影印本.上海:商务印书馆,
1922.

226.黄昇.中兴以来绝妙词选[M]//四部丛刊.影印本.上海:商务印书馆,1922.

227.黎靖德.朱子语类[M].北京:中华书局,1986.

228.王冕.竹斋集[M]//文渊阁四库全书.影印本.台北:商务印书馆,1986.

229.王冕.竹斋集[M]//邵武徐氏丛书.刻本.邵武:徐氏,清光绪.

230.李匡乂.资暇集[M]//顾氏文房小说.上海:商务印书馆,1925.

231.虞俦.尊白堂集[M]//文渊阁四库全书.影印本.台北:商务印书馆,1986.